Einstein

A Hundred Years

of

Relativity

爱因斯坦
相对论
一〇〇年

[英]安德鲁·罗宾逊——编著 张卜天——译

谨以本书

纪念我的父亲F.N.H.罗宾逊，

实验和理论物理学家，

像爱因斯坦一样热爱音乐和航行

目　录

爱因斯坦走在普林斯顿校园中，1953 年

作者附记

《爱因斯坦　相对论100年》初版于2005年，时值爱因斯坦作出那项著名发现一百周年。这个最新修订版则与另一个关键的爱因斯坦一百周年相吻合，两者纪念的都是相对论。如果这个重复的一百周年纪念看起来有些令人困惑，请允许我解释一下：2005年纪念的是狭义相对论，它仅仅描述了空间和时间；2015年纪念的则是广义相对论，它包括了加速运动和引力。在发表之后的许多年里，这两种理论都因为太富争议而没有获得诺贝尔奖。然而在过去的一个世纪里，它们经受住了地球和太空中越来越精确的实验检验，就像牛顿运动定律一样现已成为物理学基础的一部分。

本书探讨了爱因斯坦作为科学家和作为一个人的方方面面，从他的相对论和量子理论到他的政治立场和人际关系，读者都能有所涉猎。这个新版还考虑了爱因斯坦逝世之后出版的他的观念、思想和感受。爱因斯坦的文献档案在体量上与拿破仑的档案相当，更是牛顿和伽利略的数倍。《爱因斯坦全集》（*The Collected Papers of Albert Einstein*）是1987年在美国与以色列的爱因斯坦档案馆合作发起的一项庞大学术计划，如今已经出版了14大卷以及若干卷英译本，涵盖了爱因斯坦在1925年以前的生活，未来要出版的更多卷将会涵盖他最后30年的多事之秋，包括从德国移民到美国、纳粹时期、第二次世界大战以及核武器的进化。

人们对爱因斯坦的兴趣仍在与日俱增，而且不仅限于学者内部。图书馆目录中列出的关于他的单本图书就有1700余种。没有任何科学家（也许只有达尔文除外）能像爱因斯坦那样令世界着迷。当然，也没有科学家能像他一样被如此广泛地引用（和错误引用）：这是2011年出版的一部爱因斯坦语录的第四版所讨论的一点。即使是从爱因斯坦的母语德语译成其他文字，他那机智之中透着深刻的隽永语言也是无法仿效的，这可见于本书正文的字里行间。

事实上，我禁不住要引用我自己最喜欢的一句爱因斯坦的话来作结，这是他1930年写给一位朋友的警句：“为了惩罚我对权威的蔑视，命运把我变成了一个权威。”鉴于爱因斯坦的复杂性，任何人声称对他具有权威性都是轻率的。但我可以信心满满地说，本书及其各位著名作者（其中有三位是诺贝尔奖获得者）的确以生动的语言和图片复活了爱因斯坦的科学和人格。

致　谢

作为本书的作者和编者，我要感谢奥利弗·克莱斯克（Oliver Craske）的策划和信任；感谢弗里曼·戴森（Freeman Dyson）、史蒂芬·霍金（Stephen Hawking）、乔奥·马古悠（João Magueijo）、史蒂文·温伯格（Steven Weinberg）、菲利普·安德森（Philip Anderson）、罗伯特·舒尔曼（Robert Schulmann）、菲利普·格拉斯（Philip Glass）、马克斯·雅默（Max Jammer）、约瑟夫·罗特布拉特（Joseph Rotblat）和阿瑟·C.克拉克（Arthur C.Clarke）等各位专家学者赐稿；感谢 Palazzo Editions的Colin和 Pam Webb 出版本书。

托尼·海伊（Tony Hey）曾为普通读者写过两本介绍相对论和量子理论的佳作，他向我提出了许多科学方面的宝贵建议。艾丽丝·卡拉普莱斯（Alice Calaprice）（《新版爱因斯坦语录》的编者）、罗伯特·舒尔曼、特别是（耶路撒冷阿尔伯特·爱因斯坦档案馆的）巴巴拉·沃尔夫（Barbara Wolff）核对了关于爱因斯坦的各种观点和引文。狄普里·塞吉亚（Dipli Saikia）曾以各种方式对本书的写作给予支持。

安德鲁·罗宾逊

前　言

弗里曼·戴森

爱因斯坦的一生充满了矛盾。时逢“1905奇迹年”百周年纪念，本书讲述了他的生活、工作与性情，所有这些都值得我们再三玩味。书中收录的每篇文章均由专家撰写，主要讨论了爱因斯坦关于时间与空间、偶然与必然、宗教与哲学、婚姻与政治、战争与和平、名与利、生与死的看法。我并非研究爱因斯坦的专家，但对宇宙还算略知一二，所以我想说说他关于宇宙的看法。爱因斯坦的宇宙与我们的极为不同，它不包含黑洞。

黑洞的原初概念是英国的一位天文学家于1783年最先提出来的，今天的天文学家对它已经很熟悉了。我们知道它们遍布于银河系，也存在于其他星系的中心地带。我们把它们看成X射线源，当气体落入其中时，便会发出这些X射线，并被其超强的引力加热到数百万度。在我们银河系的正中便有一个黑洞，其重量抵得上数百万个太阳，无数恒星正在绕之旋转，宛如飞蛾围聚于烛火周围。大约每隔一万年，间或会有一只飞蛾落入火焰化为灰烬，某一颗恒星将因距离黑洞过近而被强于自身引力的潮汐力扯碎。这颗旋转的恒星不久便会死亡，它的一部分将为黑洞所吞噬，其余的则化为膨胀的气体和X射线云被吹散。黑洞并不稀少，它们并不是我们宇宙的一种可有可无的点缀，而是宇宙演化的一种基本驱动力，是能量的主要来源。黑洞只须消耗些许物质，便会产生百倍于使太阳发光、氢弹爆炸的核反应的能量。对于现代天文学家来说，一个没有黑洞的宇宙是毫无意义的。

在现代物理学家看来，黑洞也极具超然之美。只有在那里，爱因斯坦的广义相对论才能大显身手，光芒四射。

也仅仅在这里，空间和时间才丧失了自己的特性，共同融入一种由爱因斯坦的方程精确描绘的卷曲的四维结构。如果你落入一个黑洞，那么你关于时空的知觉就将与外面的观察者有所不同。你将看到自己平稳地落入黑洞，速度不会减小，而外面的观察者却会看到你在黑洞的视界处停了下来，永远保持一种自由落体状态。永恒的自由落体只有通过爱因斯坦理论所预言的时空弯曲才可能存在。正如外面的观察者所看到的，你将持续落入洞中，永远到不了底。

黑洞还可以旋转，当你落入一个旋转的黑洞时，时空的表现会更加特别。迅速旋转的黑洞可以成为一个巨大的能量源。宇宙深处每日一次的伽马射线爆发是自然界中最为猛烈的事件，目前最可靠的理论认为它们源于旋转黑洞的不稳定性。没有爱因斯坦的理论作指导，我们宇宙的所有这些奇妙特征都将无法想象。

令人不解的是，爱因斯坦拒不接受黑洞。在1939年发表的一篇著名论文中，他宣称黑洞并不存在。这篇论文发表在美国顶尖的《数学年鉴》(*Annals of Mathematics*）上，曾经备受关注。爱因斯坦构造了一个非常不自然的静态黑洞模型，众多物质粒子在一个空心球壳中旋转，靠相互之间的引力保持在一起。他认为这个模型是不可能的，因为它要求球壳外面的粒子将跑得比光还快。于是他下结论说，“这项研究可以使我们清楚地看到，为什么史瓦西奇点在物理实在中并不存在。”“史瓦西奇点”即后来所谓的黑洞。爱因斯坦由这个不切实际的模型的失败得出结论说，不可能存在一个一致的黑洞模型。

这个结论并非逻辑推论。不知为何，爱因斯坦一直厌恶黑洞的想法，他用这种非逻辑的理由来支持他关于黑洞不应当存在的直觉。我们现在知道，他的理由并不成立，因为真正的黑洞并不是静态的。它们因巨大物体的引力坍缩而形成，是处于永恒自由落体状态的动力学对象。

爱因斯坦从未改变这种想法。他不仅相信黑洞理论是错误的，甚至没有兴趣考察相关证据，看看它是否可能存在于宇宙中——与此相反，他曾作出太阳使光线偏折的著名预言，后来为1919年的日食观测所证实。他对黑洞的无动于衷尤其令人不解，因为就在他发表文章拒绝承认黑洞的同一年，即1939年，J·罗伯特·奥本海默和哈特兰·斯奈德发表了一篇论文，根据爱因斯坦的方程详细阐述了一颗耗尽核燃料的巨星是如何自然地坍缩成一个黑洞的。爱因斯坦一定知道奥本海默–斯奈德的计算，但他从未对此作出回应。几年以后，当奥本海默来到普林斯顿担任高等研究院院长时，他经常能见到爱因斯坦，并且有很多次机会和他谈起黑洞。据我所知，这个话题从未被提起。

我们现在知道，奥本海默–斯奈德的计算基本上是正确的，它描述了晚期恒星的真实历程，解释了为什么黑洞数量众多，而且附带地验证了广义相对论。但有一个问题依然萦绕在我们心头：他怎么可能对他自己理论的一项如此伟大的胜利视而不见呢？我无法给出答案。它仍然是这位天才一生中难解的悖论之一。

Low 作的爱因斯坦漫画，1929 年。

第一章　爱因斯坦之前的物理学

“他集实验家、理论家、机械师和——同样重要的——讲解能手于一身。”

——爱因斯坦，牛顿《光学》序，1931年

1936年，爱因斯坦已被公认为他那个时代最伟大的科学家，他这样写道：“整个科学只不过是对日常思维的一种精致化。”这是一个擅长在复杂之中发现简单的天才所特有的恶作剧式的隽语。如果你是爱因斯坦，这也许是真的，但对我们大多数人来说，这种说法不足为信。我们也许会暗自思忖，别胡诌了，我们的日常思维与那些大科学家的思考何干呢？更别说是二十世纪物理学家所使用的那些深奥难解的数学了。

物理学一直试图用尽可能少的基本观念来统一宇宙中越来越多的东西。在其漫长的发展过程中，它似乎距离日常思维愈来愈远。大多数人虽然不从事物理研究，却已习惯于纯粹物理学研究所带来的某些技术副产品：计算机、DVD播放器、移动电话，等等。然而，解释黑洞（和精确的全球卫星定位系统）的广义相对论，以及超弦（和激光）所基于的量子理论——爱因斯坦同属这两种理论的奠基人——却似乎与日常经验没有任何共同之处。早先的科学思想，比如阿基米德原理、

伽利略《关于两大世界体系的对话》（1632年）扉页。图为（从左至右）亚里士多德、托勒密和哥白尼在讨论天文学问题。托勒密右手持浑天仪，哥白尼手持新的日心体系模型。在出版者印记左侧的地面上，有一支模糊不清的箭指向哥白尼。

牛顿的运动定律和万有引力定律以及法拉第的磁场概念，对于日常思维来说还是比较好理解的。我们甚至可以在家中做一些简单的实验来验证它们，比如把物体浸入水中，让硬币下落，移动罗盘指针等等。然而，相对论和量子理论却不是这样。

当然，现代科学在相当程度上得益于阿基米德、欧几里得和德谟克利特等古希腊先贤。例如，几何学的发明、光沿直线传播的观念、对地球周长作第一次估算、物质由原子构成的思想都要归功于两千年前希腊数学家和自然哲学家的独立思考。在这方面，古人的聪明才智实在令人惊讶。

然而，除阿里斯塔克等少数人以外，他们还相信行星沿圆周轨道绕地球旋转，以及物体越重，下落越快。亚里士多德的“日常思维”似乎使他在《机械学》(*Mechanics*) 中得出结论说，“当施加在运动物体上的力不再继续作用于它时，物体就会停止。”——这是一种关于物质和力的相当错误的观念。亚里士多德说，较重的物体之所以下落更快，是因为它有更强的趋于地心的倾向——证明这一点错误也很简单。他的“运动”概念不仅包括推和拉，而且也包含组合与分离、盈与亏。在他看来，不仅鱼的游动、苹果从树上落下是在运动，而且孩子长大、果实成熟也是在运动。亚里士多德不像阿基米德那样是一个实验家，常识使他在最简单的力学事实上陷入了概念混乱。

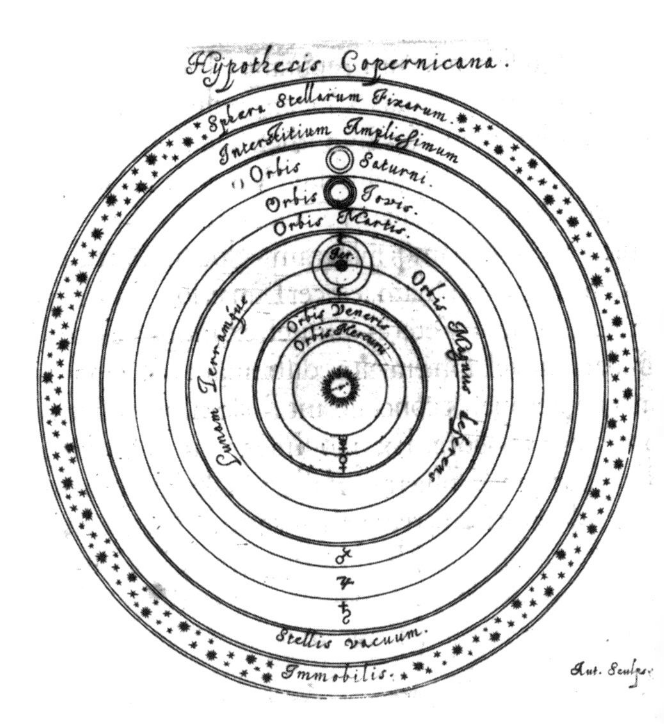

哥白尼的日心宇宙，选自约翰内斯·赫维留的《月面图》(*Selenographia*)（1647 年）。请注意，行星的轨道是正圆，而不是开普勒所说的椭圆。

由于希腊人在哲学上的声望，亚里士多德的自然学说对欧洲思想的统治一直持续到十七世纪的牛顿时代，在某些领域甚至更为持久。在牛顿出生（1642年）之前的几十年，自然哲学家弗兰西斯·培根（其著作不久就成为筹建皇家学会的动力）尖刻地说，“现在被普遍接受的一切自然哲学或者是希腊哲学，或者是炼金术士的哲学……前者出自几次粗陋的观察，后者源于几个炉旁的实验。前者从未忘记废话连篇，后者念念不忘囤积金子。”

亚里士多德宇宙观开始遭到挑战。1543年，尼古拉·哥白尼在临终时发表了《天球运行论》(*De Revolutionibus*)，地球和其他行星围绕太阳旋转的日心图景跃然纸上。虽然遭到了正统思想的阻力和压制，但地球已然失去了宇

第谷·布拉赫。这是其《新天文学力学》(*Astronomiae Instauratae Mechanice*) (1598 年) 扉页。

宙中心的位置 (爱因斯坦说，这“教导人要谦逊”)，尽管哥白尼仍然坚持行星轨道是圆周这一古代观念。

1609年，约翰内斯·开普勒利用第谷·布拉赫记录的精确的行星运动数据，合理地猜测行星轨道可能不是正圆而是椭圆 (古希腊人所发现的一种几何形式)。借助这精神的一跃，他提出了他的行星运动三定律。这些定律使得开普勒能够计算出过去、现在或未来任一时刻行星所处的位置，结果与天文学观测相当吻合。正如爱因斯坦在1930年纪念开普勒逝世三百周年时所作的评论，“这好像是说：在我们还未能在事物中发现形式之前，人的头脑应当先独立地把形式构造出来。开普勒的惊人成就是证实下面这条真理的一个特别美妙的例子，这条真理是：知识不能单从经验中得出，而只能从理智的发明同观察到的事实两者的比较中得出。”

与开普勒同时代的伽利略，则通过运动物体和下落物体的定量的物理实验推翻了亚里士多德错误运动观念。伽利略表明，做匀速运动的物体并不像亚里士多德所说的那样需要外力的“推动”。例如，在完全水平的、无摩擦的地面上以某种速度滚动的弹子球将会一直以那种速度运动下去。(在现实世界中，摩擦力将使其最终静止下来。) 他证明，自由落体的速度并不取决于物体的重量。因此，伽利略 (据称) 在比萨斜塔上同时丢下的不同重量的球体会同时着地，而不是像亚里士多德所预言的那样在不同时间着地。爱因斯坦在三百年后说，“纯粹的逻辑

开普勒。汉斯·冯·亚琛作于 1612 年前。

思维不可能给予我们任何关于经验世界的知识；一切关于实在的知识，都始于经验，又止于经验。通过纯粹逻辑方法所得出的命题，对于实在来说是完全空洞的。由于伽利略看到了这一点，尤其是由于他向科学界谆谆教导了这一点，他才成为近代物理学之父——事实上也成为整个近代科学之父。”

爱因斯坦称赞这位意大利物理学家还有其特别的理由，因为正是伽利略第一次提出了力学的相对性原理。伽利略在其1632年的《关于两大世界体系的对话》(*Dialogue Concerning the Two Chief World Systems*) 中构造了一个思想实验，其中提出了相对性原理，其叙述清晰而优美，值得全文引述：

> 把你和一些朋友关在一条大船甲板下的主舱里，让你们带着几只苍蝇、蝴蝶和其他小飞虫，舱内放一只大水碗，其中有几条鱼。然后，挂上一个水瓶，让水一滴一滴地滴到下面的一个广口罐里。船停着不动时，你留神观察，小虫都以等速向舱内各方向飞行，鱼向各个方向随便游动，水滴滴进下面的罐中，你把任何东西扔给你的朋友时，只要距离相等，向这一方向不必比另一方向用更多的力。你双脚齐跳，无论向哪个方向，跳过的距离都相等。当你仔细地观察这些事情之后，再使船以任何速度前进，只要运动是匀速，也不忽左忽右地摆动，你将发现，所有上述现象都没有丝毫变化。你也无法从其中任何一个现象来确定，船到底是在运动还是停着不动。

64　*Tabularum Rudolphi*

Tabula Æquationum MARTIS.

Anomalia Eccentri, *Cum æquationis parte physica*	Intercolumnium, *Cum Logarithmo.*	Anomalia coæquata.	Intervallū *Cum Logarithmo*	
120 4.55.50	5895 1. 5.36	115.17.11	145293 37357	25
121 4.53. 1	9190 1. 5.47	116.19.52	145080 37211	25
122 4.50. 6	9480 1. 5.59	117.22.39	144871 37067	25
123 4.47. 6	9780 1. 6.11	118.25.31	174663 36924	25
124 4.24. 2	10070 1. 6.22	119.28.29	144458 36782	25
125 4.20.53	10360 1. 6.34	120.21.33	144255 30642	24
126 4.17.40	10650 1. 6.46	121.34.42	144055 36503	24
127 4.14.22	10930 1. 6.57	122.37.56	143857 30365	24
128 4.10.59	11210 1. 7. 8	123.41.14	143661 36229	24
129 4. 7.31	11480 1. 7.19	124.44.37	143468 36095	24
130 4. 3.58	11740 1. 7.30	125.48. 6	143278 35962	24
131 4. 0.21	12000 1. 7.40	126.51.40	143091 35831	23
132 3.56.40	12260 1. 7.50	127.55.19	142906 35702	23
133 3.52.55	12510 1. 8. 1	128.59. 3	142724 35575	23
134 3.49. 6	12760 1. 8.11	130. 2.52	142545 35450	23
135 3.45.13	13000 1. 8.21	131. 6.45	142370 35327	22
136 3.41.16	13240 1. 8.30	132.10.43	142198 35206	22
137 3.37.15	13480 1. 8.40	133.14.46	142028 35086	22
138 3.33.10	13710 1. 8.49	134.18.53	141861 34968	21
139 3.29. 1	13940 1. 8.59	135.23. 4	141697 34852	21
140 3.24.48	14160 1. 9. 8	136.27.20	141537 34739	20
141 3.20.31	14380 1. 9.16	137.31.41	141381 34628	20
142 3.16.10	14600 1. 9.27	138.36. 6	141228 34520	19
143 3.11.46	14820 1. 9.35	139.40.34	141078 34414	19
144 3. 7.18	15030 1. 9.44	140.45. 7	140931 34310	18
145 3. 2.46	15240 1. 9.54	141.49.44	140788 34209	18
146 2.58.10	15450 1.10. 2	142.54.24	140649 34110	17
147 2.53.31	15650 1.10.10	143.59. 8	140513 34013	17
148 2.48.48	15850 1.10.19	145. 3.56	140381 33919	16
149 2.44. 2	16040 1.10.27	146. 8.48	140252 33827	16
150 2.39.14	16230 1.10.35	147.13.44	140127 33738	

Anomalia Eccentri, *Cum æquationis parte physica*	Intercolumnium, *Cum Logarithmo.*	Anomalia coæquata.	Intervallū *Cum Logarithmo*	
150 2.39.14	16230 1.10.35	147.13.44	140127 33738	15
151 2.34.23	16410 1.10.43	148.18.42	140005 33651	15
152 2.29.29	16580 1.10.49	149.23.44	139887 33566	14
153 2.24.33	16750 1.10.56	150.28.49	139773 33484	14
154 2.19.34	16910 1.11. 3	151.33.57	139663 33406	14
155 2.14.33	17060 1.11.10	152.39. 9	139558 33331	13
156 2. 9.30	17210 1.11.16	153.44.23	139456 33258	13
157 2. 4.25	17350 1.11.22	154.49.40	139358 33187	12
158 1.59.18	17480 1.11.28	155.55. 0	139263 33119	12
159 1.54. 8	17600 1.11.33	157. 0.23	139173 33054	11
160 1.48.56	17720 1.11.38	158. 5.49	139087 32992	11
161 1.43.42	17840 1.11.43	159.11.17	139005 32933	10
162 1.38.26	17950 1.11.48	160.16.47	138927 32877	10
163 1.33. 8	18060 1.11.53	161.22.19	138852 32824	9
164 1.27.48	18160 1.11.57	162.27.53	138782 32773	9
165 1.22.27	18260 1.12. 2	163.33.29	138716 32725	8
166 1.17. 4	18350 1.12. 6	164.39. 6	138654 32681	8
167 1.11.40	18440 1.12.10	165.44.45	138597 32640	7
168 1. 6.15	18520 1.12.13	166.50.26	138544 32602	7
169 1. 0.48	18590 1.12.16	167.56. 8	138495 32566	6
170 0.55.20	18650 1.12.19	169. 1.52	138450 32533	6
171 0.49.51	18710 1.12.21	170. 7.37	138410 32504	5
172 0.44.21	18770 1.12.24	171.13.24	138374 32478	4
173 0.38.50	18820 1.12.26	172.19.12	138341 32455	4
174 0.33.18	18870 1.12.28	173.25. 0	138313 32434	3
175 0.27.46	18910 1.12.29	174.30.49	138289 32417	3
176 0.22.43	18940 1.12.31	175.36.39	138269 32403	2
177 0.16.40	18960 1.12.32	176.42.29	138254 32392	1
178 0.11. 7	18980 1.12.33	177.48.19	138244 32385	1
179 0. 5.34	18990 1.12.34	178.54.10	138237 32380	0
180 0. 0. 0	18990 1.12.34	180. 0. 0	138234 32379	

Tab.Lat.

开普勒《鲁道夫星表》中的一页。1627 年，《鲁道夫星表》首版于乌尔姆（大约 250 年后，爱因斯坦出生在这里）。开普勒的体系以第谷的观测结果为基础，行星沿椭圆轨道围绕太阳旋转，行星在过去或未来任一时刻的位置都可以精确地计算出来。该页是关于火星的数据。

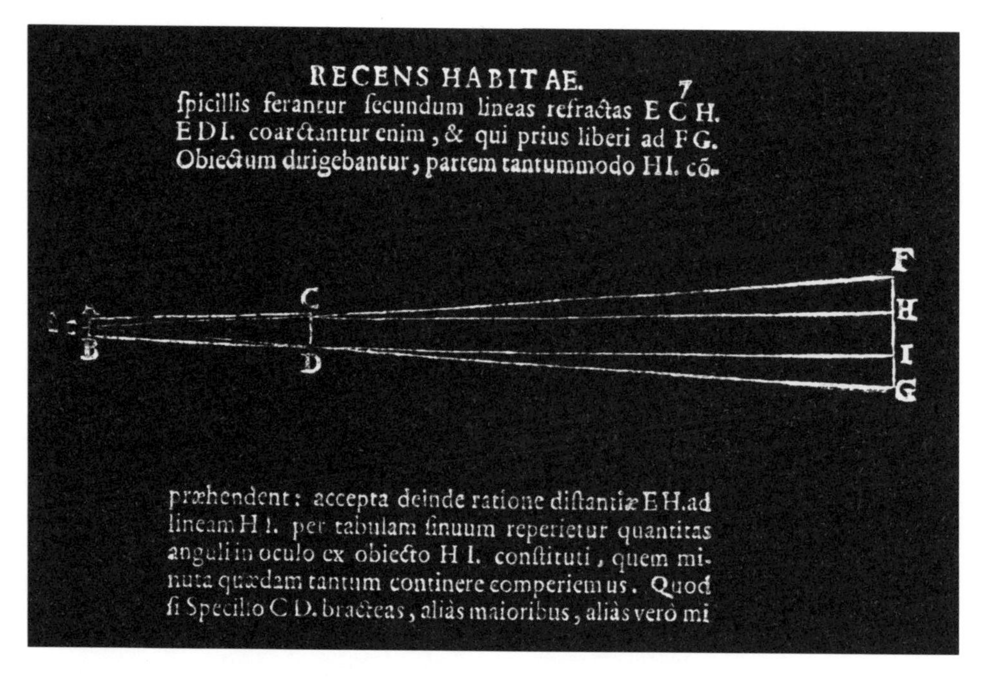

RECENS HABITAE. 7

ſpicillis ferantur ſecundum lineas refractas E C H.
E D I. coarctantur enim, & qui prius liberi ad F G.
Obiectum dirigebantur, partem tantummodo H I. cō-

præhendent: accepta deinde ratione diſtantiæ E H. ad
lineam H I. per tabulam ſinuum reperietur quantitas
anguli in oculo ex obiecto H I. conſtituti, quem mi-
nuta quædam tantum continere comperiemus. Quod
ſi Specillo C D. bracteas, aliàs maioribus, aliàs verò mi

伽利略的望远镜光学原理示意图。选自其《星际信使》(*The Stary Messenger*，1610 年)。

换句话说，坐在船里不动的乘客相对于陆地有一个速度，而相对于船却没有速度。他们相对于船是静止的，只要船不向前加速（或转弯），只要他们在甲板下面不会受到气流的影响，他们就感觉不到有力作用于自己。也可以想象一个现代的例子，我们乘飞机以每小时数百英里的速度长距离飞行。在大部分时间，只要不遇上恶劣天气，也不往窗外看，我们对飞机的运动就几乎不会有任何感觉，上下楼梯和沿着过道行走的感觉是一样的。(事实上，飞机的引擎一直在抗拒着引力，所以与伽利略的理想化的航船不同，飞机的运动并不是完全均匀的。)

开普勒和伽利略在物理学家中享有不朽的荣誉。然而没有科学家能够对他们最重要的发现提供根本性的说明。为什么行星轨道是椭圆而不是圆？为什么一个抛射体被发射到空中之后会沿着抛物线运动，而不是沿着椭圆运动呢？

在1687年发表的《自然哲学的数学原理》(*Philosophiae Naturalis Principia Mathematica*) 中，牛顿用他的运动定律和万有引力定律给出了这些问题的答案。这部革命性的著作成功地用一组方程把行星和地球的运动统一了起来，只要给定物体的质量、运动的速度和受到的力，就可以预测出这个物体接下来将如何运动。牛顿的这种机械自然观将在随后的两个世纪统治物理学。天文学家兼数学家拉普拉斯曾经提出这样一幅著名的决定论图景：牛顿定律将保证，假如有这样一个超级精灵，他能够获悉宇宙中一切物体在某一时刻的位置和力，那么他就可以预言此前的整个历史和随后的所有发展，从“宇宙中最大的天体到最轻的原子，没有什么东西是不确定的，未来将和过去一样历历在目。”

爱因斯坦在1927年评论说，从伽利略的发现到牛顿的运动定律似乎只是一小步，但伽利略的力学讨论的是整个物体的运动，而牛顿的运动定律却能够回答这样一个问题：“在外力作用下，一个质点的运动状态在一段无限短的时间内将如何变化?”牛顿的方法是对一个理想微粒的运动轨迹进行细致的分析。从原则上讲，通过把他的运动定律应用于一小段时间间隔，他就能够预言微粒在这段时间结束时的位置和速度；只要不断重复这样一种计算，他就能计算出整个运动轨迹。在实际操作中，他避免了这样一种按部就班的计算，而（同戈特弗里德·威廉·莱布尼茨同时独立地）发明出一条数学捷径——微积分，这使得牛顿能够分析出当时间间隔变得无限小时运动微粒的速度将如何改变，这在数学中已经成为一项常用技巧。他提出了三条可普遍应用于一切运动的定律，无论是什么时间，无论是过去、现在还是未来。

牛顿第一定律说起来很简单。他的原话是（译自《原理》原初的拉丁文本）：“每一物体都保持其静止或沿一直线做均匀运动的状态，除非有力加于其上迫使其改变这种状态。”用现代的语言来说就是：除非受到外力作用，一个物体总是处于静止或匀速直线运动状态。我们也可以称它为惯性原理，所谓惯性，是指物体抵制运动变化的一种性质。和伽利略一样（但与亚里

1690 年的牛顿，时年近 50 岁。

PHILOSOPHIÆ

NATURALIS

PRINCIPIA

MATHEMATICA

Autore *J S. NEWTON*, *Trin. Coll. Cantab. Soc.* Matheseos Professore *Lucasiano*, & Societatis Regalis Sodali.

IMPRIMATUR

S. PEPYS, *Reg. Soc.* PRÆSES.

Julii 5. 1686.

LONDINI,

Jussu *Societatis Regiæ* ac Typis *Josephi Streater*. Prostat apud plures Bibliopolas. *Anno* MDCLXXXVII.

牛顿《自然哲学的数学原理》（1687 年）扉页。

牛顿光学实验的重要性不亚于他关于运动定律和引力定律的工作。不过他没能完全理解光的本性，他倾向于把光看成是一束微粒而不是波。

士多德不同)，牛顿认识到静止的物体和匀速运动的物体在物理学中可以作相同的处理——这一思想有着深刻的内涵，绝非“日常思维”所能显见。

牛顿第二定律则完全是他本人的独创。他的原话是：“运动的改变与所施加的力成比例，沿着所施力的直线方向发生。”用现代语言来说就是：一个运动物体动量的变化率与作用力成正比，并且沿着同一方向。换句话说，如果你用两倍大的力推动一个物体，那么你将使它以两倍的比率加速（即改变其动量)，而且物体将力图沿着它被推动的方向运动。如同爱因斯坦后来的$E=mc^2$，第二定律是科学中最著名的方程之一，其数学形式为：

$$F=ma$$

力=质量×加速度

其中的比例系数是被加速物体的质量。这个方程符合日常经验：一辆自行车越重，你就需要用越大的力踩踏板使之加速到某一速度；一扇门越重，你就需要用越大的气力把它推开；一个箱子越沉，你就需要用越大的力气克服重力将它抬起。在地球的任何地方，由于重力对任何物体所引起的加速度都是一个常数（在地表大约等于32英尺每平方秒或9.8米每平方秒)，第二定律也解释了为什么伽利略从塔上释放的不同质量的球体会以相同的速度下落。

牛顿第三定律有些违反直觉。它说，当你坐在椅子上时，椅子也会给你施加一个向上的力来平衡你对它的压力。这对于天体也是成立的，牛顿说：当地球对月球施加一个引力，使其保持在轨道时，月球也用引力拖曳了地球，造成了海洋中的潮汐。《原理》中的原话是：“任何作用总是存在着一种方向相反而大小相等的作用；换句话说，两个物体之间的相互作用总是大小相等、方向相反。”

引力的计算是牛顿对力学所做的第二项伟大贡献。此前开普勒已经假设行星轨道为椭圆，牛顿假定有一种不可见的力作用于两个物体之间，力的大小与物体的质量成正比，与两者间距的平方成反比。后者意味着如果两个物体远离10倍，它们的引力将减小到初始值的1/100。对于太阳而言，日地距离是月地距离的400倍，距离的平方相差400的平方即160000倍，但太阳极大的质量（太阳质量约合月球质量的30000000倍）补偿了日地之间的引力。因此，地球仍然绕太阳旋转。

牛顿的引力能够穿越空间发生作用，速度甚至比光速还要快，而1676年对光速的实验测量结果大约为140000英里（1英里=1.6093千米，全书同）每秒（与目前的测量值相当接近）。引力与施加于物体的接触力（如伽利略的抛射体实验）完全不同。这种得不到物理解释的瞬时的“超距作用”自然使牛顿感到苦恼，但他的确没有想出什么好办法。他或许希望通过秘密的炼金术来想象问题的答案，因为在这种研究中可以轻易地引入不可见的神秘的力，但牛顿从未越雷池一步，援引炼金术作为运动定律的证据。在《原理》中，他是这样为引力辩护的：“引力真实存在，按照我所给出的定律进行作用，并且足以对天体和海洋的运动作出解释，这就够了。”

在这一宏伟的体系中，另一个缺陷是它要求绝对时空的存在。牛顿说：“绝对的、真实的、数学的时间本身，依其本性均匀地流逝，而与一切外在事物无关……绝对空间，其自身特性与一切外在事物无关，处处均匀，永不移动……”换句话说，船上的乘客相对于船运动，船相对于陆地运动，地球相对于太阳运动——一切物体都相对于一个普适的“静止的”时空参照系运动。但这个普适参照系的本性是什么？牛顿并没有给出回答。“上帝向牛顿告知了绝对空间和绝对时间的信条，”牛顿的一位传记作家詹姆斯·格莱克如是说。牛顿必定对绝对时空心存疑虑，因为他在《原理》中写道：“也许根本就不存在借以精确测量时间的均匀运动，根本就不存在其他物体的位置和运动都与之相参照的真正静止的物体。”对于年轻的爱因斯坦来说，类似的疑虑必定对相对论的诞生起到了至关重要的作用。

然而，当爱因斯坦60多岁时回忆起自己的学生时代时，却把十九世纪末物理学的牛顿理论基础说成是“卓有成效”和“臻于完美”：

> 它不仅给出了天体运动的结果，直到最详尽的细节，而且还提供了一种关于分立物质和连续物质的力学理论，提供了一种对能量守恒原理的简单解释，也提供了一种完整的和辉煌的热理论。在牛顿体系里，对电动力学事实的解释则是比较勉强的；在所有这些当中，最难令人信服的，从一开始就是光的理论。

利用动能理论，即气体是总在运动的、不断碰撞的原子和分子的系综，十九世纪的物理学家们，特别是阿伏加德罗、麦克斯韦、玻尔兹曼和吉布斯等人，能够非常成功地把牛顿运动定律应用于气体，即使原子分子的实际存在并未得到观测上的证实。所谓加热气体，就是增加原子或分子的动能、速度以及同其他粒子的碰撞频率，于是也就增加了压力、温度和气体的扩散速率。由这个模型产生了一种关于热的微观尺度的（不同于普通物体或行星的尺度）统计力学，即统计热

Nirgends in der Welt wird das Band
der Tradition und Freundschaft in
so schöner Weise gepflegt wie bei
Euch in England. So gelanget Ihr
dazu, der über-individuellen Seele
Eures Volkes eine besonders lebendige
Realität zu verleihen. Nun seid Ihr
nach Grantham gegangen um
dem grossen Genius über die trennende
Zeit hinweg die Hand zu reichen,
die Luft seiner Umgebung zu atmen,
in der er die Grundgedanken
der Mechanik, ja der physikalischen
Kausalität konzipierte. Alle,
welche ehrfürchtig über das grosse
Geheimniss des physikalischen
Geschehens nachdenken, begleiten
Euch im Geiste und teilen
das Gefühl der Bewunderung
und Liebe, das uns mit
Newton verbindet.

A. Einstein

为纪念牛顿逝世二百周年，爱因斯坦致皇家学会的信的草稿，1927 年。

力学。一如牛顿运动定律可以用来计算开普勒所观测到的行星轨道，统计热力学也使得物理学家可以把气体的观察定律作为第一原理进行计算，比如把气体压力、体积和温度联系在一起的玻义耳定律（由与牛顿同时代的罗伯特·玻义耳最先提出）。

光和电磁现象却很难用牛顿的力学模型加以处理。关于光，牛顿曾经做出过骄人的工作，这些成果最终发表在1704年出版的《光学》一书中。他用棱镜把白光分解为彩虹的七色，并把它们重新组合成白光，证明白光本质上是各种颜色的光的混合，而这只是他无数重要的光学实验中最著名的一个。但牛顿倾向于把光线看成一束粒子或微粒，而不是波（1678年由克里斯蒂安·惠更斯首先提出），这使它对光的理解大打折扣。用微粒说很难解释光的反射、折射和衍射等现象。例如，为什么光在水这样的反射表面会以一定的比率发生反射和折射？牛顿假设一些微粒处于“易反射猝发”（fit of easy refection）状态，另一些则处于“易折射猝发”（fit of easy transmission）状态。但这几乎算不上解释，而同时发生的反射和折射却可以轻易地用波动说来说明。虽然牛顿知道这一点，甚至在某些方面还倾向于波动说，但他还是成了微粒说的最大权威。于是，在牛顿1727年去世之后，微粒说便统治了物理学家的思想。鉴于波动说在牛顿时代的基础并不稳固，爱因斯坦认为，“他很有理由坚持自己的光的微粒说”。

然而，1800年以后，光的波动说逐渐占据了上风。托马斯·杨证明，光线通过狭窄的双缝时所产生的两束光会发生干涉，在屏上显出明暗交织的规则纹样。这是一个令人惊讶的事实：光照射到光上既能产生更多的光亮，又能产生暗影，后者着实出人意料。亮区是由于两个波峰相合，暗区则是由于波峰和波谷叠加，从而产生消光现象。更进一步的干涉实验是菲涅尔做的，他同时也研究了光的偏振现象——这种现象只有波才有可能发生。菲涅尔得出结论说，光是一种横波，它的振动方向垂直于传播方向，一如石头落入池塘时泛起的涟漪，水本身做

磁条附近的铁屑证实了电磁场的存在。这是法拉第于十九世纪四十年代最先提出的一个概念。

垂直运动，水波的能量则从中心位置向外水平传播，或者引用爱因斯坦的一则有趣的类比，这就像闲话四起，谣言从一处传到另一处。(不过声波不是横波，而是纵波，空气在传播过程中沿着声音的传播方向被压缩和稀释。）到了十九世纪中叶，几乎所有物理学家都认为光是一种横波。

然而，当太阳光穿过空荡荡的太空到达地球时，传输光能的介质是什么呢？这个问题倒是难不住微粒说：微粒可以在真空中传播，就像子弹穿过空气一样。这似乎是唯一可能的解答，这种结果实在令人困惑。

由于秉持着机械自然观，十九世纪下半叶的物理学家们不得不假想存在着一种神秘的以太介质，它充斥于整个宇宙，填充了物质之间的所有空隙。如果以太是光波的传播介质，那么就会导致一些矛盾性质。用现代理论物理学家加来道雄的话说，出于各种体面的物理理由，以太不得不“绝对静止、无重量、不可见、零速率，却又要比钢还硬，而且不能被任何仪器探测到。”毫不奇怪，在二十世纪初，从爱因斯坦开始，以太将作为一个难以置信的概念而被抛弃。

然而在十九世纪五十年代，麦克斯韦（气体动能理论的创始人之一）搞清楚了在光波中横向振动的东西到底是什么。麦克斯韦的工作是高度数学化的，没有数学的帮助，他的工作很难被人理解，但我们可以把他最重要的洞见和结果总结出来。

麦克斯韦考察了法拉第和开尔文勋爵关于电磁现象的发现，比如运动磁体可以感生出电流，电流也可以产生磁场，这暗示存在着电磁场这样一种物理实在。他导出了一套微分方程来描述电磁波这一全新概念。这种波的能量同时存在于电场和磁场，它们沿相互垂直的方向横向极化［见图1］。

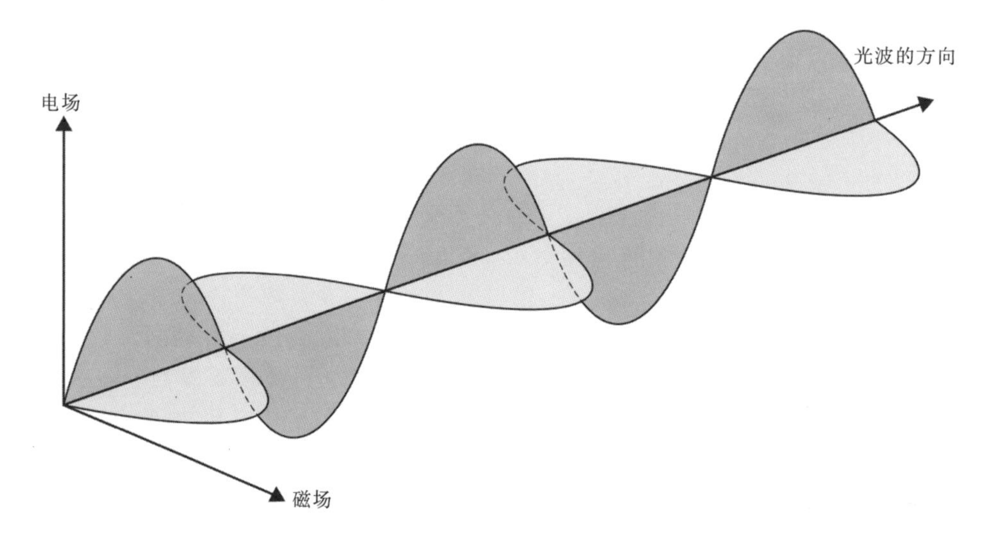

图1：电磁波（比如光或热）示意图。电磁波的电分量和磁分量相互垂直，在平面中振动，同时垂直于波的传播方向。

当麦克斯韦根据他的方程计算出这种波的理论传播速度时，他吃惊地发现，这个数值竟然与光速的最新实验值相吻合。他由此推断，光也许是一种电磁波。1873年，他在《电磁通论》(*Treatise on Electricity and Magnetism*)一书中提出了这一思想。大约又过了十年，海因里希·赫兹开始寻找麦克斯韦所描述的波。1888年，赫兹用实验证实了这种波的存在，他还说明无线电波、光和辐射热都是以光速传播的电磁波，其行为都可以用麦克斯韦方程加以描述。于是在电动力学中（虽然不是在力学中），现在不再需要求助于牛顿的瞬时超距作用了，电磁场以有限的速度即光速来传播电磁力。

麦克斯韦。这是爱因斯坦所景仰的人物，他用电磁波的概念统一了电现象和磁现象。

1931年，爱因斯坦在纪念麦克斯韦百年诞辰的文章中说：

> 在麦克斯韦以前，人们以为，物理实在……是质点，质点的变化完全……由运动组成。在麦克斯韦以后，他们则认为，物理实在是由连续的场来代表的……不能对它作机械论的解释。实在观念的这一变革，是自牛顿以来物理学的一次最深刻和最富有成效的变革……

对于初出茅庐的爱因斯坦来说，牛顿和麦克斯韦对其物理思想的成熟产生了决定性的影响。通过汲取他们的思想，博采众长，再加上自己特有的“日常思维”，爱因斯坦最终对物理学做出了极富原创性的贡献。

赫兹。他1888年用实验证实了麦克斯韦所预言的电磁波的存在。

自 述①

阿尔伯特·爱因斯坦

已知的爱因斯坦最早的照片。时年约3岁。

我已经67岁了，坐在这里，为的是要写点类似自己的讣告那样的东西。我做这件事，不仅是因为希尔普博士已经说服了我，而且我自己也确实相信，向共同奋斗着的人们讲讲一个人自己努力和探索过的事情回顾中起来是怎样的，那该是一件好事。稍作考虑之后，我就觉得，这种尝试的结果肯定不会是完美无缺的。因为，工作的一生不论怎样短暂和有限，其间经历的歧途不论怎样占优势，要把那些值得讲的东西讲清楚，毕竟不是一件容易的事情——现在67岁的人已经完全不同于他50岁、30岁或者20岁的时候了。任何回忆都染上了当前的色彩，因而也带有不可靠的观点。这种考虑可能使人知难而退。然而，一个人还是可以从自己的经验中提取许多别人所意识不到的东西。

当我还是一个相当早熟的少年时，我就已经深切地意识到，大多数人终生无休止地追逐的那些希望和努力是毫无价值的。而且，我不久就发现了这种追逐的残酷，较之今天，这在当年是更加精心地用伪善和漂亮的字句掩饰着的。每个人只是因为有个胃，就注定要参与这种追逐。而且，由于参与这种追逐，他的胃是有可能得到满足的；但是，一个有

①本文选自爱因斯坦1946年的《自述》，希尔普（Paul Arthur Schilpp）博士译自德文手稿。——原注

Der Erziehungsrat

des

Kantons Aargau

urkundet hiemit:

Herr **Albert Einstein** von Ulm,

geboren den 14. März 1879,

besuchte die aargauische Kantonsschule u. zwar die III. & IV. Klasse

der Gewerbeschule.

Nach abgelegter schriftl. & mündl. Maturitätsprüfung am 18., 19. & 21. September, sowie am 30. September 1896 erhielt derselbe folgende Noten:

Fach	Note
1. Deutsche Sprache und Litteratur	5
2. Französisch	3
3. Englisch	—
4. Italienisch	5
5. Geschichte	6
6. Geographie	4
7. Algebra	6
8. Geometrie (Planimetrie, Trigonometrie, Stereometrie & analytische Geometrie)	6
9. Darstellende Geometrie	6
10. Physik	6
11. Chemie	5
12. Naturgeschichte	5
* 13. Im Kunstzeichnen	4
* 14. Im technischen Zeichnen	4

* Durchschnitt der Jahresleistungen

Gestützt hierauf wird demselben das Zeugnis der Reife erteilt.

Aarau, den 3ten Oktober 1896.

Im Namen des Erziehungsrates:
Der Präsident:
[illegible signature]

Der Sekretär:
[illegible signature]

爱因斯坦和《自述》的译者希尔普。本文即选自《自述》。

思想、有感情的人却不能因此而得到满足。于是，第一条出路就是宗教，它通过传统的教育机关灌输给每一个儿童。因此，尽管我是完全没有宗教信仰的（犹太人）双亲的儿子，我还是深深地信仰宗教，但是，这种信仰在我12岁那年就突然中止了。由于阅读了通俗的科学书籍，我很快就相信，《圣经》里有许多故事不可能是真实的。其结果就是一种真正狂热的自由思想，并且交织着这样一种印象：国家是故意用谎言来欺骗年轻人的。这种印象产生了决定性的后果。它引起了我对所有权威的怀疑，对任何社会环境里都会存在的信念完全持一种怀疑态度，这种态度再也没有离开过我。即使在后来，由于更好地理解了因果联系，在它已失去了最初的尖锐性时也是如此。

我很清楚，少年时代的宗教天堂就这样失去了，这是使我从"纯粹个人"的桎梏中，从那种为渴望、希望和原始感情所支配的生活中解放出来的第一次尝试。在我们之外有一个巨大的世界，它独立于我们人类而存在，在我们面前就像一个伟大而永恒的谜，然而至少部分地是我们的观察和思想所能及的。对这个世界的静观沉思，就像得到解放一样招引着我们，而且我不久就注意到，许多我所尊敬和钦佩的人，在专心于这项事业的过程中，找到了内心的自由和安宁。在现有可能性的范围里，从思想上把握这个外在于个人的世界，总是作为一个最高目标而有意无意地浮现在我的心目中。有类似想法的古今人物，以及他们已经达到的真知灼见，都是我不可或缺的朋友。通往这个天堂的道路，并不像通往宗教天堂的道路那样舒坦和诱人；但是，它已被证明是可以信赖的，而且我从来也没有为选择了这条道路而后悔过。

我在这里所讲的，仅仅在一定意义上是正确的，正像一幅寥寥几笔的画，只能在很有限的意义上描绘出一个细节混乱的复杂对象。如果一个人爱好很有条理的思想，那么他本性的这一方面很可能会以牺牲其他方面为代价而显得更为突出，并且愈来愈明显地决定着他的精神面貌。在这种情况下，这样的人在回顾中所看到的，很可能只是一种千篇一律的有系统的发展，然而，他的实际经验却是在千变万化的个别情况中发生的。外界情况是多种多样的，意识的瞬息内容是狭隘的，这就引起了每一个人生活的一种原子化。像我这种类型的人，其发展的转折点在于，自己的主要兴趣逐渐摆脱了短暂的和仅仅作为个人的方面，而转而力求从思想上把握事物。从这个观点来看，在以上所作的如此简要的概要性评述里，已经包含着尽可能多的真理了。

准确地说，“思维”到底是什么呢？当接受感觉印象时出现记忆形象，这还不是“思维”。而且，当这样一些形象形成一个系列时，其中每一个形象引起另一个形象，这也还不是“思维”。可是，当某一形象在许多这样的系列中反复出现时，那么，正是由于这种再现，它就成为这种系列的一个起支配作用的元素，因为它把那些本身没有联系的系列联结了起来。这种元素便成为一种工具，一种概念。我认为，从自由联想或者“做梦”到思维的过渡，是由“概念”在其中所起的或多或少的支配作用来表征的。概念绝不是一定要同可以由感官认识的、可以再现的符号（词）联系起来；但是如果有了这样的联系，思想因此就成为可交流的了。

读者会问，这个人有什么权利，在这样一个困难的领域里，如此草率而幼稚地运用观念，而不作丝毫努力去做点证

爱因斯坦（5岁）和妹妹玛雅（3岁），1884年。大约在这个时候，爱因斯坦的父亲给他看一个罗盘，使他着了迷。

明呢？我的辩护是：我们的一切思维都是对概念的一种自由操作；至于这种操作的合理性，那就要看我们借助于它来概括感觉经验所能达到的程度。“真理”这个概念还不能用于这样一种结构，按照我的意见，只有在这种操作的元素和规则已经取得了广泛的一致意见（约定）的时候，才谈得上“真理”概念。

对我来说，毫无疑问，我们绝大部分的思维不用符号（词）也都能进行，而且在很大程度上是无意识地进行的。否则，为什么我们有时会完全自发地对某一经验感到“惊奇”呢？这种“惊奇”似乎只是当经验同我们充分固定的概念世界发生冲突时才会产生。每当我们强烈地经历到这种冲突时，它就会以一种决定性的方式反过来作用于我们的思维世界。这个思维世界的发展，在某种意义上说就是对“惊奇”的不断摆脱。

当我还是一个四五岁的小孩时，就经历过这种惊奇。父亲给我看一个罗盘，这只指南针以如此确定的方式行动，根本不符合那些无意识的概念世界中事件的本性(同直接“接触”有关的作用)。我现在还记得，至少相信我还记得，这种经验给我留下了一个深刻而持久的印象。我想一定有什么东西深深地隐藏在事物后面。凡是人从小就看到的事情，都不会引起这种反应。他对于物体下落，对于风和雨，对于月亮或者对于月亮不会掉下来，对于生物和非生物之间的区别等都不会感到惊奇。

在12岁时，我经历了另一种性质完全不同的惊奇：那是在新学年开始时，当我得到一本关于欧几里得平面几何的小书时所经历的。那本书里有许多断言，比如三角形的三条高交于一点，它们本身虽然并非显而易见，但却可以很可靠地加以证明，以至于任何怀疑似乎都是不可能的。这种明晰性和确定性给我造成了一种难以形容的印象。至于不用证明就得承认公理，这件事并没有使我不安。如果我能依据一些其有效性在我看来毋庸置疑的命题加以证明，那么我就完全心满意足了。比如，我记得在这本神圣的几何学小书到我手中之前，有位叔叔曾经把毕达哥拉斯定理告诉了我。经过一段艰苦的努力，我成功地基于三角形的相似性“证明”了这条定理。在这样做的时候，我觉得，直角三角形各条边的关系“显然”完全取决于它的一个锐角。在我看来，只有不是像这样表现得很“显然”的东西，才需要证明。而且，几何学的研究对象，同那些看得见摸得着的感官知觉的对象似乎属于同一类事物。这种原始观念的根源，自然是由于几何概念与直接经验对象（刚性杆、截段等等）不知不觉地存在着某种关系，这种原始观念大概就是康德提出“先天综合判断”如何可能这一著名问题的根据。

如果用纯粹思维就好像能够得到关于经验对象的可靠知识，那么这种“惊奇”就是以错误为依据的。但是，对于第一次经验到它的人来说，在纯粹思维中竟然能够达到如此可靠而纯粹的程度，就像希腊人在几何学中第一次告诉我们的那样，这真是令人惊讶。

第二章　一个物理学家的成长历程

“犯罪事实有了，现在侦探的问题是：谁杀死了知更鸟？在这里，科学家必须既是读者，又是侦探，他得发现并解释（至少是部分地）各个事件之间的关联。”

——爱因斯坦，《物理学的进化》，1938年

爱因斯坦的族谱中并没有任何智力超常的迹象。事实上，爱因斯坦晚年在解释他的特殊天赋时曾坚持说，“研究我的祖辈……不会有任何用处”。他的父亲赫尔曼是一个做电气生意的小业主，脾气随和，在生意场上表现平平。祖父是商人。母亲保利娜来自一个商人家庭，家境优裕，虽然弹得一手好钢琴，却谈不上特别有天赋。父母双方虽同属犹太血统，却不愿接受正统的犹太教义。布豪（Buchau）是南德斯瓦比亚山麓地区的一座小城，十九世纪时，许多姓爱因斯坦的人都葬在那里的犹太人墓地，随着时光的流逝，墓碑上用希伯来文撰写的铭文日趋稀少，最后逐渐消失了。男性爱因斯坦的取名从“亚伯拉罕”这样的《圣经》中的名字，变成了“赫尔曼”这样的德国名字。据估计，到了1900年，只有15%~20%的德国犹太人奉行着正统的犹太教义。赫尔曼·爱因斯坦和保利娜·爱因斯坦被彻底同化了，他们已经不再是严守教规的犹太人(他们的儿子称其为“完全无宗教信仰”)。

14 岁的爱因斯坦，摄于照相馆。

爱因斯坦小时候也没有表现出什么特殊之处。1879年3月14日，阿尔伯特出生在布豪东南的小城乌尔姆，后来又有了一个妹妹玛雅。他是一个相当安静的孩子，父母亲对此十分担心，

甚至请了医生来看他是否有说话的能力。然而，到了1881年11月玛雅出生时，据说阿尔伯特已经会问他的新玩具的轮子哪里去了。原来他是想用完整句子说话：他先是嚅动着嘴唇，在头脑中把一个句子想周全，然后才会大声讲出来。这个习惯一直保持到他7岁甚至更晚，家里的女佣甚至给他起了个绰号："呆瓜"。

他起初上的是慕尼黑的一所天主教学校，爱因斯坦一家1880年就从乌尔姆搬到了这里。在班上70个学生里，阿尔伯特是唯一一个犹太人。但他似乎只是在宗教教育课上感受到了老师的反犹情绪，而在其他课上感觉并不强烈。一天，老师把一根大钉拿到了课堂上，告诉学生基督就是被犹太人用这样的钉子钉在了十字架上。不过，反犹情绪在学生中还是很普遍的，虽然并非恶意，但这还是使爱因斯坦产生了局外人的感觉。随着岁月的流逝，这种感觉愈发强烈起来。

无论是在这所学校，还是在他九岁半入学的慕尼黑卢伊特波尔德高级中学，从学习上看，他的确是个出色的学生，但绝对称不上天才。不过爱因斯坦对他高中以前所受的学校教育几乎没有什么好感，直到晚年还批评他那个时候德国的正规教育。他不喜欢游戏和体育，憎恶任何带有军事训练色彩的东西，而这正是北德的普

爱因斯坦的母亲保利娜和父亲赫尔曼。

爱因斯坦（14 岁）和妹妹玛雅。

鲁士气质所特有的。1920年，他甚至对柏林的一位采访者说，学校的入学考试应当取消。“让我们回归自然，那里遵循着通过最小的努力获得最大效果的原理，入学考试则恰恰做着相反的事情。”

他的问题部分在于，德国高中过分强调人文学科，也就是注重古典学问的研究，其次是德国历史和文学，延误了现代外语的学习。(爱因斯坦对法语的掌握并不熟练，他对讲英语从来就没有把握，写作就更不是力不从心；他后来也后悔没有学习希伯来语。）在高中，科学和数学被看成是地位最低的学科。

但学校的主要问题也许在于，爱因斯坦是一个自学成才的人。在他早期的书信和成年以后的著作中，“自学”是一个经常冒出来的字眼。对一般的年轻学生而言，这样一种观念是对无纪律的怂恿，也许是一种逃避的机会，但对爱因斯坦来说，按照自己的兴趣学习是他受教育的主要方式。他的妹妹玛雅回忆说，即使有一伙吵闹不休的人在周围，爱因斯坦也可以“在沙发上躺下来，拿起笔和纸，把墨水瓶很不安全地放在背架上，全神贯注于一个问题的思考，周围的噪音非但没有打扰他，反而激发了他的思想。”

爱因斯坦很小就已经开始阅读数学和科学书籍了，而这纯粹是受到了好奇心的驱使。在苏黎世，他博览群书，除了最新出版的科学杂志，其阅读领域远远超出了教授们规定的范围。成年以后，他从不因一本书据称是经典而读它，只有他觉得有兴趣时才会去读。这也许和牛顿有些不谋而合，牛顿是一个兼收并蓄的读者，他似乎并没有读过他那个时代以及许多前人的名著。用天文学家杰拉尔德·惠特罗的话来说，“爱因斯坦与其说是一位学者，不如说更是一位艺术家；换句话说，他的头脑并没有被他人的想法塞得太满。”他的老朋友，诺贝尔物理学奖获得者马克斯·玻恩回忆说：

> 爱因斯坦多次表达了这样一种思想，一个人不应把追求知识与谋生的职业挂起钩来，那种研究应当作为一项私人的业余职业来进行。当他在伯尔尼的瑞士专利局作小职员时，就写出了第一篇伟大著作……然而他没有想到，一个人要想把科学当成业余爱好来从事，他就必须是爱因斯坦。

他的第一次科学体验发生在四五岁的时候，爱因斯坦在其《自述》中提到了这一点。他的父亲赫尔曼给他看一个罗盘。罗盘指针确定的行动方式使阿尔伯特着了迷。他半个世纪之后这样写道，“我仍然能够记得，至少相信我还记得，这种经验使我得到了一个深刻而持久的印象。我想一定有什么东西深深地隐藏在事物后面。”

接着，当他12岁时，他又体验到了“另一种性质完全不同的惊奇”，此时他正在研读一本关于欧几里得平面几何的小书——就像伽利略17岁时所做的那样。那些几何证明基于欧几里得的十条简单公理（比如给定圆心和圆上一点，即可作出一个圆），其“明晰性和确定性”又一次给爱因斯坦留下了深刻印象，这使他毕生都在

爱因斯坦在慕尼黑卢伊特波尔德高级中学的照片，他站在后排右数第三位。

思考数学形式与自然界中发现的形式之间的关系。开普勒关于行星椭圆轨道的发现也强烈地吸引着他。他注意到，“几何学”一词源于希腊词“测地术”，这暗示数学“之所以存在，是认识真实物体行为的需要”。

与此同时，他开始阅读通俗科学著作，这些书是一个穷苦的医科学生马克斯·塔尔梅带给他的。塔尔梅每周都会到他家用一次午餐，这是爱因斯坦家遵从的寥寥可数的犹太习俗之一。毕希纳的《力与物质》（*Kraft und Stoff*）以及伯恩斯坦的《自然科学通俗读本》（*Naturwissenschaftliche Volksbücher*）把爱因斯坦引向了科学的道路。它们促使爱因斯坦16岁时提出了“追光”的奇思妙想，据他自己说，正是这一思想最终导致了狭义相对论。光相对于观察者静止会是什么样子？十年以后，即1905年，爱因斯坦最终断定这样一种情形在物理上不可能的（这在下一章会讲到），牛顿的绝对时空必定是错误的，因为它显然允许这种事情发生。

具有讽刺意味的是，阅读塔尔梅的书籍所带来的第二个结果竟然是爱因斯坦失去了对正统宗教的信仰。就在此前不久，他突然变得非常虔诚。他不再食猪肉，开始以极大的热情唱赞美诗（甚至还谱了几曲），并准备在13岁生日之后的安息日行受戒礼。但科学书籍还是使他确信，《圣经》中的大部分内容是不真实的（尽管这些书并没有如此这般地攻击宗教），并促使他终生“对任何种类的权威都表示怀疑”。

后来，在卢伊特波尔德高级中学，事态发展得很严重，那时阿尔伯特15岁。一位新来的任课老师对他说，“你这辈子不会有任何出息。”当爱因斯坦回答自己“没有任何过错”时，他被告知：“你的出现破坏了班级对我的尊重。”爱因斯坦以其讽刺嘲弄的笔调而闻名，而这往往与其后来温文尔雅的形象不尽一致。这必定会激怒某些权威人物，其中不仅包括德国人，也包括犹太人同胞和美国人。他也经常嘲弄自己，他成名之后曾对一个朋友说：“为了惩罚我对权威的不敬，命运使我自己成了一个权威。”

家里的情况也不尽如人意。1893年，在与大企业进行一番较量之后，爱因斯坦家开的公司没能签订为慕尼黑的一个地区照明的合同。次年，公司决定停业清理，准备在意大利建一个新的公司。玛雅和父母一起搬到了意大利，阿尔伯特则要单独留在慕尼黑住在远房亲戚那里，准备参加大学入学考试。其间，爱因斯坦那心爱的家也卖掉了，开发商很快就当着他的面推倒了房子。

在学校受到打击，家庭连遭变故，阿尔伯特似乎难以应对这一切，他后来从未提起这段不幸的日子。他未同父母商量，就找了一个医生（塔尔梅的哥哥）诊断他极度疲劳，需要离开学校一段日子，然后说服老师给他的数学评定为优秀。学校放走了他。1894年圣诞节过后，他离开慕尼黑，南赴米兰去见自己吃惊不小的父母。

爱因斯坦再也没有回到这所给他带来痛苦回忆的中学。一年之后，也许是为了逃避服兵役，他放弃了德国国籍。在1901年成为瑞士公民之前，他一直没有国籍。

苏黎世的瑞士联邦理工学院，爱因斯坦曾于1896年至1900年在这里学习。

1895年，经过在意大利家中自学（在此期间，他写了一篇关于“以太”概念的不成熟的论文，把它寄给了一个舅舅），他报考了苏黎世的瑞士联邦理工学院，但未被录取。然而，他在数学和物理方面的才华被注意到了，有人鼓励他继续到学校学习，来年重新报考。在苏黎世联邦理工学院一位教授的建议下，他来到了位于苏黎世以西48.28千米（30英里）的阿劳州立中学。与慕尼黑的学校相比，这里奉行的是瑞士教育改革家佩斯特拉齐的自由教育理念，专制主义气氛较少。阿尔伯特寄宿在一位学校老师家里，生活其乐融融，还与该教师的一个女儿开始了一段少年罗曼史。他在学校的期末考试中（这使他能够从1896年底开始在苏黎世学习），他用（糟糕的）法语写了一篇短文——《我的未来计划》。他在这篇短文中坦陈自己愿意研究物理学的理论部分，因为他“拥有抽象和数学思维的天赋，缺少幻想和实践的才能”，并且深沉地说：“不仅如此，科学职业有一种独立性，这深深地吸引着我。”

事到如今，瑞士成就了爱因斯坦生活的一切。在这段思想的形成期，他爱上了与自己一道学习物理的学生米列娃·玛里奇，她后来成了爱因斯坦的妻子。如果说，在爱因斯坦动荡不定的生涯中有什么地方可能被他称为“家”，那必定是瑞士，而不是他的故乡德国，或者1933年后从德国流放到的美国。在他年轻时的书信中，字

爱因斯坦（左数第二位）和数学家格罗斯曼（左）等朋友在一起，1899年5月。格罗斯曼在瑞士专利局为他找到了一份工作，后来协助他建立广义相对论。

里行间都透出他对瑞士群山的倾心（虽然他到中年时更喜欢大海的一望无际）。阿尔卑斯山那崇高而孤独的壮丽景色必定影响了他对科学理论的创立。后来在美国居住期间，他写道：

> 创造一种新理论不像推倒一个旧棚子，在原址建立起一幢摩天大厦，而是如同爬一座山，获得新的更广阔的视野，发现我们的起点与它周围环境之间预想不到的关联。不过我们的出发之地依然存在，虽然它在向上攀登的过程中显得小了，在我们克服重重阻碍所获得的广阔视野中只是很小的一部分，但还是遥遥可见。

就这样，在1895年前后，爱因斯坦将从牛顿定律和麦克斯韦方程开始，逐步登上二十年后广义相对论场方程的高峰。这不是通过把牛顿或麦克斯韦的理论推翻，而是通过把它们置于一个更具包容性的理论之下获得的，好比一块大陆的地图包含一个国家的地图。

关于这段在苏黎世的早年岁月，我们了解爱因斯坦思想的主要来源就是他与米列娃的通信，即写于1897年至1903年结婚期间的情书。直到二十世纪八十年代，这些情书才付诸出版。书信中提到了爱因斯坦对一系列重要科学问题的见解：不仅包括运动物体的电动力学、以太问题和相对论原理（这并不让人奇怪），而且还包括分子力、温差电、物理化学和气体的动能理论等。

遗憾的是，在这些书信中许多科学细节都语焉不详，这也许是由于米列娃在回复中避免谈及科学。因此，我们很难就此深入爱因斯坦的思想发展历程。也许最有价值的一

17 岁的爱因斯坦，阿劳州立中学班级照裁切版。照片下方写着：“阿尔伯特·爱因斯坦，1896 年。出自阿劳中学毕业班集体照。”

爱因斯坦在瑞士联邦理工学院上海因里希·韦伯的物理课时所使用的一个笔记本，1896 年。

19岁的爱因斯坦，在苏黎世的瑞士联邦理工学院。这必定曾是爱因斯坦本人和他第一个妻子米列娃最喜欢的照片，因为在对页的照片中可以看到，这对夫妇身后的墙上挂着一个小相框，其中就镶着这张照片。对页的照片是1904年在伯尔尼拍摄的，那时他们的第一个儿子汉斯·阿尔伯特刚刚出生不久。

封信是1899年夏天爱因斯坦写给米列娃的，信中说，他正在重新阅读赫兹论电力传播的文章：

> 我愈发确信，目前出现的这种动体电动力学是不符合实际的，它可以更简单地表述出来。在电学理论中引入"以太"已经导致这样一种介质概念，人们可以描述它的运动，却不能赋予它物理意义。

然而，爱因斯坦的确对苏黎世联邦理工学院的某些科学教育感到不满。虽然他对像赫尔曼·闵可夫斯基（1905年以后，他用数学发展了狭义相对论）这样的数学教授表示称赞，但却认为物理学教授严重落伍，无法应对新的挑战。在苏黎世的物理学生当中（也包括米列娃·玛里奇，她是唯一一位女性），爱因斯坦无疑是相当早熟的，但令人惊讶的是，对于三十年前便已问世的麦克斯韦方程，苏黎世联邦理工学院竟然没有课程讲授。尽管麦克斯韦方程已经得到了赫兹的实验证实，但对于学生来说，电磁场的思想仍然被认为过于前卫，尚处争论之中。

经过了四年的学习（大都属自学），爱因斯坦于1900年夏天拿到了毕业文凭，使他有资格在瑞士的学校讲授数学。他实际上想成为一名苏黎世联邦理工学院的助教，写出一篇博士论文，以物理学家的身份进入学术界。然而此时，他的"轻率"——"我的守护天使"——却给他带来了麻烦。

接下来的两年对阿尔伯特和米列娃（她已经放弃了文凭）来说的确很艰难。

爱因斯坦并没有像其他一些学生那样，被授予苏黎世的助教职位。不过他仍然在思考物理学，并且开始在一份著名《物理学杂志》(*Annalen der Physik*)上发表理论文章。他还写了一篇论文，不过没有被苏黎世大学接受。但他仍然不为人所知，所以当他写信给著名的教授求助时，总是受到冷遇。（其中一位是化学家威廉·奥斯特瓦尔德，仅仅在九年之后，这位奥斯特瓦尔德就成为第一个推举他获诺贝尔奖的科学家！）"我不久就会用我的投标来给从北海到意大利南端的所有物理学家增光！"1901年4月，阿尔伯特这样打趣地向米列娃苦笑。很快，仅凭零星的教学收入，他真的衣食不保，而且有营养不良的危险。接着，米列娃怀孕了，她又一次放弃了苏黎世联邦理工学院的考试，生下了一个女儿，也许名叫莉泽尔，这件事不得不隐瞒起来。(直到今天，没有人知道她后来的下落。）爱因斯坦的父母一直坚决反对这门婚事，直到1902年父亲病危、生意破产时才答应下来，但他的母亲最终也没有同意。只是由于爱因斯坦对其科学才能有足够的信心，再加上米列娃一心一意的投入，才使他熬过了这多灾多难的两年。

最后，爱因斯坦在苏黎世的同学格罗斯曼（他后来在广义相对论的数学形式方面起到了关键作用）帮了大忙，他在伯尔尼的瑞士联邦知识产权局（专利局）给爱因斯坦找到了一份工作。格罗斯曼的父亲是专利局局长的朋友，专利局正好缺一位技术员对初兴的电子工业发明做专利鉴定。爱因斯坦有电磁学理论的知识，在家庭开办的工厂里也接触过足够多的电气设备，他的能力被评定为合格。1902年6月23日，他升任"三级技术员"，这是他这个行当里最低的职位。瑞士专利局将成为这位物理学家声名鹊起的摇篮。

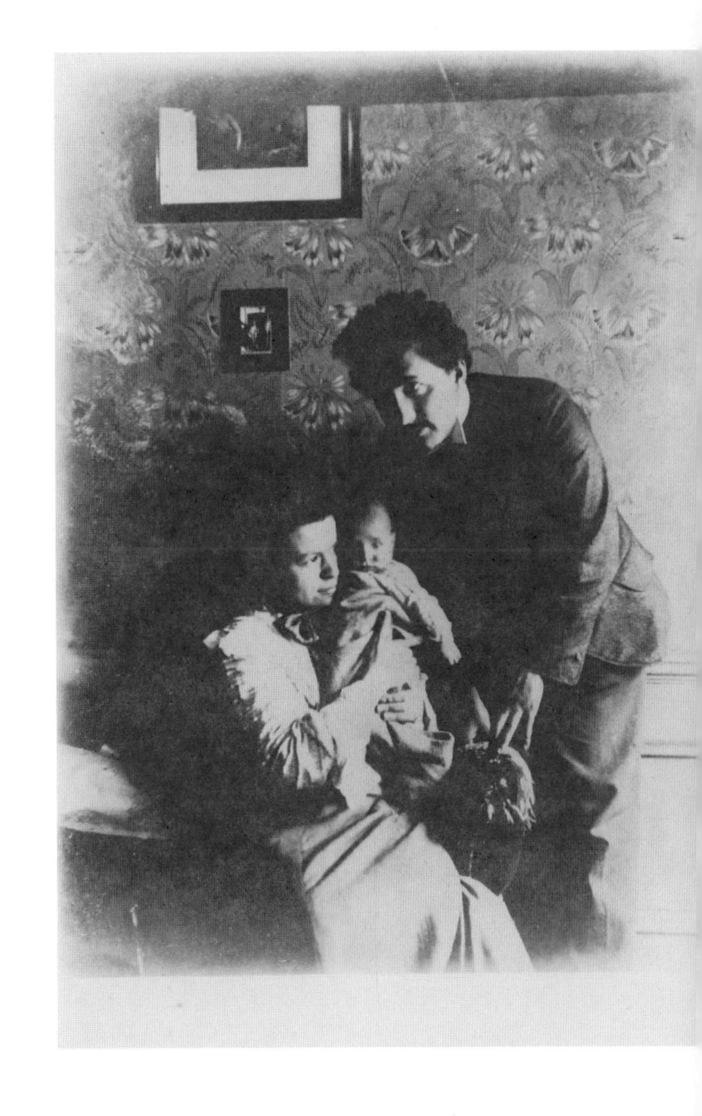

相对论简史

史蒂芬·霍金

爱因斯坦在伯尔尼的专利局，1905 年。下一面是 1970 年时的这张桌子，复原了 1905 年的大致样子。

当十九世纪行将结束之时，科学家们相信，他们已接近于宇宙的完整描述。他们设想，空间中处处充满着一种被称为“以太”的连续介质。光和无线电信号都在这种以太中波动，就像声音在空气中受压波动一样。要想得到一个完整理论，接下来只需仔细测量以太的弹性。事实上，由于预见到要进行这种测量，哈佛大学的杰斐逊实验室在建造过程中完全没有使用钉子，从而不会对精密的磁测量造成干扰。然而，设计者忘记了，实验室的棕红色砖块以及哈佛大学的大部分建筑里都含有较多成分的铁。时至今日，这座建筑仍然在使用，尽管哈佛仍然不敢肯定，没有铁钉的图书馆楼层能够承受多少重量。

然而，宇宙中处处充满以太的观念很快就出现了问题。人们认为，光以恒定的速度在以太中传播，如果你顺着光的方向穿过以太，光的速度就会显得较慢，反之，如果你逆着光的方向穿过以太，光的速度就会显得较快。

但是，接下来的一系列实验却并不支持这种想法。在这些实验中，最为精细的当数阿尔伯特·迈克尔逊和爱德华·莫雷于1887年在俄亥俄州克利夫兰的凯斯应用科学学院所做的实验。他们比较了彼此成直角的两束光线的速度。

迈克尔逊

莫雷

他们推论，由于地球既绕轴自转，也绕太阳公转，所以当仪器穿过以太时，这两束光的速度应当有所不同。但是，迈克尔逊和莫雷发现，无论是昼夜还是冬夏都未引起两束光线光速的不同。不论你如何运动，光似乎总是以同样的速度相对于你传播。

基于迈克尔逊–莫雷实验的结果，爱尔兰物理学家乔治·斐兹杰惹和荷兰物理学家亨德里克·洛伦兹最先提出，在以太中运动的物体会收缩，时钟会变慢。无论一个人相对于以太如何运动，这种尺缩钟慢的现象将使他测量到的光速都相同。（斐兹杰惹和洛伦兹仍然认为以太是一种实际存在的物质。）然而，在1905年6月发表的一篇论文中，爱因斯坦指出，如果一个人无法察觉他是否正在空间中运动，那么以太概念就是多余的。与前人不同，他的出发点是：科学定律对于所有自由运动的观察者来说都是相同的。特别是，无论运动速度有多快，他们测量到的光速都应该相同。光速与观察者的运

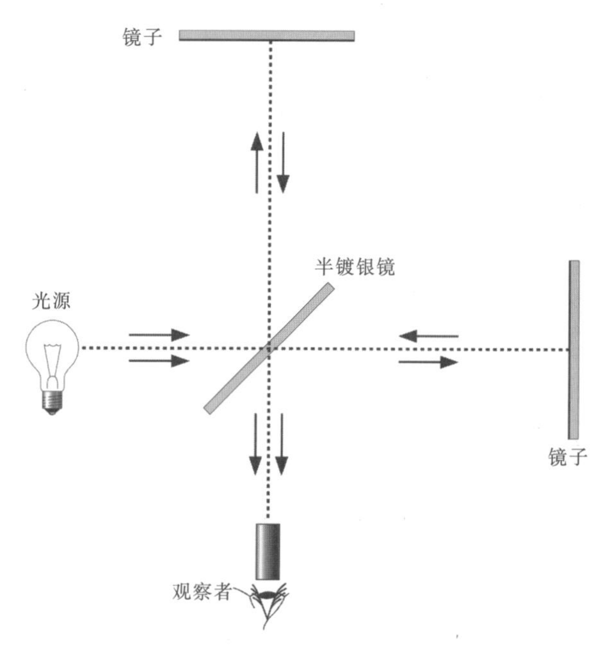

图 2：1887 年迈克尔逊–莫雷实验简图。从同一光源发出的光线被半镀银镜分成相互垂直的两束，然后被两面镜子反射回来，在半镀银镜处重新合为一束光。如果光速的确受到了以太“漂移”的影响，那么这两束反射光的速度就会有微小的不同，其波峰和波谷将会发生干涉。但实验并没有观察到这样的干涉。

动无关，它在任何方向上都是相同的。

这就要求放弃这样一种观念，即存在着一种所有时钟都能测量的被称为时间的普适的量。取而代之的是，每个人都有他自己的个人时间。如果两个人相对静止，他们的时间就会彼此吻合，但如果相对运动，时间就是不一致的。

这个结论已为大量实验所证实，其中之一是，两台极其精确的时钟被带到天上沿相反方向围绕地球飞行，等它们飞回来时，人们发现时钟上显示的时间有稍许不同。这也许暗示，如果你希望活得更长久，你可以不停地往东飞，这样就能把飞机的速度加到地球的旋转速度上。然而，与在飞机上进餐的时间相比，这样赢获的短短一瞬实在算不上什么。

爱因斯坦假定，自然定律在所有自由运动的观察者看来都相同，这是相对论的基础。之所以被称为相对论，是因为它暗示，只有相对运动才是重要的。相对论的美妙和简单性曾使许多思想家折服，但是，仍有许多人反对相对论。爱因斯坦推翻了十九世纪科学的两个“绝对”：一是以太所代表的绝对静止，二是所有时钟都能测量的普适时间。许多人觉得，这实在令人不安。他们问道，这是否意味着一切都是相对的，绝对的道德标准并不存在？在相对论问世之后的二三十年里，这种忧虑始终存在。当爱因斯坦被授予1921年诺贝尔物理学奖时，他是因1905年的另一项工作而获奖，这项工作虽然重要，但（按照他的标准）却相对次要。授奖辞中没有提及相对论，因为它太有争议。（我每星期都会收到两三封信，告诉我爱因斯坦错了。）然而，现在相对论已经完全得到了科学界的承认，其预言已经在无数应用中得到证实。

相对论的一个非常重要的结果是质量与能量的关系。爱因斯坦假设，光速在任何观察者看来都是一样的，这表明没有什么东西能比光跑得更快。事实上，当用能量加速一个粒子或宇宙飞船时，它的质量将会增加，使其很难进一步得到加速。要把一个粒子加速到光速是不可能的，因为那将耗费无穷的能量。质量与能量是等价的，这体现于爱因斯坦的著名方程$E = mc^2$。这也许是唯一称得上众人皆知的物理学方程。这个定律的一个推论是，如果一个铀原子核裂变成两个总质量略小的核，就会释放出巨大的能量。

1939年，第二次世界大战迫在眉睫，一些认识到这种含义的科学家说服爱因斯坦放弃其和平主义主张，在给罗斯福总统写的信中签上了自己的名字，敦促美国制定一项核研究计划。

这件事促成了曼哈顿工程，导致1945年两颗原子弹在广岛和长崎爆炸。一些人把原子弹归咎于爱因斯坦，因为是他发现了质能关系。但这就好比把飞机坠毁归咎于牛顿，因为是他发现了万有引力。爱因斯坦没有参与曼哈顿工程，他被原子弹的投放深深地震惊了。

虽然相对论与电磁定律符合得很好，但却不符合牛顿的万有引力定律。牛顿的定律说，如果改变某个空间区域的物质分布，引力场的改变就会瞬间传到宇宙的每个角落。这不仅意味着可以超光速地发送信号（这是相对论所禁止的），而且要想知道瞬间是怎么一回事，绝对的普适时间就必须存在。主张个人时间的相对论已经对普适时间进行了彻底批驳。

爱因斯坦1907年就知道了这个困难，当时他还在伯尔尼的专利局工作，但直到他于1911年访问布拉格，才开始认真考虑这个问题。他意识到，加速度和引力场之间存在着密切的关系。一个坐在封闭的升降机中的人不可能说出，升降机到底是静止于地球的引力场中，还是正在被在自由空间中运动的火箭加速。（当然，星际旅行的时代还没有到来，所以爱因斯坦考虑的是升降机中的人，而不是宇宙飞船中的人。）不过在升降机中，在灾难来临之前，你不可能自由地加速或者下降很远。

如果地球是平坦的，那么苹果落到牛顿头上既可以说是由于引力，也可以说是由于牛顿和地球表面正在向上加速。然而，加速度和引力之间的这种等效对于圆形的地球来说似乎并不管用——地球另一端的人势必沿相反方向加速，同时还要保持与我们的恒定距离。

1912年，爱因斯坦在返回苏黎世途中突然灵光一闪，认识到如果时空几何是弯曲的，而不是像一直以为的那样是平直的，那么加速度和引力就仍然等效。他设想，质量和能量能够以某种待定的方式使时空发生弯曲。苹果或行星等物体将尽可能地沿直线穿越时空，但因时空是弯曲的，它们的路径可能因为引力场而显得弯曲。

在好友格罗斯曼的帮助下，爱因斯坦研究了关于弯曲空间和曲面的理论。这个理论是伯恩哈德·黎曼提出来的。

爱因斯坦给《泰晤士报》的信件手稿，名为《什么是相对论》，发表于 1919 年 11 月 28 日。这里是它的第一页，爱因斯坦表达了他的“喜悦之情以及对英国天文学家和物理学家的感谢”，因为他们为检验“战争期间在敌方国土上完成和发表的一种理论”付出了辛勤的努力。

不过黎曼仅仅考虑了空间的弯曲，爱因斯坦则意识到时空被弯曲了。1913年，爱因斯坦和格罗斯曼合作写了一篇论文，他们提出了这样一种看法：所谓的引力只不过是时空弯曲的表现。然而，由于爱因斯坦的一个错误（人人都会犯错），他们未能发现把时空弯曲与时空中的质量和能量联系起来的方程。爱因斯坦在柏林继续研究这个问题，基本上没有受到战争的干扰，直到他于1915年11月终于找到了正确的方程。1915年夏天，爱因斯坦在访问哥廷根大学期间，曾与数学家大卫·希尔伯特谈起自己的想法，而希尔伯特已先于爱因斯坦几天独立发现了同样的方程。不过，正如希尔伯特自己所承认的，新理论的确应当归功于爱因斯坦，把引力与时空弯曲联系在一起正是他的主意。这样的科学讨论和交流甚至在战时都不受影响，这足以说明德国在那个时期的文明状态，这与二十年后的纳粹时代形成了鲜明对照。

有关弯曲时空的新理论被称为广义相对论，以区别于最初不包含引力的狭义相对论。1919年，英国前往西非的一支远征队在日食期间观测到，恒星发出的光在途经太阳附近时发生了轻微的偏折，这以一种惊人的方式验证了广义相对论。它直接证明了时空是弯曲的，这是自欧几里得在公元前300年左右写出《几何原本》（*Elements of Geometry*）以来，我们对自己生活场所的认识的最大变化。

爱因斯坦的广义相对论使空间和时间从事件发生的消极背景变成了宇宙动力学的积极参与者。这引发了一个重大问题，直到二十世纪末仍处于物理学的最前沿。宇宙中充满了物质，物质使时空弯曲，物体因此而相互吸引。爱因斯坦发现，他的方程并没有给出这样一个解，使之能够描述不随时间改变的静态宇宙。他没有放弃他和大多数人所相信的静态而永恒的宇宙，而是通过强行加入一个宇宙学常数项修改了这些方程，这一项在相反的意义上使时空弯曲，使物体彼此远离。这个宇宙学常数项的排斥效应能够抵消物质的吸引效应，从而允许宇宙有一个静态解。

这是理论物理学所错过的重大机会之一，爱因斯坦就这样与另一项成就失之交臂。如果爱因斯坦坚持其原有的方程式，他本可以预言，宇宙不是在膨胀，就是在收缩。事实上，存在一个依赖于时间的宇宙的可能性没有得到认真对待，直到二十世纪二十年代，威尔逊山口径100英寸（1英寸=2.54厘米，全书同）望远镜的观测结果出来以后，人们才开始重视这一点。这些观测结果显示，星系距离我们越远，退行速度就越快。换句话说，宇宙正在不断地膨胀，任何两个星系之间的距离都在随时间不断增大。这项发现使得为宇宙的静态解而引入的宇宙学常数成为多余，爱因斯坦后来称宇宙常数项为他平生所犯的最大错误。然而，最新的观测似乎表明，这绝非一个错误，也许的确应该有一个小的宇宙学常数。

广义相对论彻底改变了我们对宇宙起源和命运的讨论。一个静态的宇宙可能永远存在，也可能在过去的某个时候被创造成现在的样子。然而，如果现在星系正在相互远离，这意味着它们在过去必定离得较近。大约150亿年前，它们可能彼此重叠，密度相当惊人。天主教神父乔治·勒梅特是第一个研究宇宙起源的人，他把这种状态称为“原始原子”，现在我们称之为“大爆炸”。

爱因斯坦似乎从未把大爆炸当真。他认为，如果回溯星系的运动，一个均匀膨胀宇宙的简单模型就将崩溃，星系的小的横向速度也许有一个早先的收缩阶段，它以一种适中的密度弹回到目前的膨胀状态。然而，我们现在知道，要想让早期宇宙的核反应产生今天我们周围的轻元素数量，其密度就必须达到每立方英寸10吨，温度达到100亿度。不仅如此，对微波背景的观测表明，其密度也许曾经高达每立方英寸10^{72}吨。我们现在还知道，爱因斯坦的广义相对论不允许宇宙从一个收缩阶段弹回到目前的膨胀状态。罗杰·彭罗斯和我证明了，广义相对论预言宇宙开始于大爆炸。所以爱因斯坦的理论的确暗示时间有一个开始，尽管他对此从不热衷。

爱因斯坦甚至更不愿承认，广义相对论预言，当恒星到达生命的尽头，不再能够产生足够的热来平衡自身引力的时候，时间就会停止。爱因斯坦认为这样的恒星将结束于某种终态，但我们现在知道，质量超过太阳两倍的恒星是不存在终态的。这种恒星将持续收缩，直至变成黑洞，其时空区域极度弯曲，以至于连光都逃不出去。

彭罗斯和我已经证明，广义相对论预言，时间在黑洞内部将会停止，不论是对恒星还是对不幸落入其中的宇航员都是如此。然而，时间的开始和结束都是广义相对论方程不能自圆其说之处，因此，理论无法预言从大爆炸中会产生出什么。一些人认为，这表明上帝拥有随心所欲创造宇宙的自由，另一些人（包括我自己）则认为，在其他时间适用的定律也同样应当适用于宇宙的开端。我们已经在朝这个目标迈进，取得了一些进展，但我们尚未完全理解宇宙的起源。

广义相对论之所以无法应用于大爆炸，是因为它与二十世纪初的另一项伟大观念革命——量子理论不相容。向量子理论迈出的第一步是1900年发生的，当时在柏林工作的马克斯·普朗克发现，如果假设光是离散的能量包，即所谓的量子来传播或吸收的，红热物体所发出的辐射就能够得到解释。1905年，当爱因斯坦还在专利局工作时，他在一篇开拓性论文中证明，普朗克的量子假说能够解释所谓的光电效应，即光照射在某些金属上会使其发出电子。它是现代光探测器和电视摄像机的基础。正是由于这项工作，爱因斯坦被授予了1921年诺贝尔

物理学奖。

直到二十年代，爱因斯坦一直致力于量子概念的探索，但他受到了哥本哈根的维尔纳·海森堡、剑桥的保罗·狄拉克、苏黎世的埃尔温·薛定谔的工作的深深困扰，这些物理学家发展出一种关于实在的全新描绘，即所谓的量子力学。微小粒子不再具有确定的位置和速度。相反，粒子的位置测量得越精确，其速度就越不可能测量精确，反之亦然。爱因斯坦对基本定律中这种随机的、不可预测的因素感到震惊，他始终没有完全接受量子力学。他的看法表现在他的“上帝不掷骰子”的名言中。然而，许多科学家都承认了新的量子定律的有效性，因为它们可以对以前未予说明的大量现象作出解释，并且与观测结果相当一致。量子定律是现代化学、分子生物学和电子学的基础，这些学科的发展在过去的半个世纪里改变了世界。

1932年12月，爱因斯坦获悉纳粹和希特勒即将掌权而离开德国。4个月后，他发表不回德国的声明。他将在新泽西的普林斯顿高等研究院度过生命中的最后22年。

在德国，纳粹党发起了一场抵制“犹太科学”的运动，而许多德国科学家都是犹太人，这也是德国未能造出原子弹的部分原因所在。当爱因斯坦听说德国出版了《百人批驳爱因斯坦》（*100 Authors Against Einstein*）一书时，他说，为何需要一百人？如果我是错的，有一个人批驳我已足够。

第二次世界大战结束后，他敦促同盟国建立一个世界政府，以加强对原子弹的控制。1952年，他曾接到担任新成立的以色列国总统的邀请，但没有接受。他说：“政治是暂时的，而方程则是永恒的。”爱因斯坦的广义相对论方程是他最好的墓志铭和纪念碑，只要宇宙存在，它们就应该存在。

在过去的一百年里，世界的变化已经超过了历史上的任何世纪。原因不在于政治，也不在于经济，而在于基础科学进展所带来的技术的突飞猛进。显然，没有一位科学家能比爱因斯坦更好地代表那些进展。

第三章　1905奇迹年

“世界的永恒秘密就在于它的可理解性……它是可理解的这件事，是一个奇迹。”

——爱因斯坦，《物理学与实在》，1936年

1905年的5月末或6月初，一项改变物理学进程的工作宣告问世，那时爱因斯坦在伯尔尼的瑞士专利局工作还不到五年。在给同龄好友康拉德·哈比希特（他刚刚在苏黎世大学获得数学博士学位）的信中，爱因斯坦掩饰不住内心的激动，告诉他自己的一篇论文就要发表了，这是爱因斯坦同时创作的四篇论文中的第一篇。他对哈比希特说：

它讲的是辐射和光的能量特征，是非常革命性的，只要你预先把你的论文寄给我，你［看了我的回信之后］就会明白；第二篇论文是由中性物质的稀溶液的扩散和内摩擦来测定原子的实际大小；第三篇论文以热的分子理论为前提，证明悬浮在液体中的大小为1/1000毫米的微粒，必定会做一种由热运动引起的可观察的不规则运动。事实上，无生命的小悬浮体的运动已经被生理学家观察到了，他们把这种运动称为“布朗运动”；第四篇论文还处于草创阶段，它把对空间和时间理论的一种修正用于动体的电动力学，这项工作的纯运动学部分无疑会使你感兴趣。

在一个不从事科学研究的人看来，爱因斯坦的这些简洁的技术性描述也许并不令人惊异——甚至当我们得知，他再没

爱因斯坦在伯尔尼的专利局，1905年。

有把他的任何一项理论和发现（包括广义相对论）称为“革命性的”，情况也是如此。然而在今天看来，我们知道，这四篇论文中的第一篇发表于《物理学杂志》，它开创了二十世纪最具原创性的科学理论——量子理论。与相对论不同，量子理论与牛顿和麦克斯韦所代表的经典物理学彻底划清了界限，正是由于这项贡献，爱因斯坦获得了1921年的诺贝尔物理学奖；第二篇论文使爱因斯坦在苏黎世获得了博士学位，它后来成了科学界引用最多的论文之一，因为它带动了无数实际应用（特别是在石化行业）；第三篇论文无可争议地证明了原子和分子存在，使爱因斯坦成了现代统计热力学的一位奠基人；第四篇包含了后来以“狭义”相对论名扬天下的理论的实质内容，它当然也导向了广义相对论。所有这四篇论文都是在1905年上半年写成的——最后那篇关于相对论的论文是6月30日被杂志接收的。我们不要忘了，1905年9月，爱因斯坦又写了第五篇论文，它是那篇相对论论文的结尾，虽然总共只有三页，却导出了那个联系能量、质量与光速的著名方程$E = mc^2$，它将最终改变第二次世界大战的进程。这个年仅26岁的专利局小职员不仅名不见经传，而且从未同当时的任何大物理学家有过接触，他的论文也几乎没有引用任何科学文献，却取得了如此不可思议的科学成就，对他来说，1905年实在是一个奇迹年。

难怪，一百年过去了，物理学家和历史学家仍在试图理解这个科学奇迹究竟是如何发生的。绝对的答案当然不可能存在，不过我们可以试着做一番推测。

爱因斯坦之所以会取得成功，部分原因当然是，由于受到好奇心的强烈驱使，他很早就开始广泛阅读科学方面的书籍，而且有着超乎寻常的专注力，所有这些我

爱因斯坦和好友哈比希特（左）、索洛文（中）：“奥林匹亚科学院”。

(1) 414

Elementare Ableitung der Aequivalenz von Masse und Energie.

Die nachstehende Ableitung des Aequivalenzsatzes, ~~die bisher~~ nicht publiziert ist, hat zwei Vorteile. Sie ~~bedient~~ sich zwar des speziellen Relativitätsprinzips, setzt aber die ~~technisch~~ formalen Hilfsmittel der Theorie nicht voraus, sondern bedient sich nur ~~zweier~~ dreier vorbekannter Gesetzmässigkeiten:

1) des Satzes von der Erhaltung des Impulses (momentum)

2) des Ausdruckes für den Strahlungsdruck bezw. für den Impuls (momentum) eines in bestimmter Richtung sich ausbreitenden Strahlungs-Komplexes.

3) ~~Des wohlbekannten~~ Ausdruck für die Aberration des Lichtes (Einfluss der Bewegung der Erde auf den scheinbaren Ort der Fixsterne (Bradley).

Wir fassen nun folgendes System ins Auge. Bezüglich eines Koordinatensystems K_0 ruhend

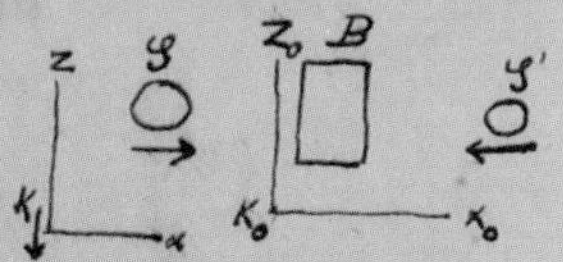

schwebe der Körper B frei im Raume. Zwei Strahlungskomplexe S, S' je von der Energie $\frac{E}{2}$ breiten sich längs der positiven bezw. negativen x_0 Axe ~~auf B zu~~ aus und werden dann von B absorbiert. Bei der Absorption wächst die Energie von B um E. Der Körper B bleibt bei diesem Prozess aus Symmetrie-Gründen in Ruhe.

Nun betrachten wir diesen selben Prozess von einem System K aus, welches sich gegenüber K_0 mit der konstanten Geschwindigkeit v in der ~~x~~ negativen z_0 Richtung bewegt. Inbezug auf K ist dann die Beschreibung des Vorgangs folgende

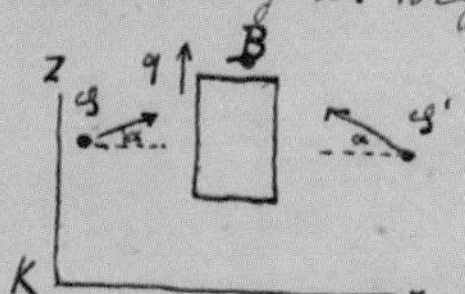

Der Körper B bewegt sich in der positiven Z-Richtung mit der ~~Geschwindigkeit~~ v. Die beiden Lichtkomplexe haben ~~nun~~ inbezug auf K eine Fortpflanzungsrichtung, welche einen Winkel α mit der x Axe bildet. Das Aberrationsgesetz besagt, dass in erster Näherung $\alpha = \frac{v}{c}$ ist, wobei c die Lichtgeschwindigkeit bedeutet. Aus der Betrachtung inbezug auf K_0

(2) 1.14

wissen wir, dass die Geschwindigkeit q von B durch die Absorption von S und S' keine Aenderung erfährt.

Nun wenden wir auf den Prozess inbezug auf K das Gesetz von der Erhaltung des Impulses inbezug auf die Richtung z auf das betrachtete Gesamtsystem an.

I. Vor der Absorption sei M die Masse von B; Mq ist dann der Ausdruck des Impulses von B (gemäss der klassischen Mechanik). Jeder der Strahlungs-komplexe hat die Energie $\frac{\mathcal{E}}{2}$ und deshalb gemäss einer wohlbekannten Folgerung aus Maxwells Theorie den Impuls $\frac{\mathcal{E}}{2} \cdot \frac{1}{c}$. Dies ist streng genommen zunächst der Impuls von S inbezug auf K_0. Wenn aber q klein ist gegen c, so muss der Impuls inbezug auf K bis auf eine Grösse von zweiter Ordnung ($\frac{q^2}{c^2}$ gegen 1) dieselbe sein. Von diesem Impuls fällt in die z-Richtung die Komponente $\frac{\mathcal{E}}{2c} \cdot \sin\alpha$ oder genügend genau (bis auf Grössen höherer Ordnung) $\frac{\mathcal{E}}{2c}\alpha$ oder $\frac{\mathcal{E}}{2} \cdot \frac{q}{c^2}$. S und S' zusammen haben also in der z Richtung den Impuls $\mathcal{E}\frac{q}{c^2}$. Der Gesamtimpuls des Systems vor der Absorption ist also

$$Mq + \frac{\mathcal{E}}{c^2} q$$

II. Nach der Absorption sei M' die Masse von B. Wir anticipieren hier die Möglichkeit, dass die Masse bei der Aufnahme der Energie $\mathcal{E}$ eine Zunahme erfahren könnte. (dies ist nötig, damit das Endresultat unserer Überlegung widerspruchsfrei sei). Der Impuls des Systems nach der Absorption ist dann

$$M'q.$$

Nun setzen wir den Satz von der Erhaltung des Impulses als richtig voraus und wenden ihn inbezug auf die z Richtung an. Dies ergibt die Gleichung

$$Mq + \frac{\mathcal{E}}{c^2} q = M'q$$

oder

$$M' - M = \frac{\mathcal{E}}{c^2}.$$

Diese Gleichung drückt den Satz der Aequivalenz von Energie und Masse aus. Der Energie-Zuwachs $\mathcal{E}$ ist mit dem Massenzuwachs $\frac{\mathcal{E}}{c^2}$ verbunden. Da die Energie ihrer üblichen Definition gemäss eine additive Konstante frei lässt, so können wir (nach passender Wahl der letzteren) statt dessen auch kürzer schreiben

$$\mathcal{E} = Mc^2.$$

A. Einstein 1946.

爱因斯坦1905年论文的原始手稿已经不复存在，保存下来的只有包含那个著名公式 $E=mc^2$ 的三份文献。这两页选自他1946年为《科学画刊》(*Science Illustrated*) 写的一篇文章，题目是：《$E=mc^2$：我们时代最迫切的问题》。

们都已经有所领略。除此之外，他的分析能力堪与夏洛克·福尔摩斯相比。物理学家约翰·利登在最近的一项的研究中指出，“外表上的矛盾不会使爱因斯坦感到气馁，反倒会激发他的兴趣，无论这些矛盾是与理论预言相冲突的实验结果（如关于量子的第一篇论文），还是形式上不一致的理论（如关于相对论的第四篇论文）。”

于尔根·雷恩和罗伯特·舒尔曼这两位科学史家也指出，爱因斯坦不会仅仅由于一个科学家具有崇高的威望就愿意接受公认的思想，即使是牛顿或麦克斯韦也不例外。例如，爱因斯坦考察了恩斯特·马赫极有影响的著作，马赫是一位重要的物理学家，其《力学史评》(*Science of Mechanics*）一书在三十年间再版了16次。马赫基于一个哲学理由，即科学只应关注对实验结果的概括，既不接受以太概念，也不接受原子论，因为这两者都不能实际观察到。（当1916年马赫去世时，不接受原子论的大物理学家已经屈指可数。）虽然爱因斯坦相信“理智的发明”，比如开普勒关于椭圆行星轨道的观念，但他并不欣赏马赫的实证主义哲学，而欣赏其怀疑论。雷恩和舒尔曼写道，“马赫反对给物理学增加不必要的概念，［爱因斯坦］认真研究了他的论证，最终抛弃了以太概念；爱因斯坦承认马赫对原子论的批判是一个挑战，他试图为原子的存在提供证据。”爱因斯坦在第三篇论文中给出了这种证据。

图3：佩兰所观察到的布朗运动。他每隔30秒记录一次溶液中三个乳香颗粒的位置，然后用直线把它们连接成之字形，显示其运动情况。

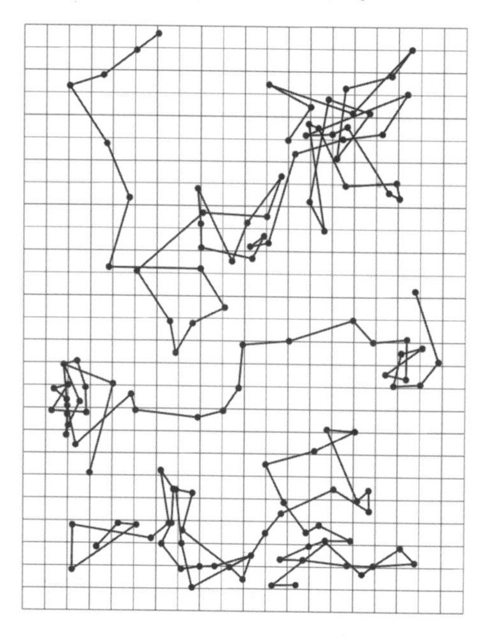

这篇论文证明了，如何用原子和分子的运动理论来解释长期得不到说明的布朗运动现象。1827年，植物学家罗伯特·布朗第一次报道了在水中悬浮的极为细小的花粉颗粒会做无规则的运动，而到了爱因斯坦的时代，人们发现这种现象是普遍现象，它还包括悬浮在液体或气体中的无生命小颗粒(如玻璃细沫）所做的无规则运动，这意味着其成因与植物学无关。但是，布朗运动如何可能起因于液体或气体中不停运动的原子分子与静止的花粉颗粒之间的碰撞呢？一方面，要想影响巨大的花粉颗粒，原子分子肯定过于微小。分子和花粉颗粒的相对大小，甚至远小于蚊子和大象的相对尺寸；另一方面，运动的分子应该会从各个方向“刺向”一个花粉颗粒，从而效果相抵。这是玻尔兹曼和吉布斯等物理

相对论诞生地：伯尔尼克拉姆大街（Kramgasse）49 号。爱因斯坦曾于 1903 年 11 月至 1905 年 5 月在这里居住。

爱因斯坦，1910 年前后。

Inhalt. VII

Neuntes Heft.

Seite

1. A. Winkelmann. Über die Diffusion naszierenden Wasserstoffs durch Eisen . . . 589
2. Georg Rempp. Die Dämpfung von Kondensatorkreisen mit Funkenstrecke . . . 627
3. John Koch. Bestimmung der Brechungsindizes des Wasserstoffs, der Kohlensäure und des Sauerstoffs im Ultrarot . . . 658
4. W. Matthies. Über die Glimmentladung in den Dämpfen der Quecksilberhaloidverbindungen $HgCl_2$, $HgBr_2$, HgJ_2 . . . 675
5. Richard Thöldte. Der Einfluß der Ionisation auf die Leitungsfähigkeit des Kohärers . . . 694
6. G. Melander. Über eine violette und ultraviolette Strahlung der Metalle bei gewöhnlichen Temperaturen . . . 705
7. Paul Schuhknecht. Untersuchungen über ultraviolette Fluoreszenz durch Röntgen- und Kathodenstrahlen . . . 717
8. O. Lehmann. Die Gleichgewichtsform fester und flüssiger Kristalle . . . 728
9. H. Hausrath. Die Messung kleiner Temperaturdifferenzen mit Thermoelementen und ein Kompensationsapparat mit konstantem kleinen Kompensationswiderstand bei konstant bleibendem Hilfsstrom . . . 735
10. Carl Forch. Die Oberflächenspannung von anorganischen Salzlösungen . . . 744
11. B. Strasser. Über die Bestimmung des Selbstinduktionskoeffizienten von Solenoiden . . . 763
12. U. Behn. Über die Übereinanderlagerung von Halbschatten; Bemerkung zur Arbeit des Hrn. J. Petri: Einige neue Erscheinungen etc. . . . 772
13. Robert Fürstenau. Über einige Entladungserscheinungen in evakuierten Röhren . . . 775
14. L. Hermann. Zusatz zu der Abhandlung: „Über die Effekte gewisser Kombinationen von Kapazitäten und Selbstinduktionen“ 779

Ausgegeben am 22. August 1905.

Zehntes Heft.

1. P. Ewers. Die Spitzenentladung in ein- und zweiatomigen Gasen . . . 781
2. E. Madelung. Über Magnetisierung durch schnellverlaufende Ströme und die Wirkungsweise des Rutherford-Marconischen Magnetdetektors . . . 861
3. A. Einstein. Zur Elektrodynamik bewegter Körper . . . 891
4. H. Greinacher und K. Herrmann. Über eine an dünnen Isolatorschichten beobachtete Erscheinung . . . 922
5. R. Reiger. Lichtelektrische Zerstreuung an Isolatoren bei Atmosphärendruck . . . 935

《物理学杂志》第四辑第17卷的目录。1905年出版于莱比锡，包含爱因斯坦关于相对论的论文《论动体的电动力学》。

学家的看法。然而，爱因斯坦说明了，花粉颗粒的曲折运动的确可以产生于原子分子的“簇拥行为”。即大量原子分子的局部统计涨落，它们先短暂地向同一个方向运动，再向另一个方向运动，同时从四面八方推动花粉颗粒。在第三篇论文的结尾，爱因斯坦计算了在17摄氏度的水中，直径为1/1000毫米（也就是比原子大10000倍）的微粒将在1分钟内水平位移1/6000毫米。物理学家吉恩·佩兰不久就在实验室里证实了这个结论［见图3］（这使他获得了1926年的诺贝尔物理学奖）。马克斯·玻恩在很久以后评论说，“爱因斯坦的这些研究比其他任何工作都更能令物理学家信服原子和分子的实在性。”

爱因斯坦成功的另一个原因是，他喜欢争论，即使自己的想法最终被抛弃。1902年，他来到伯尔尼。一年之后，他和哈比希特以及另一个热情的罗马尼亚学生莫里斯·索洛文（爱因斯坦生活拮据的时候曾经登广告给人补习物理，索洛文按照地址找到了他）成立了一个小俱乐部，并把它戏称为“奥林匹亚科学院”，爱因斯坦出任“院长”。每次例会定在咖啡馆、音乐会、周末散步或者爱因斯坦的住处举行。除了在一起阅读马赫的物理学和哲学，“三剑客”还详细讨论了数学家昂利·彭加勒新出的一本书《科学与假设》（*Science and Hypothesis*），并对休谟、斯宾诺莎和其他哲学家的思想展开争论（同时也讨论一些古典文学，比如索福克勒斯、拉辛和塞万提斯的著作）。有时爱因斯坦会拉小提琴。

他们还尽可能地弄来些美味，填饱肚子要上一番。有一次，为了庆祝爱因斯坦的生日，哈比希特和索洛文特意带来了一些鱼子酱。但是“院长”一直沉浸在对伽利略惯性原理的解释中，吃的时候竟然没有注意。最终，那两个人不得不插话进来。“怎么？是鱼子酱啊！”爱因斯坦说，“不必请我这样的家伙尝什么山珍海味，他反正也不知道它的价值。”另一次，哈比希特让手艺人在一块马口铁上刻了字，把它钉在了爱因斯坦的门上。上面写着：“Albert Ritter von Steissbein，奥林匹亚科学院院长”——大致意思，“臀部的阿尔伯特骑士”，或者还有更糟的意思。（因为与Steissbein读音相近的Scheissbein一词意为“粪腿”！）据索洛文回忆，阿尔伯特和妻子米列娃“差点乐翻过去”。几十年后，爱因斯坦在写给索洛文的一封信中，不无感慨地回忆起奥林匹亚科学院，认为它“远没有我后来知道的那些体面的科学院幼稚。”这个科学院，以及同伯尔尼的几位密友一起进行的科学讨论，无疑都激发了他的思想，为他的“奇迹年”做好了准备。

在这段时间，爱因斯坦最重要的朋友也许是贝索。贝索并不是“科学院”成员，他比爱因斯坦大6岁，是一个学识渊博的机械工程师。他才思敏捷，感情丰富，但由于天性犹豫不决，所以事业并不很成功。爱因斯坦在苏黎世联邦理工学院读一年级时，在一次音乐聚会上结识了贝索。此后的六十年间，他们一直保持着联系，直到贝索早于爱因斯坦一个月去世。1904年，经爱因斯坦举荐，贝索也来到专利局任职。从此两位“老朋友”朝夕相处，常在一起讨论物理问题。贝索曾使爱因斯坦对马赫发生兴趣，成了创立相对论的催化剂。

1905年5月的一天，爱因斯坦去贝索那里详细讨论了相对论的细节。回到住处之后，爱因斯坦于当天晚上找到了问题的答案。第二天，他去找贝索，见面就说：“多谢你的帮助，我已经彻底解决了问题。必须对时间概念进行分析，时间不能绝对地定义，它与信号速度密切相关。”他在论文中感谢贝索（这在爱因斯坦那里并不常见）的“热诚帮助”和“许多宝贵建议”，其诚挚态度可见一斑——特别是，这篇开创性的论文没有包含任何科学参考文献，而只对贝索表示了感谢。

那么，爱因斯坦到底是如何提出相对论的？斯蒂芬·霍金在本书中告诉我们，爱因斯坦“从这样一条假设出发，即科学定律对于所有自由运动的观察者来说都是相同的。特别是，无论运动速度有多快，他们测量到的光速都应该相同。”下面我

爱因斯坦和挚友贝索（右）以及贝索的妻子安娜（左）在苏黎世重逢，1930年。

们试着做一些解释。

爱因斯坦曾为一般读者简要介绍过相对论，他描述了一个简单而又深刻的观察，不禁让人想起伽利略那个关于船的美妙的思想实验。想象一列匀速行驶，也就是没有加速和减速的列车，你站在车窗口松手丢下（而不是用力投掷）一块石头在路基上。虽然你一直在运动，但如果不计空气阻力，你将看到石块沿直线下落。可是，从人行道上观察这一“不轨举动”的“静止的”的人，却会看到石块沿一条抛物线运动。爱因斯坦问，石块所经过的各个“位置”是“的确”在一条直线上，还是在一条抛物线上呢？答案是，两者都是对的。这里的“实际”依赖于观察者所在的参照系，用几何术语来说，就是属于哪个坐标系：火车的还是路基的。让我们用这些术语重新描述一下发生的事情，爱因斯坦说：

> 石块相对于一个与车厢牢固连接的坐标系走过了一条直线，但相对于与地面（路基）牢固连接的坐标系，则走过了一条抛物线。借助于这一实例可以清楚地知道，没有独立存在的轨线（字面意思是“路径–曲线”），而只有相对于特定的参考物体的轨线。

此外，还有一个与相对性有关的问题困扰着爱因斯坦，这个问题关乎电动力学，一般人并不很熟悉。众所周知，静止电荷不会产生磁场（带电金属丝周围的环形磁力线），运动电荷即电流才会。想象一个静止的带电体，观测者A相对于这个物体静止，则A将无法用罗盘检测到磁场。现在有一个观察者B匀速向东运动。相对于B的参照系，带电物体（以及观察者A）像是在向西做匀速运动。B用灵敏的罗盘可以在运动的带电物体周围探测到磁场。所以在A看来，带电物体周围不存在磁场，而在匀速运动的B看来，的确存在着磁场。

这种反常激起了爱因斯坦的兴趣，他决心搞个水落石出。

爱因斯坦深信，在自然界中，力学定律乃至一切科学定律对于所有观察者来说必定是相同的——用科学语汇表达就是“保持不变”，无论观察者是“处于静止”还是在做匀速运动。他认为，像牛顿的绝对空间或麦克斯韦的静止以太这样的东西没有任何物理意义。认为一切物体都在相对于这个普适的参照系运动，是不正确的。物体的空间位置必须相对于一个给定的坐标系才能定出。我们也许会说：我们所乘坐的汽车以每小时50英里的速度在高速公路上行驶，但这个数字没有绝对的意义。它只是定义了我们相对于地面的位置和速度，但没有考虑地球的自转和公转。

然而，如果这一关于自然律不变性的新假定，即相对性原理是正确的，它就不仅适用于运动物体，而且也应当适用于电、磁和光（麦克斯韦和赫兹的电磁波）。实验测得，光在真空中以大约每秒186000英里的速度传播，这个速度被认为是相对于以太的。这就导致了一个严重的问题。虽然爱因斯坦早就想抛弃那个他从不满意的以太概念，但光在真空中的传播定律怎样与相对性原理相容呢？

我们知道，大约十年以前（那时他也许在为苏黎世联邦理工学院的入学考试做准备）爱因斯坦就已经在思考：如果一个人追赶光并且最终追上，他会看到什么？爱因斯坦的结论是："如果我以速度c（光在真空中的传播速度）追赶一束光，那么我将会看到，这束光成了一个在空间上静止的振荡电磁场。然而，不论是基于经验还是麦克斯韦方程，这种事情似乎都是不可能的。"追上光，就像在电影定格时看到追逐画面一样不可能：光只有在运动时才存在，追逐画面也只有当电影帧通过放映机时才能显示出来。倘若我们比光跑得还快，那么就可以设想这样一种情况：我们逃避开一个光信号，而赶上了早先已经发送出去的光信号，从而看到过去所发生的事件。"我们赶上它们的次序正和当初发送它们的次序相反，而我们地球上所发生的一系列事件，看起来就会像一个倒映的电影一样从故事的结局开始。"追上或者超过光的想法显然是荒谬的。

就这样，爱因斯坦提出了第二条基本假定：无论发射源或探测器如何运动，光速在一切坐标系中都保持不变，这就是光速不变原理。无论观察者以多大的速度运动，都不可能追上光：光线总是以光速离他远去。

他终于认识到，只有当时间和空间都是相对的，而非绝对的，这个结论才能成立。为使第一条相对性原理与第二条光速不变原理相容，经典力学中的两条"无法证明的假说"就必须被抛弃。其一是："两个事件的时间间隔与参照物体的运动无关。"其二是："刚性物体上两点的空间间隔与参照物体的运动无关。"

于是，追光人的时间流逝与光本身的时间流逝并不相同。一个人走得越快，他的时间就流逝得越慢，其行程也就越短（因为行程等于速度乘以花费的时间）。随着行进速度越来越接近光速，他的表也越走越慢，直到几乎停止。用霍金的话说，相对性"要求放弃这样一种观念，即存在着一种所有时钟都能测量的被称为时间的普适的量。取而代之的是，每个人都有他自己的个人时间。"就空间而言，人与光也有所不同。一个人走得越快，他的空间就越收缩，其行程也就越短。随着速度越来越接近光速，他也收缩得越来越小。根据爱因斯坦的相对论方程，在此期间他会同时经验到时间变慢和空间收缩，其强烈程度则取决于他的速度与光速的接近程度。

这些观念似乎与我们的日常经验极为不符，这是因为我们的速度远比光速小得多，所以我们从未观察到任何时间变慢或空间收缩的"相对论"效应。我们人的运动似乎完全受牛顿定律的支配（光速在牛顿定律中甚至根本没有出现）。为了接受这些如此远离日常经验的相对论概念，爱因斯坦在1905年必定进行了艰苦的思想斗争。

关于空间收缩，他至少已经知道较早前由洛伦兹和斐兹杰惹所提出的一个建议（参见霍金前文），不过这个建议的理论基础与他的不同，而且依赖于以太的存在，这当然是爱因斯坦已经抛弃了的。但是抛弃绝对时间却要多费一番心思。1902年，彭加勒曾在《科学与假设》一书（奥林匹亚科学院曾经认真研读过它）中质疑了同时性概念："我们不仅没有关于两个相等时间间隔的直接经验，甚至也没有关于两

曾朗克。他把量子引入了物理学。

数学家彭加勒。他差一点先于爱因斯坦提出了自己的相对论。

个在不同地点发生的事件的同时性的直接经验。”事实上，在爱因斯坦之前，彭加勒似乎已经相当接近于相对论了，但他终究还是没有坚持下去，因为它的内涵对物理学的基础太具破坏性了。同时性是我们的一种根深蒂固的错觉，因为在日常经验中可以把光的传播时间略而不计。与声音等其他现象相比，我们把光的传播看成“瞬时的”。爱因斯坦说，“我们习惯于不去注意‘同时看见’和‘同时发生’之间的区别；结果，事件同当地时间之间的差别也给弄模糊了。”

然而，正如爱因斯坦所着力强调的，相对论的预言虽然很奇特，却是建立在被麦克斯韦的电动力学改造后的伽利略和牛顿的力学的基础之上。许多现代物理学家都认为相对论是革命性的理论，爱因斯坦本人却并不这样看，他把“革命性”一词用在了1905年最先发表的那篇关于量子的论文上。有趣的是，虽然那篇量子论文最先发表，相对论论文却没有提到它。相对论论文把电磁辐射纯粹当成波来处理，甚至没有暗示它可能由粒子或能量子构成。或许，爱因斯坦意识到，如果每篇论文都提出一个伟大的新思想，物理学家也许会吃不消；或许，他把两种思想分别在两篇论文中发表，反映了他对量子概念持怀疑态度。无论如何，由于这两篇论文，他成为接受今天物理学中一个正统学说的第一位物理学家，这个学说就是：光既可以表现得像波，也可以表现得像粒子。

我们知道，牛顿对粒子和波的优缺点都很了解，他大体上更倾向于光的粒子说。至于引力，牛顿不明白这样一种连续的作用如何能够产生于离散物质。事实上，从古希腊的原子论，一直到今天的数字和模拟概念，再到电子等亚原子粒子的波粒二象性，关于自然本质上是连续的还是离散的争论一直就没有停止过。据说伯

勒纳德。他关于阴极射线的工作也许启发了爱因斯坦1905年的光量子论文。但是后来，他成了希特勒的追随者，大肆迫害包括爱因斯坦在内的犹太物理学家（参见第十章）。

特兰·罗素曾经问：世界到底是一桶浆还是一桶沙？物理学家约翰·利登也用数学的术语问："世界是用几何学的方式描述成无数连续的线，还是用离散数字的代数学来计算？几何和代数，哪一种能够最好地描述自然？"

量子理论是现代的微粒说，它因马克斯·普朗克的工作而随着新世纪呱呱坠地，虽然是爱因斯坦后来的论文赋予了它真正的重要性。普朗克研究了被称为"黑体"的炽热空腔所辐射出的热能，之所以被称为"黑体"，是因为通往腔体的孔洞没有反射能力（就像一个黑色表面），它几乎就是一个完美的能量吸收器和发射器。普朗克试图设计出这样一种理论，它能够说明黑体所辐射的热能如何随着波长和腔体温度的变化而变化。然而，他发现如果把热当成一种连续的波，这个波动模型就不符合实验结果。只有假设腔壁内"共振器"（原子）的能量不是被连续地发射和吸收，而是只取一些离散的值，理论才能与实验结果吻合。能量不是连续吸收和发射的，而是以能量包或量子的方式在热和原子之间传递交换。不仅如此，量子能量的大小还与共振器的频率成正比，也就是说，频率高的量子要比频率低的量子携带更大的能量。普朗克天性保守，他相信自然界是连续的，所以对自己的计算感到非常不舒服，但1900年，他还是极不情愿地发表了这份对黑体辐射的理论解释。

爱因斯坦则要比普朗克大胆得多。那时他还是个二十岁出头的年轻人，不大容易死死抱住十九世纪的经典物理学不放。也许是被对以太概念的怀疑所激励（最初引入以太是为了给光波提供一种必要的介质），爱因斯坦大胆设想，不仅热/光与物质之间的能量交换是量子化的，就连光本身也是量子化的。他在1905年的第一篇论文的导言中写道："按照这里所设想的假设，从点光源发射出来的光束的能量在传播中不是连续分布在越来越大的空间之中，而是由个数有限的、局限在空间各点的能量子所构成，这些能量子能够运动，但不能再分割，它们只能整个地被吸收或产生出来。"爱因斯坦不是把光线看成运动的粒子，而是看成运动的能量包。二十世纪二十年代，当这种前卫的概念被物理学家接受时，人们把这种能量包称为“光子”。

如果爱因斯坦的光量子假设没有获得实验支持，它就会引来更多的怀疑。但是幸好，的确存在着一个重要的实验证据。虽然不是很详细，爱因斯坦还是在论文的第一部分大胆地用量子理论解释了这个证据。1905年这篇论文成功地对“光电效应”进行了理论解释，这意味着光量子不能再被完全忽视，即使人们对此还是很不信任。

光电效应是赫兹于1888年前后在研究电磁波时发现的。他注意到，当用紫外（高频）光照射时，火花隙中的火花就会变得更加明亮。随着1895年X射线以及1897年电子的发现，再加上随后勒纳德（曾任赫兹的助手）的实验，人们很快就发现，高频光会把电子从金属表面打出产生光电子，即所谓的阴极射线。1901年，爱因斯坦在给情人米列娃·玛里奇的一封信中说，“我刚刚读了勒纳德写的一篇关于紫外光使阴极射线产生的绝好论文。受这篇佳作的影响，我心中充满着幸福和喜悦，很想和你分享其中的一些内容。”也许正是勒纳德的这篇论文，才使爱因斯坦开始思考光的量子性，因为勒纳德所公布的数据与经典物理学的预测结果差异极大。

根据光的波动理论，光的强度越大，它所具有的能量也就越大，从金属中打出的电子就应当越多。这个现象勒纳德的确观察到了——但仅仅是超过一定频率的光才是如此。倘若低于这个频率阈值，无论光有多强，都不能打出电子。而且只要高于这个阈值，即使光很弱，也能观察到电子被释放出来。爱因斯坦发现，这种现象可以用量子理论来解释。一个光量子（后来被称为一个光子）可以打出一个电子，但是只有携带足够能量的量子才能把电子从金属表面中释放出来。既然普朗克已经说明，量子的能量大小取决于频率，所以只有足够高频率的量子才能打出电子——这就解释了阈值的存在。而且只要超过频率阈值，只要极少数的量子（强度非常弱的光）就可以打出电子。

所以真正革命性的是这种非连续的自然观，它与以前的物理学基本上没有什么共通之处。光量子需要等待许多年，等更多的实验和新鲜思想出来之后，才能为其他物理学家所接受。在1905年的第一篇论文中，爱因斯坦就已经大大超过了同时代的人。我们暂且把量子理论放一放，等到第五章再讲，我们先来看看爱因斯坦对相对论的进一步发展——“广义”相对论。

1888年前后，赫兹用火花隙发现了光电效应。

第四章　广义相对论

“在那个于黑暗中探索着的年代里，怀着热烈的渴望，时而充满自信，时而精疲力竭，最后终于看到了光明——所有这些，只有亲身经历过的人才能够体会。”

——爱因斯坦，《广义相对论的来源》，1933年

1905年8月28日，相对论论文在《物理学杂志》上发表。与爱因斯坦的量子理论不同，这篇论文在数月之内就引起了强烈的反应。物理学家很快就分成了两组，有高度赞赏的，也有极力贬斥的。这预示了第一次世界大战之后爱因斯坦和相对论所受到的对待——瑞典科学院认为这个理论太富争议，当爱因斯坦被授予1921年诺贝尔奖时（主要是因那篇量子论文而获奖），授奖辞中甚至根本没有提及相对论。

相对论的第一位也是最坚定的支持者是马克斯·普朗克，他是当时德国的物理中心——柏林大学的物理学教授，也是世界上最重要的理论物理学家之一。尽管他对自己一手开创的量子理论持保留态度，而且爱因斯坦也说相对论是对伽利略、牛顿、麦克斯韦和洛伦兹的现有工作的“改造”，谨慎的普朗克还是为新理论的逻辑所慑服。1909年，他曾这样称赞相对论的独树一帜：“冒昧地说，它也许超过了思辨性的自然科学迄今为止所取得的任何成就。”相对论“给我们的世界图景带来了一场革命，就深度和广度而言，只有哥白尼的宇宙体系所引发的革命才能与之相比。”四年之后，普朗克说服爱因斯坦回到德国，在柏林工作。

不过，第一次把对相对论的反应发表出来的人是一位实验物理学家。几年来，著名物理学家瓦尔特·考夫曼一直在加速从镭的放射性衰变中发射出来的电子（β射线），他希望发现电子的能量是如何随速度而增加的。今天，使用粒子加速器已经成了物理学的家常便饭，它能够把亚原子粒子加速到接近光速，同时测量其能量的增加。相对论预言，在如此高的能量下，除了增加电子的速度，能量还用于增加电子的质量。事实上，如果达到光速，电子的质量就会变成无限大。利用相对论，电子的质量可以在任何速度下计算出来，计算值与实验值相当吻合。然而，一个世纪以前，对粒子进行加速才刚刚兴起，所以对加速电子的实验可以作各种不同的解释。考夫曼所观察到的电子质量随速度的变化似乎并不符合狭义相对论的预言。1906年1月，考夫曼在《物理学杂志》上宣称，他的结果“同洛伦兹-爱因斯坦的基本假设不相容”，而与另外两种

(1)

Die Grundlage der allgemeinen Relativitätstheorie.

~~A. Prinzipielle Erwägungen zum Postulat der Relativität.~~

~~§1. Die spezielle Relativitätstheorie.~~

Die im Nachfolgenden dargelegte Theorie bildet die denkbar weitgehendste Verallgemeinerung der heute allgemein als „Relativitätstheorie" bezeichneten Theorie; die letztere nenne ich im Folgenden zur Unterscheidung von der ersteren „spezielle Relativitätstheorie" und setze sie als bekannt voraus. Die Verallgemeinerung der Relativitätstheorie wurde sehr erleichtert durch die Gestalt, welche der speziellen Relativitätstheorie durch Minkowski gegeben wurde, welcher Mathematiker zuerst die formale Gleichwertigkeit der räumlichen Koordinaten und der Zeitkoordinate klar erkannte und für den Aufbau der Theorie nutzbar machte. Die für die allgemeine Relativitätstheorie nötigen mathematischen Hilfsmittel lagen fertig bereit in dem „absoluten Differentialkalkül", welcher auf den Forschungen von Gauss, Riemann und Christoffel über nichteuklidische Mannigfaltigkeiten ruht und von Ricci und Levi-Civita in ein System gebracht und bereits auf Probleme der theoretischen Physik angewendet wurde. Ich habe im Abschnitt B der vorliegenden Abhandlung alle für uns nötigen, bei dem Physiker nicht als bekannt vorauszusetzenden mathematischen Hilfsmittel in möglichst einfacher und durchsichtiger Weise entwickelt, sodass ein Studium mathematischer Literatur für das Verständnis der vorliegenden Abhandlung nicht erforderlich ist. Endlich sei an dieser Stelle dankbar meines Freundes, des Mathematikers Grossmann gedacht, der mir durch seine Hilfe nicht nur das Studium der einschlägigen mathematischen Literatur ersparte, sondern mich auch beim Suchen nach den Feldgleichungen der Gravitation unterstützte.

A. Prinzipielle Erwägungen zum Postulat der Relativität.

§1. Bemerkungen zu der speziellen Relativitätstheorie.

Der speziellen Relativitätstheorie liegt folgendes Postulat zugrunde, welchem auch durch die Galilei-Newton'sche Mechanik Genüge geleistet wird: Wird ein Koordinatensystem K so gewählt, dass in Bezug auf dasselbe die physikalischen Gesetze in ihrer einfachsten Form gelten, so gelten dieselben Gesetze auch in Bezug auf jedes andere Koordinatensystem K', das relativ zu K in gleichförmiger Translationsbewegung begriffen ist. Dies Postulat nennen wir „spezielles Relativitätsprinzip". Durch das Wort „speziell" soll angedeutet werden, dass das Prinzip auf den

爱因斯坦《广义相对论的基础》德文原稿，最初发表于1916年的《物理学杂志》。1925年，他把自己46页的手稿赠送给了刚刚成立的耶路撒冷的希伯来大学，这也许是现存最有价值的爱因斯坦手稿。在这段引言中，他提到该研究得益于闵可夫斯基的工作，并对格罗斯曼提供的帮助表示感谢。

爱因斯坦在柏林的书房，1916 年。

爱因斯坦和朋友在瑞士联邦理工学院，1913 年。埃伦菲斯特是爱因斯坦和洛伦兹的好友，在后排右数第四位。

理论符合得更好。语气中充满了不屑，一副盛气凌人的架势。

“我一筹莫展，”洛伦兹沉不住气了。(这是爱因斯坦十分尊敬的一位物理学家，没过多久，他们就会彼此敬重。) 而那个专利局的小职员虽然诧异，却稳住了阵脚。爱因斯坦一方面对考夫曼的认真表示了钦佩，承认实验结果与别的理论符合得更好，但另一方面却说：“然而，在我看来，这些 [其他的] 理论正确的可能性很小，因为他们关于运动电子质量的基本假定，没有被包容了更广范的复杂现象的理论体系所证明。”在爱因斯坦看来，如果一个理论能够解释大量其他物理数据，那么单凭一个实验的结果并不能推翻这个理论。最好的理论使许多事实在科学结构中相互关联起来。

在后来的职业生涯中，爱因斯坦将一次次地显示出，当实验证据与理论明显不符时，他对自己的理论所表现出来的超强自信——事实证明，他多半是对的。当时有传言说，美国物理学会主席代顿·米勒最终证明了难以捉摸的以太的存在，他使光速发生了改变——如果这是对的，那么将是对相对论的一次致命打击。“上帝难以捉摸，但是不怀恶意，”爱因斯坦1921年听到这个消息时，留下了这句名言。十九世纪时，著名的迈克尔逊–莫雷实验没有检测到以太所引起的任何光速变化，米勒改进并重复了这个实验。但是和考夫曼一样，米勒也受到了蒙蔽。他们的实验设计得都不够精细。幸

闵可夫斯基，爱因斯坦在瑞士联邦理工学院的数学教授。1908年，他用数学发展了狭义相对论。

好错误被及时发现，相对论也得到了进一步的证实。

1905年以后，虽然相对论提升了爱因斯坦在某些领域的影响，但要在科学界站稳脚跟，甚至在经济上得到保障，还需要经过更长的时间。1906年，在瑞士专利局工作四年之后，他才晋升为“二级技术员”，这还是由于他在苏黎世大学获得了博士学位（因1905年写的那篇较为次要的论文）。令人惊讶的是，在任命过程中，他没有提到自己前一年所发表的三篇开创性论文。1907年，爱因斯坦申请在伯尔尼大学以编外讲师的身份授课，他提交的是自己已经发表的论文，而非通常的教职论文，结果遭到了教授中的一些老顽固的否决。同年，普朗克的年轻同事，才华横溢的马克斯·冯·劳厄（他35岁就因X射线在晶体中的衍射而获得了1914年诺贝尔奖）来到专利局与爱因斯坦结识。面对着爱因斯坦年轻、朴实而又略带寒酸的外表，劳厄感到不知所措，甚至当爱因斯坦路过他向会客厅走去时，劳厄都没好意思上前打声招呼。“我不相信他竟然就是相对论之父。”在前往爱因斯坦寓所的途中，爱因斯坦递给劳厄一支他最心爱的廉价瑞士雪茄，但它的味道是如此刺鼻，劳厄不得不偷偷将它丢到了河里！

1908年，爱因斯坦在苏黎世时的数学教授赫尔曼·闵可夫斯基用数学重新表述了相对论，并且引入了新的“时空”概念。在科隆举行的德国科学家年会上，闵可夫斯基热情洋溢地报告了自己的思想，引起了物理学家对相对论的关注。“我要剖析的时空观，是在实验物理学的土壤里孕育长大的，它富有生命力，并且很基本。从此，空间和时间本身都将变得模糊不清，只有两者的统一体才是独立存在的。”说得更直白一些，就是四维空时中的事件类似于三维空间中的点。时空中的事件间隔也类似于平面上两点之间的直线距离。空时间隔是绝对的，换句话说，它的值不会随着参照系而变化。在传统的空间和时间中，从一列匀速运动的火车上丢下的石块有竖直向下和抛物线两条轨迹，这要看是从车上观察还是从地面观察，而它在空时中却只有一条轨迹，闵可夫斯基称之为“世界线”。

“由于数学家们突然涉足相对论，我不再能理解它了，”据说爱因斯坦看了闵可夫斯基的处理之后，曾发出这样的感叹。作为物理学家，他对数学的态度很矛盾，尤其是在尚未提出广义相对论的这个阶段。总的来说，他的态度是，“只要数学命题涉及实在，它们就是不可靠的；只要它们是可靠的，就不会涉及实在。”甚至在那本为一般读者讲述相对论的1916年的小书中，他也觉得有必要提出告诫，“四维空时连续统”这种数学描述同神秘事物毫无干系。但他承认，没有闵可夫斯基的数学，广义相对论也许永远也诞生不了。

在接下来的1909年，随着相对论越来越多地为人所知，爱因斯坦的学术生涯开始了。七年以后，他离开了伯尔尼的专利局，成为苏黎世大学的理论物理学教授（非终身），不久又成为在萨尔茨堡举行的下一届德国科学家年会的特邀嘉宾，三十岁时在日内瓦荣获了平生第一个荣誉学位。1911年初，他赴布拉格任正教授，但是在那里仅仅呆了16个月，就于1912年回到了苏黎世任理论物理学正教授。1911年末，在定居布拉格期间，他参加了在布鲁塞尔举行的第一届索尔维会议，出席会议的都是世界上最伟大的一些科学家：既有我们已经知道的普朗克、洛伦兹和彭加勒，也有玛丽·居里、欧内斯特·卢瑟福、瓦尔特·能斯特等人。1914年，爱因斯坦最终离开瑞士抵达柏林，他当选为普鲁士科学院的院士，希望能把全部时间用于科学研究。一年半以后，随着第一次世界大战的爆发，爱因斯坦提出了他的广义相对论。

1915年以后，1905年的相对论开始被称为“狭义”相对论，以同后来更为一般的理论相区别。“广义”相对论包含了“狭义”相对论，它实际上是把狭义相对论归结为速度恒定的匀速运动情况。在一个没有引力的理想宇宙中，仅凭狭义相对论就足够了。但是在实

爱因斯坦（右数第二位）在1911年布鲁塞尔的第一届索尔维会议上。此会议由比利时的化学家和实业家索尔维提供资助，化学家能斯特组织筹备。与会者包括居里夫人、普朗克、彭加勒、卢瑟福和爱因斯坦等人。那时爱因斯坦年仅32岁，作了关于量子理论的闭幕讲演。

际的物理宇宙中，引力、引力所造成的加速度以及各种其他类型的力无处不在，所以并没有什么绝对的匀速运动，而只有匀速运动的近似。我们需要一种更为一般的理论。1905年以后，爱因斯坦的目标是使他原来的相对论对一切运动的坐标系都有效。果真如此的话，那么自哥白尼以来一直困扰着人类思想的激烈争论就将尘埃落定，因为“无论是‘太阳静止地球运动’，还是‘地球静止太阳运动’，都仅仅意味着关于两种不同坐标系的两种不同约定。”1905年，他已经废除了牛顿的绝对空间和绝对时间概念。现在，利用由闵可夫斯基引入、并由爱因斯坦在朋友格罗斯曼的帮助下大大发展的空时概念，爱因斯坦将设计出一种更为复杂的理论，它将废除引力的那种无法解释的瞬时超距作用；同时，作为对物理实在的一级近似，又能够保留牛顿的运动定律和引力的平方反比律。

1907年，推广相对论的想法开始在爱因斯坦的头脑中酝酿。这一刻不禁使人联想起牛顿对苹果下落的沉思，虽然这更难理解一些。“我正坐在伯尔尼专利局的办公室里，突然一个想法冒了出来：如果一个人自由下落，那么他将不会感觉到自己的重量。”假如你从屋顶或高崖跳下，你将不会感觉到引力。“我惊呆了。这个简单的思想实验给我留下了深刻的印象，它把我引向了引力理论，”爱因斯坦后来说。他把这称为“我一生中最幸福的思想。”

为了帮助理解这一点，他建议我们设想这样一种情况：当你下落的时候，如果从手中丢下一些石块，它们将怎样？回答是：它们将同你一起以同样的速度下落。如果你的注意力完全集中在石块上（这无疑很困难！），那么你将无法判断它们是否是在下落。地面上的观察者将会看到，你正同石块一起加速下落。但相对于你，石块却似乎“处于静止”。

或者想象你站在升降机里的一台体重秤上。当升降机下降时，它运动得越快，你就越感觉不到重量，体重秤的读数也就越小。如果升降机的缆绳突然断裂，升降机进入自由落体状态，那么体重秤上的读数就将为零。所以在与你紧邻的地方，引力对你似

爱因斯坦、儿子汉斯·阿尔伯特、居里夫人、她的两个孩子和家庭女教师于1913年到阿尔卑斯山远足。爱因斯坦自始至终都沉浸在他关于引力和相对论的最新思想中。

乎是不存在的。换句话说，引力的存在与加速度有关。

只是在爱因斯坦1911年到布拉格之后，这种思考才变得明晰起来。他由此以一种新的方式表述了一个重要思想，即所谓的“等效原理”：引力与加速度在某种意义上是等效的。它包含了伽利略所观察到的一个事实：引力可以使一切物体以相同程度加速。用更科学化的语言来，就是讲惯性质量（由牛顿第二定律定义）等于引力质量（由引力定义）。牛顿在提出引力方程时，只是把这种等效当成自明的，但爱因斯坦却认为，通过领会这种等效的物理原因，我们可以更深刻地理解，如何把引力包含在相对论中。现代物理学家有各种不同的方式来表述等效原理。例如，托尼·海伊和帕特里克·沃尔特斯的表述是：“一个被加速的实验室中的物理学和一个均匀引力场中的物理学是一样的。”

在接下来的几年里，爱因斯坦一直沉浸在对加速密封舱的思考中。1913年夏天，爱因斯坦和居里夫人一起到阿尔卑斯山远足，同去的还有她的两个女儿和家庭女教师。虽然攀登很辛苦，爱因斯坦却不时驻足讨论科学，好像丝毫没有注意到那些裂隙和峭壁。伊芙·居里还愉快地记得，爱因斯坦曾一度握住母亲的胳膊大叫：“你知道，我要搞清楚的就是升降机掉下去时的情形。”又过了一个月，他在维也纳所作的一场报告中，让听众设想两个物理学家从睡梦中醒来，发现自己站在一个封闭的箱子里，四壁是不透明的，但他们所有的仪器都还在，

普朗克给爱因斯坦颁发普朗克奖章，1929年。普朗克本人获得了第一块普朗克奖章，之后第二块被授予爱因斯坦，他声称自己不配获此殊荣。

这种情形把在场的科学家们逗乐了。爱因斯坦说，他们将无法发现箱子到底是静止于地球的引力场中，还是受某种神秘外力的作用向上作匀加速运动。

再举一例。设想一正在受外力作用而向上加速运动的升降机，箱壁上有一个小洞，一束光线透过小洞射入升降机，朝着对面的箱壁传播。在传播的过程中，升降机上升了一段距离。

美国航空航天局2004年4月20日发射升空的引力探测器B，目的是检验爱因斯坦广义相对论所预言的引力所引起的时空弯曲。这次发射使用了四个超精密陀螺仪，搭载在一颗特殊的人造卫星上围绕地球旋转。

因此，光线射到对面箱壁的位置要比射入时稍低一些［见图4］。在外面的观察者看来，由于升降机正在向上加速，所以光线会微微向下偏折，形成一条曲线。（如果升降机是在做匀速运动，那么光线看起来就会走一条直线。）然而，在升降机内部的观察者看来，升降机并没有运动，光线弯曲是由引力造成的。于是就有了一个问题：光线如何能够被引力影响呢？爱因斯坦认为，情况必定是："光线携带着能量，由（根据$E = mc^2$）能量具有质量，而一切惯性质量都会受到引力场的影响，因为惯性质量和引力质量是等效的，所以光线会在引力场中弯曲，就好像一个物体以光速被水平地抛了出去。"

爱因斯坦很清楚，地球引力使光线发生的偏折太小，很难加以测定。但他认为，当遥远的星光经过像太阳这样的巨大物体附近时，这种偏折也许就可以测量出来。而且，根据等效原理，从太阳发出的光也应当受到太阳引力的拖曳。因此，它的能量必定有所减小，这意味着光的频率会降低，波长会变长。（这是因为光速必须保持恒定，而波速等于频率乘以波长。）所以从地球上观察，与星际空间的原子发出的光相比，从太阳表面的原子发出的光应朝着可见光谱的红端即长波方向移动。因此，可以用光线被太阳的弯曲和引力红移来检验相对论。

然而，如果把等效原理应用于闵可夫斯基的平直时空，把引力引入相对论，爱因斯坦就会面临一个棘手的问题。这个问题可见于困扰爱因斯坦的旋转木马问题，它可以让我们大致有个印象。当旋转木马静止时，它的周长等于π乘以直径。但是当它旋转时，它的圆周要比内部运动得更快。根据相对论，圆周将比内部收缩更多（因为速度越大，空间收缩就越大），这必定会使旋转木马发生变形，使周长小于π与直径的乘积。结果，它的表面不再是平直的，空间被弯曲了，基于平面和直线的欧几里得几何变得不再适用。据说，爱因斯坦对这种弯曲曾有一个形象的比喻。有一次他的小儿子问他，为什么他如此出名，他说："当一只甲虫在一根弯曲的树枝上爬行的时候，它并没有觉察到这根树枝是弯曲的。我有幸觉察到了甲虫没有觉察到的东西。"

十九世纪中叶，数学家黎曼发明了一种弯曲空间的几何，在这种几何中，爱因斯坦说，"空间不再具有刚性，而且有可能参与物理事件。" 正如霍金在前文中所讲到的，爱因斯坦用黎曼的几何创造了一种新的弯曲时空的几何。（开始是在数学家格罗斯曼的帮助下，1914年以后几乎就是他孤军奋战了。）"他设想，质量和能量能够以某种特定的方式使时空发生弯曲。"引力不再是一种受力学定律支配的物体的相互作用，而是质量使空间弯曲所产生的一种场效应。想象一张平直而光滑的蹦床，在上面放一个重球，当弹子通过蹦床时，它将在重球所引起的凹陷附近沿一条弯曲路径运动。[见图5] 在牛顿的观点看来，重球发出引力，迫使弹子沿曲线运动。但是根据广义相对论，真正的原因却是空间的弯曲，或者说空时的弯曲，那种神秘的引力并非真的存在。物质规定空间如何弯曲，空间规定物质如何运动——这就是对爱因斯坦广义相对论的一种极为简化的概括。

遥远星光的光"微粒"在进入我们眼睛的过程中掠过太阳，相当于运动的弹子途经一个重球。1911年，弯曲空时的思想尚未形成，爱因斯坦基于牛顿的引力定律计算出了星光偏折的理论预言。1915年，在完成广义相对论之

图 4：爱因斯坦的思想实验，光线在一个正在加速上升的升降机中偏折。

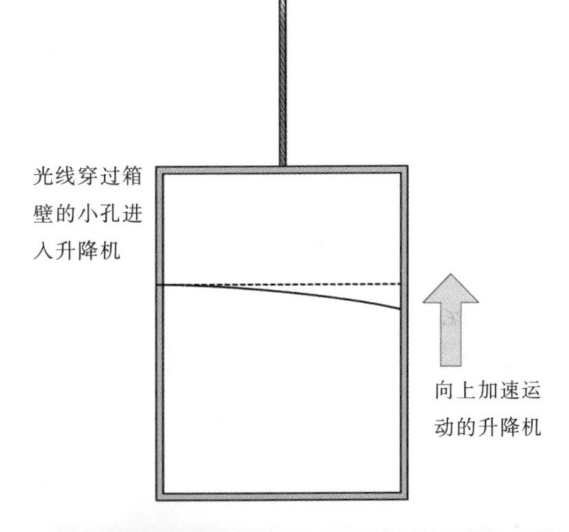

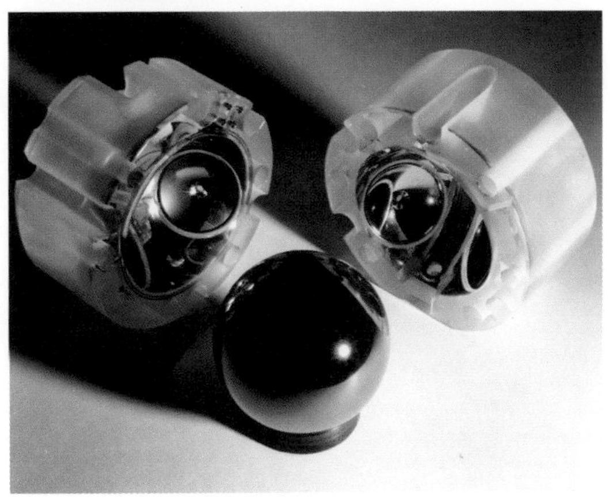

引力探测器B所使用的一个陀螺仪转子及其外壳。

后，他又重新作了计算，预期值为1911年结果的两倍。如果可以测量出实际发生的偏折，就可以对引力理论作出检验：到底是牛顿的正确，还是爱因斯坦的正确。“检验这个推断正确与否是一个极其重要的问题，希望天文学家能够早日予以解决，”爱因斯坦在1916年出版的《狭义与广义相对论浅说》（*Relativity: The Special and the General Theory*）中这样写道。三年以后，1919年5月29日发生的一次日食使测量这个偏折有了机会，由天文学家阿瑟·爱丁顿等人率领的远征队分赴西非和巴西进行观测。尽管微小的偏折角很难精确测量，天公不作美也使日食照片不够清晰，结果出现了一点偏差，但爱丁顿还是宣布，爱因斯坦的理论预言得到了大自然的证实。广义相对论大获成功，爱因斯坦也因此而名扬天下。

洛伦兹发电报把这个消息告诉了柏林的爱因斯坦。他显然很高兴（在给母亲的一张明信片上，他表达了这种喜悦之情），但绝非忘乎所以。他对身边的一位博士生说：“我始终知道理论是对的。”学生问，如果结果不确定，或者与理论不符怎么办？“那么，我会为上帝感到遗憾，因为广义相对论是对的。”二十多年后，普朗克去世，在对他作了一番赞扬之后，爱因斯坦对一位朋友说，“他并非真懂广义相对论。1919年日食观测的当晚，为了看光被太阳引力场的弯曲能否被证实，老人家紧张得一宿没睡。如果他真的理解广义相对论是怎样解释惯性质量与引力质量的等效的，他就会和我一样睡个安稳觉。”至于领导日食观测的天文学家爱丁顿，则对爱因斯坦理论的正确性深信不疑，他后来对年轻的天体物理学家钱德拉塞卡说，“要是

1919年5月在巴西北部的索布拉尔（Sobral）用来观测日食的一架天文望远镜和其他光学设备。

完全由他作主，他不会计划这次远征观测！”

广义相对论获得完全证实仍需一段时间。例如，它所预言的引力红移现象直到二十世纪六十年代初才获实验证实。一些更为精密的实验直到今天都在进行，比如2004年曾发射过一颗重力探测器B，它携带着高精度陀螺仪，以测定爱因斯坦理论所预言的由地球引力引起的空间结构的微小改变。只是随着最近三四十年的天文学和宇宙学的发展，广义相对论才在物理学中占据了更为核心的位置，这一点我们可以在第七章看到。在1919年以后的几十年里，虽然爱因斯坦本人仍然做出了一些理论贡献，但这门学科基本上停滞不前，许多物理学家都不信任它，特别是在美国，“实践”科学家们把相对论视为一种德国的形而上学。在二十世纪的二三十年代，物理学关注的焦点不是相对论，而是量子力学以及光量子假说（爱因斯坦在1905年那篇“革命性的”论文中提出）的内涵。现在就让我们回到量子理论。

爱因斯坦和洛伦兹（中）、爱丁顿（右）在莱顿；二十年代初。爱丁顿领导了一个英国天文学家小组对1919年的日食进行观测，他从一开始就坚定地拥护广义相对论。

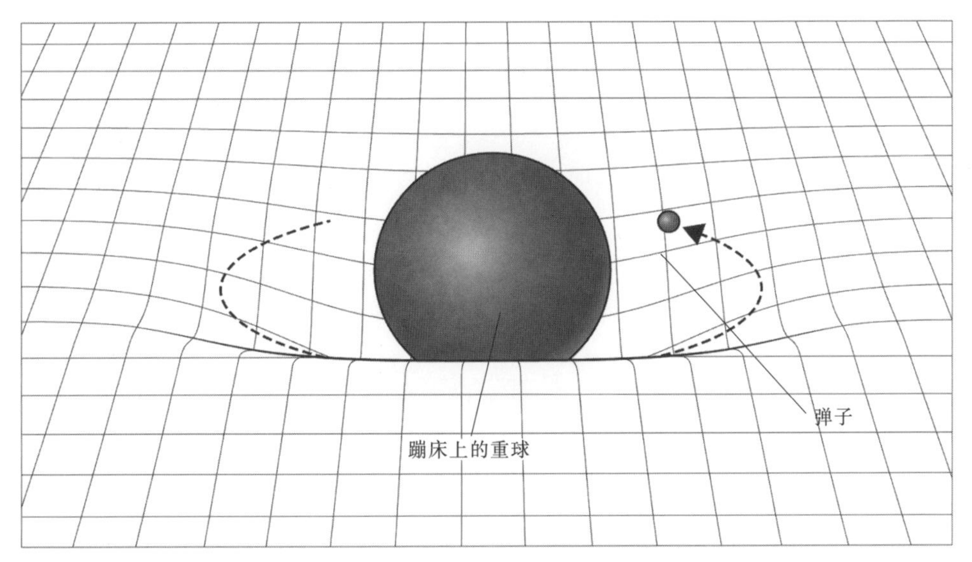

图5：弹子途经蹦床上的一个重球，模拟时空弯曲。这种弯曲解释了太阳使光线的偏折，在日食期间可以观测得到。

变化的c：不含酒精的伏特加？

乔奥·马古悠

爱因斯坦提出相对论已经一个世纪了。它规定光速永远也不会改变，这几乎是众人皆知的。物理学家对这个观念感到困惑。不论是像火炬这样的光源运动，还是眼睛相对于火炬运动；不论是接近太阳（或黑洞），还是待在像地球这样引力较弱的环境里，光速都保持不变；在宇宙的任何时期，甚至是在大爆炸发生后的宇宙诞生之初，光速也保持不变；对于彩虹的每种颜色，也就是对于任何能量的光，光速都保持不变；甚至是引力这样的东西，据说也以光速传播。

如此等等，不一而足。

这样一种顽固的恒定性使c成了现代物理学的顶梁柱，它是物理学家试图在一个变动不居的世界中规定限制的法宝。所以毫不奇怪，对物理学家来说，光速改变（varying speed of light，VSL）的想法也许就像天方夜谭，如同不含酒精的伏特加一样不可思议。其实，第一种VSL理论早在1911年就提出来了，而且提出者正是爱因斯坦本人。听到这种说法，您一定吃惊不小吧。

的确，创造了这个教条的人，竟然自己对它一点也不教条，这真是够奇怪的。他所作的论证已经被人遗忘很久了，实际上也已经不再重要（说一点就足够了，它把他引向了1915年的广义相对论）。重要的是他的态度：只要有一条好的理由，我们就应随时准备放弃任何科学原理，无论它看上去有多么神圣。

二十一世纪的我们，也许不得不再次采取这种宽宏的态度。物理学中的一些基本问题正期待着打破光速恒定原理。许多物理学家感到，现在弃船还太早，他们就像一百年前以太概念的支持者那样，正继续着一场可能是自欺欺人的斗争。另一些物理学家，包括我自己，则

爱因斯坦在布拉格任理论物理学教授，1912 年。这一年他首次提出光速可能改变。

倾向于视光速变化为进步。

到目前为止，VSL理论包含两个方面。其一是寻找所谓的量子引力理论，其二则涉及宇宙学。

让引力服从量子规则的尝试是极不成功的。问题一直出在，我们希望把空间和时间视为离散的，这似乎与相对论的连续统不相容。

量子理论用微粒取代了连续统，比如光线被看作无数量子微粒，这些微粒被称为光子。引力是一种关于时空的理论，因此量子引力应当把坑穴引入空间结构，用特殊的珠粒——“时间的原子”——所组成的珠链来取代时间的平滑流动。但是在相对论中，我们为光速恒定付出的代价是，依赖于观察者的空间收缩和时间变慢。如果相对论和量子理论都是正确的，那么坑穴和珠粒就不得不因观察者而异，人与人无法就时空结构达成一致。如果时空是一个连续统，这种变化就是可接受的，但如果时空是离散的，它就是不可接受的。不说别的，观察者必定不会就离散的空间“谷粒”转变成连续体的那一点达成一致。这就是引力不能被成功量子化的主要原因。

也许有一个简单的解决办法，那就是让光速依赖于颜色。如果光的波长与空间“原子”的尺寸相近，频率与时间“原子”的大小相关，光速也许就会变成无限大。无限大的速度将把刚性重新引入空间和时间。（这就是牛顿的绝对空间和绝对时间概念要求光速无限的原因。）时空量子将变成绝对的，至少量子引力的某些困难能够得到解决。

宇宙学的情况则有所不同。这里的问题是，光速不仅在物理学中处于特殊地位，而且还是一个普适的速度极限。在交通堵塞的时候，你也许认为这种限制毫无意义，然而在宇宙尺度，却让人颇感头痛。

太空旅行也许是首当其冲的受害者。如果光速是普适的速度极限，那么考虑一下宇宙距离，计算一下旅行时间，再把它与人的寿命相比较，就安享绝望吧。人确如沧海之一粟，浪迹于宇宙的一隅。

这种烦恼在宇宙学中也有对应。光速恒定使得宇宙学家无法解释宇宙那些最为明显的特征：为什么宇宙如此平坦和同质？它的星系从何而来？大爆炸之后不久，宇宙已经存在了极短的时间，物质不可能传得很远，速度更不会达到光速。根据相对论，宇宙应当因此而分裂成无数微小的分离视界，所以宇宙学家永远也无法用恒定的光速来解释宇宙的大尺度特征。只有极早期宇宙充斥着联系，视域变得无限大（这要求宇宙创生时光的速度限制增大），这些矛盾才能解决。VSL理论又一次在召唤我们。

因此，我们有两个很好的理由成为异端。但它真的很异端吗？事实上，光速恒定涉及物理学的诸多方面，这里提到的只是一些已经得到实验证实的内容。反对VSL理论的其他争辩仅仅是出于理智的惯性。

随随便便就把c的恒定性抛弃，这当然是愚蠢的。自从1905年爱因斯坦的相对论论文发表以来，它一直都用得很好。然而，倘若把它当作教条，那就更加愚蠢。科学中没有什么东西有那种特权。一切都应当被挑战，即使只是出于绝望。

爱因斯坦参观爱因斯坦天文台。该天文台位于柏林附近的波茨坦，1924年12月作为一个太阳天文台开放，用来检验爱因斯坦的某些理论预言，如引力红移。其现代风格的设计出自埃里希·门德尔松之手，曾倍受赞誉，但爱因斯坦并不欣赏它。

第五章　关于量子理论的争论

“量子力学固然令人赞叹，可是有一种内在的声音告诉我，那还不是真实的东西。这个理论说得很多，但是一点也没有使我们更接近于‘老头子’的秘密。无论如何，我深信上帝不是在掷骰子。”

——爱因斯坦，致马克斯·玻恩的信，1926年

我们知道，爱因斯坦的一生充满了矛盾，他与量子理论的关系特别能够反映这一点。他发表第一篇关于量子的论文已经有一个世纪了，然而直到今天，量子理论所引发出来的问题，也是他冥思苦想的问题，仍然在相当程度上困扰着我们。费曼是量子电动力学的创始人之一，他在1967年写道：“我想我可以肯定地说，没有人理解量子力学。”爱因斯坦本人也经常抱怨说，量子理论快把他逼疯了。

爱因斯坦对量子理论的贡献主要分为两个阶段。第一个阶段从1905年开始，爱因斯坦在这一年发表了“革命性的”论文，假设了光量子（光子）的存在；到二十年代中期结束，这时他的假

能斯特、爱因斯坦、普朗克、密立根和劳厄等五位诺贝尔奖获得者1931年在柏林。

说已经得到了康普顿的实验证实，这个实验表明，金属箔中的自由电子对X光的散射受量子规则支配。在这个“旧”量子论阶段，当爱因斯坦的光量子假说对物理学做出了重大贡献时（贡献之一就是为他去世后发明的激光奠定了理论基础），持这种观点的几乎只有他一个人。这并不是说，当时没有人认真讨论量子概念，普朗克所提出的黑体辐射的发射和吸收理论，玻尔所提出的原子的行星模型，都用到了量子概念。但对于科学界的主流来说，爱因斯坦的光量子假说过于激进了。1922年，爱因斯坦获得了补发的1921年诺贝尔奖，在颁奖辞中，“光量子”这个字眼没有出现，取而代之的则是他“对理论物理学的贡献，特别是因为他对光电效应定律的发现”。第二年，同样的事情又发生了，那年的诺贝尔奖授予了密立根，这部分是由于他对光电效应定律的实验证实，但颁奖辞中同样没有提及“光量子”。物理学家惠特克指出，在第一个阶段，“人们接受的是定律，而不是光子。爱因斯坦提出光子概念确是天才之举，尽管有来自各方的压力，他自己也对波和粒子的关系心存疑虑，但他仍然坚持自己的观点，这显示了巨大的勇气和决心。”

1925至1926年，随着量子力学的创立，第二个阶段开始了。量子力学的创始人有海森堡、薛定谔、玻尔、玻恩、德布罗意、狄拉克等人，但爱因斯坦不在其中，他孤独地走着自己的路。从1926年一直到去世，爱因斯坦自始至终都对用概率和不确定性来解释物理实在深表怀疑——但是在物理学、化学乃至整个科学中，它仍然成了正统解释，直到今天也是如此。在爱因斯坦看来，无论量子理论在描述自然现

爱因斯坦和塞曼（左）在其阿姆斯特丹的实验室，1920年。塞曼在世纪之交关于原子光谱的工作有力地推进了人类对原子结构的理解。爱因斯坦右边是他的朋友埃伦菲斯特。

象方面取得了多么大的成功，它仍然是不完备的，就像广义相对论创立以前的引力理论那样，它对宇宙的解释还不够基本。爱因斯坦曾在1933年这样评论牛顿体系，“牛顿学说在实践上的巨大成就，也许足以阻止他和十八、十九世纪的物理学家们去认识他的体系基础的虚构特征。”他相信量子理论也是如此。

在二十世纪的科学史上，有三个重要人物（都是爱因斯坦的朋友）曾分别对爱因斯坦1905年的光量子理论作出过评价，它们很好地说明了旧量子论时期科学界对这一理论的抵制态度。

1910年，物理化学家能斯特（不久将成为爱因斯坦在柏林的同事）称爱因斯坦的量子假说“也许是迄今为止最为奇特的说法。如果是正确的，它将为所谓以太物理学和一切分子理论开辟全新的道路；如果是错误的，它也将永远是‘一个美好的回忆’。”在能斯特看来，这个假说虽然看似迷人，实则不合情理。第二年，他在布鲁塞尔组织召开了第一届索尔维会议，以讨论量子假说的内涵，并邀请爱因斯坦作闭幕讲演。

普朗克则没有那么赞同。和爱因斯坦一样，他也是一个理论物理学家。他曾经欢呼，相对论可与哥白尼的成果相媲美，但光量子假说却使他感到不舒服，要知道，这一假说可是直接源于他本人的黑体辐射量子理论。当他1913年极力推荐爱因斯坦成为普鲁士科学院院士时，普朗克觉得有必要对自己的言语表示道歉，因为他曾经委婉地批评过这位著名的被推荐者："有的时候，他也许在思辨方面滑得太远了，比如他的光量子假说就是如此。不过我们不能因此而对他抱有成见，因为不去冒险，就不可能有真正的创新，即使在最为精密的科学中也是如此。"

最反对光量子假说的是美国实验物理学家密立根，他曾用著名的油滴实验第一次测定了电子的电荷。(他后来成了加州理工学院的重要人物，并于三十年代邀请爱因斯坦到那里访问。) 1916年，密立根发表了两篇论文，称爱因斯坦的理论"完全站不住脚"，是一种"鲁莽而草率的假说"。特别需要指出的是，密立根曾在实验室里花费十年时间来检验爱因斯坦1905年光电效应方程的预言，但结果却证明了它惊人地准确。即便如此，密立根也拒绝接受爱因斯坦对这一实验结果的理论解释，因为光量子的存在似乎与当时占统治地位的光的波动概念相抵触。

1907年，爱因斯坦发表了一篇论文，这是继光电效应之后对量子假说的最早应用。不过它与光量子没有直接关系，而是关于固体物质的。十九世纪二十年代，杜隆和珀蒂用加热的铜、镍、金等不同金属元素做实验，发现了一个规律，即所谓的杜隆–珀蒂定律。这个定律说，使1千克固体单质温度上升1°C所需要的能量——被称为这种物质的比热容或比热——与它的原子量（即原子的相对质量）成反比。这就意味着，要想使1千克碳（原子量为12）（比如煤）和1千克金（原子量为79）升高相同的温度，前者需要更多的热量。这是因为，在同样重量的煤块和金块中，煤块所含的碳原子要多于金块所含的金原子，而要使整体温度升高，每一个原子都需要吸收热量。元素的原子量越大，它的比热容就越小。杜隆和珀蒂测得，对相当一部分固体单质来说，原子量与比热容的乘积等于一个常数（原子热容）。因此，他们的定律是物质原子结构的有力证据，并且表明了一个奇特的事实：许多元素都有同样的原子热容，无论原子量是多少。

但是，正如爱因斯坦早在学生时代就知道的，杜隆–珀蒂定律只适用于高温情况和某些特定的元素。低温时比热容减小，定律不再适用，钻石（碳）、硼、硅等物质即使在常温下比热容也相当小。早在十九世纪七十年代，海因里希·韦伯就已经发现了这些结果。(他是爱因斯坦在苏黎世时的物理老师，这位被爱因斯坦斥之为陈腐的老师竟然拒绝教他麦克斯韦方程！)

爱因斯坦试图用量子理论来解释这些比热反常现象。根据经典分子运动论（我们在讨论液体和气体中的布朗运动时曾经讲过），温度越高，液体和气体中的原子运动速度就越快。同样地，固体原子吸收的热量越多，在晶格中的振动就越剧烈。但爱因斯坦假定，固体原子不是以一种连续的方式，而是以一种量子化的方式振动的，也就是说，它们只能逐级地而不是连续地增加振动能量，振动只能取离散的能量值。爱因斯坦进一步假定，量子化的能量大小可以通过联系能量与频率（这里是原子的振动频率）的简单的普朗克方程计算出来，这个方程对于现代物理学家就像牛顿第二定律一样熟悉：

$$E=h\nu$$

能量=普朗克常数×频率

正如固体物理学家安德森在本书中所说，基于这些假定，他的计算“极为精确地解释了简单固体的这一普遍现象”。

与狭义相对论等理论不同，任何模型都不可避免地包含着过度简化，考虑到这一点，爱因斯坦的新模型所作出的预言可以说与韦伯的实验结果符合得相当好。高温时，他的方程与杜隆–珀蒂定律接近，随着温度的降低，它所预言的比热容下降也比较符合实际的观测结果。它还预言，在非常低的温度下比热容应当趋近于零，这后来也得到了实验的证实。爱因斯坦在1907年的论文中指出：“如果普朗克的辐射理论深入了事物的本质，那么我们就必须期望在其他热学理论领域里也可以发现目前的〔即经典的〕分子运动论和实验之间的矛盾，这些矛盾可以用这里所采取的新方法来消除。”

在随后的两年里，爱因斯坦对这个问题作了进一步的思考，并且发表了若干篇论文。到了1909年，在萨尔茨堡召开的德国自然科学家大会上，爱因斯坦并没有像人们所预料的那样谈及相对论，而是作了题为“辐射的本质和构成”的主题讲演。其中一段话有着惊人的前瞻性：

> 不容否认的是，有大量关于辐射的事实表明，光具有某些基本属性，要解释这些属性，用牛顿的光的发射说〔即光微粒/量子〕要比光的波动说容易得多。因此我认为，理论物理学随后的发展将给我们带来这样的一种光学理论，它可以认为是光的波动说和〔微粒〕说的某种结合……波动结构和量子结构……不应当认为是彼此不相容的。

量子力学的另一位先驱泡利，后来在纪念爱因斯

爱因斯坦在奥斯陆附近的树林里野餐，1920 年。和他在一起是现代地球化学的奠基人戈德施米特，他所感兴趣的是把爱因斯坦的量子理论应用于固体。

坦七十寿辰的文集中说，萨尔茨堡讲演是“理论物理学发展史上的一个里程碑”。它第一次提出了波粒二象性这一令人困惑的观念。

1911年，爱因斯坦移居布拉格。在随后的五年里，虽然他无疑会继续思考量子理论，但他主要的注意力转向了广义相对论。他对于量子理论的下一项重要成果没有什么贡献，这项成果是玻尔做出来的，他当时正在卢瑟福的实验室工作，主要研究原子结构理论。

1911年，卢瑟福发现了原子核，提出了原子的行星模型。在这个模型中，电子绕着原子核旋转，就像行星绕着太阳旋转一样。电子的位置不是取决于引力，而是由带正电的原子核和带负电的电子之间的静电力决定。在十九世纪的经典物理学里，这种概念是再熟悉不过的。然而，这一模型虽然很形象，却解释不了原子光谱。也就是说，它不能解释为什么不同元素的原子会发射和吸收特定频率/波长的电磁辐射，从而留下发射光谱亮线和吸收光谱暗线，它们都是某种元素的特征谱线，一如每个人都有自己的特征指纹。(焰火的颜色即为各种化学元素和化合物发射的可见光谱，钠灯或霓虹灯也是如此。)

根据玻尔在1913年的建议，原子光谱暗示，原子中的电子只可能占据某些特定的轨道，而不是不停地变换轨道。当电子从一个轨道跃迁到另一个离核更近的低能轨道时，会以某种特征频率的辐射把能量差发射出去，这就是光谱亮线；而当电子从一个轨道跃迁到另一个离核更远的高能轨道上时，需要吸收某种频率的辐射，这就是光谱暗线。

为了解释这些固定的轨道，玻尔不得不像1900年的普朗克那样引入一条关键假设：卢瑟福原子模型中的电子轨道是量子化的。绕核运动电子的角动量（以及速度和能量）只能取一个常数的整数倍，这个常数与普朗克方程$E=h\nu$中的普朗克常数h有关。基于这些假定，玻尔成功地构造出一个单电子的氢原子模型，它的轨道能级可以很好地解释已经观察到的氢光谱。爱因斯坦曾在1916年把这称为一种“启示”。

但玻尔的模型仍然有两个主要缺点：第一，这个模型不能很好地解释原子的稳定性。根据麦克斯韦方程，被带电体加速的电子必定会向外辐射

爱因斯坦和泡利。后者是量子力学的奠基人之一。

能量，在很短的时间内落入原子核。玻尔是通过强行假定而禁止这样一种现象出现的；第二，虽然电子轨道本身是量子化的，但是被电子发射和吸收的辐射却是以波的形式出现的。即使暂且不论这一离散和连续的矛盾，当电子离开一个轨道时，它如何可能“知道”应以何种频率发出辐射，才能“到达”另一个轨道呢？它怎么知道自己将要跃迁到哪一个轨道？在这一跃迁过程中到底发生了什么？“这些问题困扰着理论，”当代物理学家惠特克说，“在现代的量子理论中，我们与其说学会了如何回答这些问题，不如说学会了不去回答它们。”最终，玻尔的原子模型虽然富于想象力地、甚至是出色地将经典物理学和量子物理学混合了起来（他不久就获得了诺贝尔奖），却不能使大家完全满意。

爱因斯坦很清楚这一点，他发现可以通过光量子把普朗克的辐射定律和玻尔的原子能级联系起来。1916至1917年间，在完成了广义相对论以后，他利用这个概念发表了三篇论文。他的新思想是，原子除了可以自发地发光，还可以受到光的激发而从高能态跃迁至低能态发光，这就是受激发光。于是，一个光量子可以使一个原子受到激发，最后出现两个光量子，从而导致光放大现象，这便是激光——即“受激辐射产生的光放大”——的思想。六十年代激光的发明者之一查尔

爱因斯坦和几位科学家在比利时，1932 年。他们正在筹备 1933 年的索尔维会议。爱因斯坦左边是他所敬重的玻尔，他们在对量子理论的看法上有很大分歧。照片的拍摄者是比利时王后伊丽莎白，她后来与爱因斯坦关系很好，曾多次在一起演奏音乐。从 1929 年起，直到爱因斯坦去世，他们时常有通信往来。

卢瑟福在剑桥的卡文迪许实验室。从 1919 年起，卢瑟福担任该实验室主任。“请低声说话”的标牌是实验室开的一个玩笑；卢瑟福以其大嗓门著称，这会干扰他的研究者和精密仪器。

斯·汤斯说（我们在第七章中还会讲到他），“爱因斯坦从基本的热力学出发，第一次清楚地认识到，既然光子可以被原子吸收，从而使原子激发到高能态，那么光子也必定可以迫使原子放弃能量而降至低能级。一个光子撞击原子，两个光子产生出来。”1916年，爱因斯坦对他的老朋友贝索说：“这样一来，光量子就不仅确定，而且好用了。”但他注意到，他论文中所提出的受激辐射理论有一个缺点：它“使基本过程的时间和方向都受到‘机会’的左右”。这暗示他将不会欣赏量子力学，因为这种理论建立在随机和概率的基础之上。

在我们讲述那场争论之前，还应当提到爱因斯坦的另一项成果，它同样与光量子有关。1924年，爱因斯坦收到了一篇论文《普朗克定律与光量子假说》，作者是一位名不见经传的印度物理学家玻色。它不是由经典电动力学得出普朗克的辐射定律，而是把辐射看成一种光量子气，并且规定大量光子可以占据同一量子态（这与电子不同），进而运用统计方法得出了普朗克的辐射定律。玻色希望爱因斯坦能够帮助他发表这篇论文。爱因斯坦立刻意识到这篇论文的重要性，于是把它翻成了德文，推荐给一份杂志。爱因斯坦从这篇文章中受到启发，写了两篇论文，把玻色的方法运用于原子，结果得到了所谓的玻色–爱因斯坦统计，它适用于一类被称为玻色子的基本粒子（另一类粒子叫费米子，包括电子、质子和中子等，它们都遵循费米–狄拉克统计）。1925年，爱因斯坦预言，只要温度足够低，条件适当，玻色子就会凝聚成一种新的物态。在第七章，我们会讲到液氦的超流现象，以及被称为“超原子”的玻色–爱因斯坦凝聚态的奇特性质。1995年，人们终于在实验室中实现了这种“超原子”态，这时爱因斯坦的预言已经提出整整七十年了。

随着玻色–爱因斯坦统计的问世，“旧”量子论也结束了。从那时起，爱因斯坦将不再对量子理论起关键作用，量子力学开始了。1926年以后，爱因斯坦不再是理论的贡献者，而是批评者。

事实证明，他的批评非常基本，也非常有力。1962年，玻尔坦率地承认，“如果没有爱因斯坦的挑战，量子物理学的发展就会慢得多。”玻尔和爱因斯

Z. f. Phys. (4 Blatt Ms.) Korrektur an Herrn Prof. Dr. A. Einstein, Berlin W. 30 Haberlandstr. 5 3. Juli 1924 (1)

#840

Planck's Gesetz und Lichtquanten-Hypothese.

Von Bose (Calcutta) Dacca-University, Indien)

(Eingegangen am 2. Juli 1924)

Planck's Formel für die Verteilung der Energie in der Strahlung des schwarzen Körpers bildet den Ausgangspunkt für die Quanten-Theorie, welche in den letzten zwanzig Jahren entwickelt worden ist und in allen Gebieten der Physik reiche Früchte getragen hat. Seit der Publikation im Jahre 1901 sind viele Arten der Ableitung dieses Gesetzes vorgeschlagen worden. Es ist anerkannt, dass die fundamentalen Voraussetzungen der Quanten-Theorie unvereinbar sind mit den Gesetzen der klassischen Elektrodynamik. Alle bisherigen Ableitungen machen Gebrauch von der Relation

$$\rho_\nu d\nu = \frac{8\pi\nu^2 d\nu}{c^3} E,$$

d. h. von der Relation zwischen der Strahlungs-Dichte und der mittleren Energie eines Oszillators, und sie machen Annahmen über die Zahl der Freiheitsgrade des Äthers, wie sie in obige Gleichung eingeht (erster Faktor der rechten Seite). Dieser Faktor konnte jedoch nur aus der klassischen Theorie hergeleitet werden. Dies ist der unbefriedigende Punkt in allen Ableitungen, und es kann nicht wundernehmen, dass immer wieder Anstrengungen gemacht werden, eine Ableitung zu geben, die von diesem logischen Fehler frei ist.

Eine bemerkenswert elegante Ableitung ist von Einstein angegeben worden. Dieser hat den logischen Mangel aller bisherigen Ableitungen erkannt und versucht, die Formel unabhängig von der klassischen Theorie zu deduzieren. Von sehr einfachen Annahmen über den Energie-Austausch zwischen Molekülen und Strahlungsfeld ausgehend findet er die Relation

$$\rho_\nu = \frac{\alpha_{mn}}{e^{\frac{\varepsilon_m - \varepsilon_n}{kT}} - 1}.$$

Indessen muss er, um diese Formel mit der Planck'schen in Übereinstimmung zu bringen, von Wiens Verschiebungsgesetz und Bohrs Korrespondenz-Prinzip Gebrauch machen. Wiens Gesetz ist auf die klassische Theorie gegründet, und das Korrespondenz-Prinzip nimmt an, dass die Quanten-Theorie mit der klassischen Theorie in gewissen Grenzfällen übereinstimme.

爱因斯坦把一个不知名的印度物理学家玻色的论文《普朗克定律与光量子假说》译成了德文，1924 年 7 月 3 日。爱因斯坦在这篇论文中提出了玻色-爱因斯坦统计，预言了玻色-爱因斯坦凝聚。

坦是这场旷日持久的争论中最主要的对手，但有的时候，爱因斯坦挑战的是量子力学的每一位创始人。他与玻恩的通信集（爱因斯坦去世后由玻恩出版）表明爱因斯坦自始至终都在用他那敏锐的头脑反驳量子力学。同样是在与玻恩的通信中，爱因斯坦第一次作出了他那句最著名的评论：“上帝不掷骰子。”1948年，他严肃地对玻恩说：“如果人们抛弃了这样的假定：在空间不同部分存在的事物都有其独立的、真实的存在，那么，我简直就看不出物理学所要描述的究竟是什么。”

现代量子理论抛弃的恰恰是这种假定。对于爱因斯坦那个著名的问题：“月亮是否仅仅在看它的时候才存在？”当代物理学家戴维·皮特回答说：“爱因斯坦的月亮的确存在着，它通过非定域关联与我们相联系，但它的实际存在并不依赖于我们。而我们所说的月亮的实在性，或者电子的存在，却在某种程度上依赖于我们在思想、理论、语言和实验中创造的背景。”在量子理论中，电子（或光子）并没有一种独立的实在性，并非完全独立于人的世界。它既可以是波，也可以是粒子，这取决于我们如何观察和测量它。

玻色

量子力学非常复杂，而且包含着高深的数学。在讨论爱因斯坦的批评以前，我们先来简述一下这门学科的发展。1924年，德布罗意提出，所有物质都伴随着一种波，不久，电子的这种波动效应得到了电子衍射实验的证实。1926年，在薛定谔经典的波动方程中（这里就不把它写出来吓唬读者了）——这个方程得益于玻恩甚多——方程描绘的不再是具有精确位置和动量的绕核旋转的电子，而是预言电子在原子核附近出现概率的波函数。利用薛定谔方程，物理学家计算出的不是电子在任一时刻的位置，而是它位于空间某一点的概率。于是，原子不再像玻尔最初的模型那样有坍塌的危险，因为实际上并没有电荷被加速；在薛定谔/玻恩的方程里，电子成了一种概率波。1927年，海森伯在其影响深远的测不准原理中证明，像电子这样的基本粒子的位置和动量不可能同时精确测出。实验者越是想准确地测定粒子在空间中的位置，其动量的不确定性就越大，反之亦然。这是因为，观察粒子的活动本身（比如向它发射光子）会不可避免地干扰粒子的位置和动量。海森伯的不确定原理说，位置的不确定性与动量的不确定性的乘积将总是大于一个与普朗克常数h有关的常数。其他类型的测不准原理也可以推导出来，比如把粒子的能量不确定性与能量的测量时间联系起来的测不准原理。

在1927年和1930年的索尔维会议上，爱因斯坦试图用思想实验来反驳这些观念及其对物理实在的揭示。其中有两个实验特别著名。我们先来讲1930年提出的思想实验，1935年的那个将在第七章讨论。

爱因斯坦说，想象一个充满辐射的箱子，箱壁上有一个可以用快门开合的小孔。称量箱子的重量。开启快门一段时间T，让一个光子飞出，再称量箱子的重量。质量的损失必定等于一个光子的质量，根据$E=mc^2$，它可以被换算成能量的损失。从原则上讲，这一质量/能量损失可以无限精确地测定出来，因此光子的能量不确定性为零。而光子飞出时间的不确定性是有限的时间T。这意味着两种不确定性的乘积应当等于零，从而违背了时间–能量的测不准原理。

薛定谔，量子力学的先驱之一。

出席1930年索尔维会议的物理学家罗森菲尔德回忆说，

> 这对玻尔是一次不小的震动。整个晚上，玻尔都非常沮丧，他极力游说每一个人，试图使他们相信爱因斯坦说的不可能是真的，不然那就是物理学的末日了。但他想不出任何反驳来。我永远不会忘记那两个对手离开会场的一幕：爱因斯坦的身形高大庄严，脸上带着一丝嘲讽的微笑，静静地走了出去。玻尔跟在后面一路小跑，激动不已。

然而第二天早上，玻尔找到了答案，它竟然依赖于广义相对论！玻尔仔细考虑了（爱因斯坦却没有）如何对箱子的质量损失以及快门开关的时间间隔进行测量。他设想把箱子悬挂在一个精密的弹簧下面，并把快门与箱内的一个时钟相连。他意识到，当时钟随着光子的飞出而向上运动时，根据广义相对论，时钟在引力场中的位移必定会使其快慢发生改变。这就给时间间隔T引入了一种不确定性。结果，玻尔的计算表明，时间–能量的测不准原理仍然成立。

这一次，爱因斯坦被击败了。1930年以后，他似乎承认了量子力学是内在一致的。1931年，他向瑞典科学院提名“波动力学或量子力学”的创始人薛定谔和海森伯为诺贝尔奖候选人。“在我看来，这个理论无疑包含了一点终极真理，”他解释说。1932和1933年，海森伯和薛定谔分别获得了诺贝尔奖。

狄拉克（左数第四位）、海森伯和薛定谔在斯德哥尔摩火车站，1933 年。这张照片也许是在狄拉克和薛定谔共同获得 1933 年诺贝尔奖时拍摄的。海森伯已于前一年获得诺贝尔奖。

但我们知道，爱因斯坦远远没有对量子力学感到满意，这一点在后来表现得很明显。他的结论是：

> 目前流行的看法是，只有在物理实在的概念削弱之后，才能体现已由实验证实了的自然界的二重性（粒子性和波性）。我认为，我们现有的实际知识还不能作出如此深远的理论否定；在相对论性场论的道路上，我们不应半途而废。

这段话写于1952年。在生命的最后的三十年里，爱因斯坦义无反顾地踏上了这条道路，孤独地寻找着一种比量子理论更为基本的理论。

在布鲁塞尔出席第六届索尔维会议的代表，1930 年。在这次会议上，爱因斯坦与玻尔就量子力学进行了激烈的争论。照片上还有居里夫人、狄拉克、费米、泡利、索末菲和罗森菲尔德等人。

第六章　终极理论的求索

“任何物理理论都不会获得比这更好的命运了：理论本身指出了创建一种更全面理论的道路，而在这个更为全面的理论中，原先的理论作为一种极限情况继续存在下去。”

——爱因斯坦，《狭义与广义相对论浅说》，1916年

爱因斯坦去世十年之后，马克斯·玻恩在《玻恩–爱因斯坦通信集》中提到了这位经常与之交锋的故友对“统一”理论的求索：

> 他认为存在着一种建立在广义相对论基础上的“未来的物理学”，今天的量子力学是经典物理学和这种完全未知的物理学的一种有效中介，在这种物理学中，传统的物理实在和决定论概念能够得到应有的承认（他基于哲学理由认为这是不可或缺的）。所以他认为统计性的量子力学不是错的，而是“不完备的”。

爱因斯坦曾对他以前的一个学生（天文学家弗里茨·茨维基）说，他的最终目标就是“要获得这样一个公式，它能够对牛顿下落的苹果、光和无线电波的传播、恒星以及物质构成同时作出解释。”

爱因斯坦认为，统一理论的关键就是“场”的概念，它使麦克斯韦方程和广义相对论卓有成效。他设想物质粒子是那些场强极大的区域——有点像一块纹理均匀的木头上的节瘤。1938年，他写道：

驶向新世界：爱因斯坦第二次访问美国途中在“德意志”号（Deutschland）游轮的甲板上，1931年。

> 我们是否能够放弃纯实物概念而建立起一种纯粹的场物理学呢？实物作为被我们的感官感受的对象，实际上只是

玻恩和海森伯。他们是量子力学的先驱，两人均强烈反对爱因斯坦对量子理论的看法。爱因斯坦尽管与玻恩很要好，却不喜欢海森伯，特别是因为他亲纳粹德国。

大量能量集中在较小的空间而已。我们可以把实物看作是空间中场特别强的一些区域，用这种方法就可以建立起一种新的哲学背景。它的最终目的就是要用随时随地都能有效的结构定律去解释自然界中的一切现象。按照这种观点，抛掷出去的石块就是一个变化着的场，场强度最大的态在这个变化着的场中以石块的速度穿过空间。在我们这种新的物理学中，不容许有场和实物两种实在，场即是唯一的实在。这个新观点是由于场物理学的巨大成就，以及以结构定律的形式来表示电的、磁的、引力的定律的成功，最后是由于质量和能量的等价而得到启发的。我们最终的问题便是改变场的定律，使它在能量极为集中的地方仍不致失效。

从他与许多物理学家的通信我们可以清楚地看出，早在1918年，甚至在完成广义相对论著作之后的1916年，爱因斯坦就已经在认真思考如何将引力和电磁力用这样一种场论统一起来。1923年，他在诺贝尔讲演中提到了统一场论，并且发表了第一篇关于它的论文，但后来还是放弃了其中的想法。又过了两年，他在论文《关于引力和电的统一场论》中做了进一步的尝试。他用了几个星期的时间，确信自己找到了答案，但随即宣布它“无效”。1929、1931和1950年，他都发表了新的成果，但后来都抛弃了。直到生命的最后一刻，他仍然在为一种新的场论工作着。

随着新的尝试逐步进行，理论也变得越来越数学化，距离现实世界也越来越遥远。他的狭义相对论始于对追光的想象，广义相对论则始于从高处跳下来时对引力的感受，然而现在，他渐渐对这些物理观念失去了兴趣。也许他1930年在关于量子力学的光子箱思想实验中所犯的错误暗示，他错在没有考虑物理测量方法；他对实验过于理想化，从而忽视了一个关键要素。

在思考狭义相对论和光量子（以及部分广义相对论）的那段时期，爱因斯坦认为数学的作用主要体现在对物理思想作出合理说明，而现在，数学已经成了统一理论背后的驱动力。1933年，他在牛津大学讲演时甚至表示：

迄今为止，我们的经验已经使我们有理由相信，自然界是可以想象到的最简单的数学观念的实际体现。我坚信，我们能够用纯粹数学的构造来发现

> 概念以及把这些概念联系起来的定律，这些概念和定律是理解自然现象的钥匙。经验可以提示合适的数学概念，但数学概念却无论如何不能从经验中推导出来。当然，经验始终是数学构造的物理效用的唯一判据，但这种创造的原理却存在于数学之中。因此在某种意义上，像古代人所梦想的，纯粹思维能够把握实在，这种看法是正确的。

从三十年代起，爱因斯坦似乎对物理学的重大进展全都漠不关心。1932~1933年，正电子被发现，这是人类发现的第一种“反物质”粒子。1928年，狄拉克正是通过把狭义相对论应用于描述电子的量子力学而预言了正电子的存在，而这一切对爱因斯坦的工作都没有产生什么影响（虽然他很欣赏狄拉克的数学）。中子和μ介子于1932年和1936年的相继发现，预示了核子发现时代的到来，爱因斯坦却似乎对此置若罔闻。在新发现的亚原子世界中，每一个粒子都有自己的质量、自旋、电荷、量子数和其他特征，这些新发现并没有在爱因斯坦的新方程中出现。尽管他1905年推导出来的方程$E=mc^2$对于理解1938年发现的核裂变相当重要，但他对于新的核力模型并没有什么兴趣。

史蒂文·温伯格是七八十年代“弱电统一”理论的主要创建者之一。所谓“弱电统一”理论，是指把电磁作用与核的弱相互作用统一起来的理论。在下面的文章中，温伯格介绍了爱因斯坦在思考统一理论时所使用的两种主要数学方法。他认为，虽然其中一种方法经过修正仍然存在于今天的弦理论当中，但另一种方法却“没有对当今的研究产生任何影响”。从1925年直到去世，爱因斯坦苦苦计算了三十年，但除了手稿以外，这些工作并没有留下什么印迹。物理学家们也许会钦佩他为统一理论的信念所付出的巨大努力（今天我们对“终极理论”的寻求就是这种事业

爱因斯坦和保罗·奥本海姆在瑞士达沃斯。1928年，爱因斯坦因心脏问题在那休养四个月。

的继续)，但他的那些想法却被人忽视和遗忘了，这与他关于相对论和量子理论的工作形成了鲜明对照。1935年，年轻的罗伯特·奥本海默见到爱因斯坦，他私下里称爱因斯坦是个“十足的怪人”；玻尔则在六十年代对一位物理学家说，爱因斯坦已经成了一个“炼金术士”——也许暗指牛顿在物理学之外的那种狂热兴趣。爱因斯坦的科学传记作者派斯曾在九十年代评论说，假如爱因斯坦在1925年以后“去钓了鱼”（更有可能去驾驶帆船），那么他在科学上的名声“即使不会增加，也不会有所减退”。

那么，我们也许会问，爱因斯坦为什么会执拗地进行这种毫无结果的研究呢？他并非不清楚别人在私下里是怎么看他的。他曾在1938年给贝索的信中自嘲，“在别人眼里，我就像是一个老古董，冥顽而愚钝。”他也在1952年给玻恩的信中开玩笑说：“我感觉自己就像是一头在水里生活的鱼龙，无意中落在了后面。”

也许部分原因在于，这位思想盛年已过的物理学家变得固执了。其实这里面也包含着一种对物理学的责任感。有一位物理学家曾对爱因斯坦的努力感到惋惜，爱因斯坦对他说，虽然他知道成功的可能性很小，但还是感到有必要做出尝试。“他声名已存，位置已稳，所以经得起出错。而正在为自己打拼的年轻人却经不起这种冒险，因为这样做很可能会断送自己的前程。”然而，主要原因似乎还在于玻恩前面所说的：爱因斯坦不仅被物理学的最深刻的问题吸引着，而且也在哲学上确信，实在是由定律决定的而不是由机会决定的，这些定律使得物理实在不依赖于人的心灵。上帝不掷骰子，他对此确信无疑。

这种信念也许最清楚不过地表现在爱因斯坦与泰戈尔的一次谈话中，那是在1930年，索尔维会议还没有召开，泰戈尔来到德国访问爱因斯坦。泰戈尔虽然是哲学家和诗人（并因此而获得诺贝尔奖），和甘地、尼赫鲁一样都是印度的精神领袖和自由斗士，但他对科学也很感兴趣。泰戈尔的哲学立场与爱因斯坦的非常不同。他们的谈话不久就在《纽约时报》上刊载了，它鲜明地反映了爱因斯坦的立场。

“关于宇宙的本性，有两种不同的看法——或认为世界是依赖于人的统一整体，或认为世界是不依赖于人的精神而独立存在的实在，”爱因斯坦说。泰戈尔回答说：“这个世界是人的世界——关于世界的科学观念就是科学家的观念。因此，独立于我们的世界是不存在的。我们的世界

爱因斯坦和泰戈尔在柏林，1930 年。爱因斯坦虽然并不赞同其哲学，却同意他对社会和政治的看法，并进行过几次会面。他们还对音乐有着强烈的兴趣。照片的左边是爱因斯坦第二个妻子爱尔莎和他的继女玛戈特，最右边是泰戈尔的儿媳，此外还有两个印度旅伴 Prasanta 和 Rani Mahalanobis.

玻尔和爱因斯坦。埃伦菲斯特摄于 1927 年前后。

是相对的，它的实在性有赖于我们的意识。”

“这就是说，真与美都不是不依赖于人的?”“是的，”泰戈尔说。“如果人类不再存在，是不是梵蒂冈贝尔维迪宫的阿波罗像就不再美了?”爱因斯坦问。“是的。”“对美的这种看法，我同意。但是我不能同意你对真理的看法，”爱因斯坦说。“为什么? 要知道，真理是要由人来认识的。”“我不能证明我的看法是正确的，但这却是我的宗教，”爱因斯坦对此坚定不移。

然后他作了具体说明。“心灵承认外在于它、独立于它的实在。比如，即使房子里空无一人，这张桌子仍然处于它所在的地方。”“是的，”泰戈尔说，“虽然个人的心灵无法认识桌子，可是普遍的心灵却可以认识它。桌子可以凭借我们所拥有的某种意识感知到。”

“即使房间里没有人，桌子也依然存在，但根据你的看法，这是不合理的，因为我们不能解释‘桌子独立于我们在那儿’是什么意思……我们认为真理具有一种超乎人类的客观性，”爱因斯坦说。

“无论如何，如果存在着某种与人绝对无关的真理，那么对我们而言，它是毫不意义的，”泰戈尔回答。

“那么在这一点上，我比您更信仰宗教!”爱因斯坦回应道。

较之爱因斯坦的观点，玻尔以及其他一些量子物理学家的实在观与泰戈尔的观点更为接近。和泰戈尔一样，量子理论也主张实在依赖于观察者。爱因斯坦说，在科学中，“我们只应关心自然的表现。”而玻尔却主张，“认为物理学的任务是发现自然实际是怎样的，这是不正确的。物理学关心的是我们可以对大自然说些什么。”

爱因斯坦在维也纳，1921 年。

爱因斯坦对统一理论的探索

史蒂芬·温伯格

二十世纪七十年代的一天，我收到了一封从旧金山寄来的信，信是一个经营稀有书籍和手稿的书商寄来的。那是爱因斯坦用德文写的一篇科学论文的影印件。这位书商请我看一下，告诉他这篇文章的重要性。我不是研究爱因斯坦的专家，读起德文来也很吃力，但我粗粗看了一下，认为它应该是爱因斯坦寻找电磁场和引力场的统一理论的一次尝试，他在三四十年代曾经做过多次这样的努力。我给书商写信说，虽然爱因斯坦亲笔写下的任何东西都是有价值的，但在科学史上，这篇论文并没有什么重要性。

爱因斯坦是有史以来最伟大的物理学家之一，他和阿基米德、伽利略、牛顿并驾齐驱，当数二十世纪最重要的科学家。从1905年到1925年，他在科学上取得了一次又一次的成功，在这之后，很自然地，他开始寻找一种把电磁力和引力统一起来的理论。从科学史上看，物理学最大的进展就是新的理论可以对以前没有任何关联的现象做出统一的解释。十七世纪时，牛顿把天与地的物理学统一了起来，引力不仅使苹果落地，而且也使月亮绕着地球旋转，行星绕着太阳旋转。十九世纪时，麦克斯韦把电现象和磁现象统一起来，认识到不仅振荡的磁场可以产生电场，振荡的电场也可以产生磁场，光其实是一种电磁波。1915年，爱因斯坦的广义相对论表明，引力只不过是时空几何的一种效应。在这一辉煌的胜利之后，下一步显然就是要找到一种理论能够对引力和电磁力作出统一解释。不幸的是，虽然爱因斯坦用了生命中最后三十年来思考这个问题，却未获成功，而且也没有对其他物理学家的工作产生任何重要影响。

在这项工作中，爱因斯坦主要采取了两种方案。

先来介绍第一种。1921年，数学家特奥多尔·卡鲁扎发表了一篇论文，引起了爱因斯坦的兴趣。这篇文章提出，可以把电磁力理解成五维时空而不是四维时空中的引力的一种效应。从爱因斯坦的广义相对论可以知道，无论时空有多少维，引力都可以用一种被称为度规的矩阵描述出来，

这是一个对称方阵g_{MN}，其中每个元素都与时空位置有关（M代表行，N代表列，“对称”意味着$g_{MN}=g_{NM}$）。在五维时空中，M和N取的标号1、2、3代表普通空间的三个方向，0代表时间维，5代表第五维。卡鲁扎建议，M和N取1、2、3、0的g_{MN}代表在四维时空中观察到的引力场；g_{51}，g_{52}，g_{53}和g_{50}构成了“矢量势”，由它可以用传统的电动力学理论导出电磁场；g_{55}是一个场，代表着某种物质。如果这样来解释场g_{MN}，再人为地假定这些场与第五维中的位置无关，那么把广义相对论的场方程扩展到五维，就可以导出同是四维的描述引力场的广义相对论场方程和描述电磁场的麦克斯韦方程。

从表面上看，这种理论似乎真的把引力和电磁力统一了起来，1928年，物理学家奥斯卡·克莱因又进一步发展了卡鲁扎理论，这似乎为解决自提出广义相对论以来就困扰着爱因斯坦的一个问题带来了希望。在爱因斯坦1915年对广义相对论的表述中，引力是作为时空几何的一种自然结果出现的，引力场方程几乎只有一种可能形式*；而物质则是人为地引入理论的，

爱因斯坦和他的助手彼得·伯格曼在普林斯顿大学做计算，1940 年。

我们并没有一种先验的方法来判定什么样的物质存在，或者它们如何作引力场源。克莱因提出，卡鲁扎的第五维并非只有形式的意义，而是一个真正的空间维，它由于卷曲起来而通常不为我们所见。就像一根细长的软管，如果从远处看，它像一维的，但走近一看，才发现它是两维的，有一维卷曲起来了。根据这种想法，我们不再人为地规定g_{MN}与卷曲起来的第五维中的位置无关，而是把它看成两个部分叠加：一部分是与第五维无关的代表四维的引力场和电磁场的各项，正如卡鲁扎所发现的那样；第二部分是在卷曲的第五维中振动的新的项，如同风琴管中的声波，波长为卷曲维的周长的1倍、2倍或更多倍。在四维中，这些振动项看起来就像是无数种重粒子，所带电荷与其质量成正比。所以不仅引力和电磁力，而且带电重粒子也产生于一种五维的纯引力理论。

但问题在于，卡鲁扎–克莱因理论所预言的粒子不可能是电子、质子或任何已知种类的基本粒子。因为它所预言的这些新粒子都过重，即使最轻的也要比实际的粒子重19个数量级，以至于这些粒子之间的引力将同电的吸引力或排斥力一样强，这在普通原子中当然是不可能的。也许正是由于这个困难，爱因斯坦对增加额外维度的理论失去了兴趣，他从四十年代起开始朝着别的方向努力。

爱因斯坦的第二种方案不是去增加时空维数，而是试图不对度规g_{MN}作对称的限制。（爱因斯坦还考虑了度规所可能具有的另一种数学性质——厄米性。）他的思路是，一个4×4的对称阵有10个独立项：g_{11}，g_{22}，g_{33}，g_{00}，$g_{12}=g_{21}$，$g_{23}=g_{32}$，$g_{31}=g_{13}$，$g_{10}=g_{01}$，$g_{20}=g_{02}$和$g_{30}=g_{03}$。但是如果没有对称限制，那么一个4×4的矩阵就有$4^2=16$个独立项。爱因斯坦猜想，一个普通非对称度规中的16–10=6个额外的场也许代表着电磁场，包含3个电场分量和3个磁场分量。正是这一想法引导爱因斯坦走过了生命的最后几十年。

这种想法的问题在于，一个普通度规对称部分的10个分量与它另外6个分量之间没有什么关系。仅仅把它们并入一个4×4的阵里说明不了它们的物理性质

* 我之所以说“几乎”，是因为在1915年的原始形式中，爱因斯坦的场方程省略了一个可能的项，即宇宙学常数项，它可以影响大尺度的现象。1917年，爱因斯坦引入宇宙常数来解释宇宙中的物质为什么似乎没有任何大尺度运动。几年以后，在宇宙膨胀发现之后，爱因斯坦后悔引入了宇宙学常数，但最近关于宇宙膨胀的研究强烈暗示，它的确应当出现在场方程中。——原注。

德国数学家特奥多尔·卡鲁扎。他的工作启发爱因斯坦对统一理论做了一次尝试，但没有成功。

是如何关联的。这与麦克斯韦对电场和磁场的统一非常不同。静止的观察者所看到的纯粹的电场或磁场，在运动的观察者看来就会是电场和磁场的组合；而在爱因斯坦的新理论中，一个观察者所看到的纯引力场，在所有观察者看来都会是纯引力场。爱因斯坦当然知道这一点，他苦心孤诣地寻找着某种物理原理，希望能将度规的所有16个分量以一种自然的方式联系在一起，但终未成功。

事实证明，在爱因斯坦去世之后的半个世纪里，他的统一之梦已经部分地实现了，但与爱因斯坦当初的设想非常不同。电磁理论现在被认为是一种更大的弱电理论的一部分，这种理论不仅描述了电磁学，而且也描述了某些弱核力。正是这种力导致了放射性过程，使原子核里的中子变成质子，或者使质子变成中子。弱核力的力程非常短，两个核子之间的弱力只要超过了大约1厘米的千万亿分之一就会陡然下降；而电磁力像引力一样是一种长程力，两个带电粒子之间的吸引力随着其间距的平方反比而慢慢减小，在任何地方都没有陡降。然而，尽管电磁力与弱核力之间存在着如此明显的不同，却以同样的方式进入了现代的弱电理论，它们之间的区别起因于我们所居住的空间的性质，而不是由于理论本身。

爱因斯坦当然了解放射性。它是1897年发现的，十年以后，放射性盐为他提供了一个说明质能关系$E=mc^2$的生动例子。但是据我所知，爱因斯坦从未关注过引起放射性的弱核力。事实上，晚年的爱因斯坦对于当时核与粒子方面的任何工作都漠不关心，这也许是由于它们既没有建立在广义相对论的基础上，也没有包含广义相对论。爱因斯坦曾在1950年指出，“要不是从一开始就使基本概念合乎广义相对论，一切想要得到关于物理基础的较为深入知识的企图，都注定是无望的。”而其他物理学家关于核与粒子物理的工作是以量子力学为基础的，这是一种于二十年代发展起来的理论物理学的概率性理论。爱因斯坦认为量子力学是对传统物理学目标的放弃，它不再追求关于物理实在的一种完整理解。事实上，爱因斯坦对统一理

论的一个希望就是，它能够对量子力学已经成功解释的原子现象提供一种非量子力学的解释。

七十年代，粒子物理学家已经发展出一种理论，能够非常成功地说明另一种力，这就是把中子和质子内部的夸克，以及原子核内部的中子和质子束缚在一起的强核力。这个理论被称为量子色动力学，它与弱电理论在数学上很相似，于是，想象一种关于电磁力、弱核力和强核力的“大统一”理论，把这两种理论统一起来，就是很自然的了。

然而，把引力包含在这样一种理论框架中则要困难得多。引力与电磁力虽然表面上相似，它们都与距离的平方成反比，但这其实是一种假象。当前，把引力与其他自然力统一起来的方案之一是弦理论。这种理论设想，大自然的基本构成既不是粒子，也不是场，而是一维的弦，它们过于微小，以至于只能被看成点粒子，我们所观察到的各种粒子都可以解释为它

爱因斯坦在纪念哥白尼逝世四百周年大会上作为“现代科学先驱”而受到嘉奖，纽约卡耐基大厅，1943年。受到嘉奖的还有沃尔特·迪斯尼、亨利·福特和奥维尔·莱特等人。爱因斯坦身着索邦神学院的学术服，以示对当时纳粹占领下的法国的同情。

奥斯卡·克莱因（最右边）、玻尔（左数第二位）和玻恩（坐着）等人在哥廷根的“玻尔节”。

们的不同振动模式。

有趣的是，弦理论是在十维时空而不是在四维时空中找到了它们最自然的表述方式，于是，曾经在三十年代如此吸引爱因斯坦的卡鲁扎-克莱因理论重新引起了人们的关注，虽然这里的额外维度是六个而不是一个。不过，爱因斯坦的另一种统一方案，即把广义相对论扩展到一种非对称度规，却没有在目前的研究中体现出来。额外维度的思想虽然高度思辨（在克莱因所提出的形式中就更是如此），乍看起来也许像一个纯粹的数学游戏，但无论如何它包含着真实的物理内容；而非对称度规的思想却纯粹是数学的，没有任何实际意义。从1905年到1915年，在提出广义相对论的那段时期，引导爱因斯坦的是一种已经存在的数学形式体系——黎曼的弯曲空间理论。也许他对纯粹数学指导物理理论的力量过于信赖了。数学的神谕曾在他年轻时做过向导，晚年时却使他迷了路。

第七章　爱因斯坦之后的物理学

“科学不是也永远不会是一本写完了的书，每一个重大的进展都带来了新问题，每一次发展总要揭示出更深的困难。”

——爱因斯坦，《物理学的进化》，1938年

一般认为，相对论和量子理论是“自伽利略和牛顿以来物理学的两次最伟大的革命”，菲利普·安德森在本书收录的关于爱因斯坦的科学遗产的文章中这样说道。爱因斯坦对这两种理论的发展都做出了贡献，所以从某种意义上讲，他的工作几乎影响了他去世后半个世纪的物理学的方方面面——从宇宙的结构和起源到原子核裂变，从亚原子粒子的高能加速到光电效应，从黑洞到微型芯片，无一不得益于爱因斯坦。假如我们还记得，相对论统一了时间、空间、引力和光速这样的基本概念，量子理论统一了物质构成和辐射能量的传播，那么这样说也许并不让人吃惊。直到现在，仍然没有物理学家能够同爱因斯坦相匹敌。

即使是具体的影响，爱因斯坦的贡献也是惠及后世的。对于这一点，我们只要想想他在诸多完全不同的领域表现得是多么超前。1905年，爱因斯坦根据狭义相对论的基本原理导出了质能方程$E=mc^2$，从而在核裂变被发现（1938年）三十三年之前，他就意识到并且预言了核能。1916年，他根据广义相对论预言了引力红移，近半个世纪之后才得到证实（六十年代初）。1917年，他在关于光的受激辐射的论文

相对论使得高能粒子加速领域蓬勃发展起来。图为一个磁线圈运抵瑞士日内瓦附近的欧洲核子中心(CERN)，1955年。那年爱因斯坦去世。

位于夏威夷莫纳基亚（Mauna Kea）火山的射电望远镜，它是用于检验广义相对论的某些天文学预言的甚长基线射电望远镜阵（VLBA）的一部分。VLBA 共包括十个完全相同的天线，分别位于从夏威夷到维尔京群岛的各个站点，它们共同形成一个巨型天线，通过干涉测量技术把每一个望远镜所获得的数据组合起来。

中设想了一种可能的现象，三十七年后才得到证实，这导致了激光的发明（1958年）。1925年，他在两篇关于玻色-爱因斯坦统计的论文中，设想了一种新的物质态，这就是玻色-爱因斯坦凝聚，直到七十年后它才第一次被观察到（1995年）。今天，它有望作为一种“原子干涉仪”来测量引力的强度和方向的细微变化，将来也许会像激光一样获得广泛应用。1935年，他在与波多尔斯基和罗森合写的“EPR”论文中，引入了后来被称为“量子纠缠”的概念，引起了很大争议，三十年后人们才开始对它进行实验研究，它对量子计算、量子密码学甚至（据说）远距传物都有潜在的应用价值。

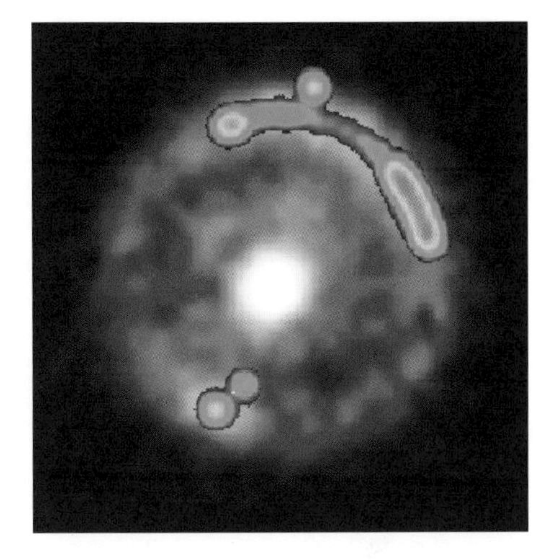

B1938+666系列中射电波和红外线的“爱因斯坦环”（因引力透镜引起）组合像。一个巨大的星系位于地球和另一个星系之间。从遥远星系发出的红外和射频辐射被较近星系的引力所编折，形成一个环。

这还不算爱因斯坦1918年对引力波的预言。虽然苦苦寻觅了数十年，人们仍然没有探测到引力波。问题似乎不在理论上，而在于引力能量的涟漪过于微小，很难探测得到。陆基激光干涉引力波观测台（LIGO）在物理上与迈克尔逊-莫雷在十九世纪进行的实验相似，只不过在这里普通的光束被激光取代了，其灵敏性依赖于激光束的长度。因此，成功地探测到引力波有赖于一个激光束远远长于LIGO的星基系统。目前的计划是建造一个激光太空干涉天线（LISA），它的激光臂成一个边长大约为300万英里的等边三角形，在大约与地球相同的高度绕太阳运行。如果LISA按预定计划在2010年前后发射，那么在爱因斯坦做出预言的百周年纪念以前，人类就有可能清楚地观测到“引力的踪迹”。

最近一项富有成果的引力实验证明了爱因斯坦的想法。2002年，射电天文学家弗马龙特和理论物理学家科佩金根据爱因斯坦的理论对引力速度进行了测量（测量引力速度并不是爱因斯坦最先提议的）。牛顿当然认为引力是瞬时传递的，也就是说速度是无限大，而爱因斯坦却认为它以光速传播。科佩金认识到，通过对爱因斯坦的广义相对论方程进行改写，“有可能得到引力与电磁辐射类似这一结论。”科佩金认为，对于光，我们可以通过测量它的电场和磁场而得到它的速度；同样，引力的速度也应该可以得到，只要我们能够精确地测量出一个大质量运动物体的引力场。

1936年，爱因斯坦在《科学》杂志上发表了一篇很短的论文《光在引力场的偏折所引起的恒星的透镜作用》，其中的想法引起了这两位科学家兴趣。早在1915年，爱因斯坦在思考广义相对论时就曾提出，恒星发出的光可以被太阳的引力场弯曲

CERN 超级质子同步加速器（SPS）隧道内景，1974 年。SPS 是 CERN 的第一个大型加速器，地下周长 7 千米，能够把粒子加速到相当高的能量，使它们打入靶子或者让两束粒子相撞。

(1919年发生的著名日食使之得到了证实)。他1936年也提出了类似的思想：如果恒星、大质量物体和地球上的观测者精确地排成一条直线，那么大质量物体（这次不是太阳）的引力就可以像透镜一样作用于遥远的星光，通过望远镜应当可以看到遥远恒星的两个像：一个对应着正常位置，一个对应着偏折位置。爱因斯坦怀疑，这种足够精确的排成一线是否会实际发生，从而使我们有机会观测到偏折现象，大多数天文学家在三十年代也都持这种怀疑态度。但是到了六十年代，类星体被发现了。这是宇宙深处的一种“类-恒星”物体，能够发射出强烈的射电波（有人认为其动力来自超大质量的黑洞）。1979年以后，天文学家识别出了几个类星体，它们都产生了两个完全相同的像，显然，这些都是“引力透镜”造成的结果。遥远的类星体发出的射电波被较近的星系和星系团弯曲，当电波穿越太空朝着地球传播的时候，它们就像透镜一样作用于这些电磁辐射。

弗马龙特和科佩金开始等待测量引力透镜效应的机会。他们打算使一个发射强烈射电波的明亮的类星体、最大的行星木星和地球最强大的射电望远镜洲际观测系统排成一线，希望探测到木星的引力场使类星体的射电波发生的偏折。他们知道，选择木星做“宇宙透镜”来精确地测量引力是很合适的，因为“先锋号”、“旅行者号”和“伽利略号”宇宙飞船都飞越过木星，我们对它的质量和轨道速度非常了解。

2000年，通过把木星未来三十年的轨道与类星体的目录进行比较，科佩金发现，一个编号为J0842+1835的类星体将在格林尼治时间2002年9月8日16点30分与木星和地球排成一线。后来，当这一时刻到来的时候，虽然美国维尔京群岛的一台射电望远镜出现了故障，天气不好也使15%的数据丢失了，但预言的引力透镜效应的确观察到了。当把其余的数据代入科佩金改写的广义相对论方程中后，他们得出的结果是：引力的速度是光速的1.06倍。由于测量误差大约是0.21，弗马龙特和科佩金认为，引力可能的确是以光速传播的。它显然不可能瞬时传播，否则，这颗类星体的双像就会有微小的差别，而他们并没有观察到这种差别。

虽然广义相对论现在是宇宙学的一个主要部分，狭义相对论在物理学的许多领域，特别是高能粒子物理领域，都起着至关重要的作用，但仍有不少人反对相对论。正如爱因斯坦乐于承认的，他在科学中犯过不少错误，物理学家都知道这一点，这也许给了相对论的批评者以信心。斯蒂芬·霍金经常收到一些信，说爱因斯坦错了，正如他在本书中所提到的那样。1978至1988年间，物理学家约翰·利登曾在《美国物理学杂志》作编辑，他收到过“许多攻击相对论作者的稿件，他们声称发现了爱因斯坦所犯的各种错误。”发信人的动机各不相同：

> 许多稿件既受感情的驱使，也有理智的考虑。一些人觉得狭义相对论的结果过于抽象，与常识相差太远；一些人接受理论，但不承认它的内涵；另一些人只接受实验事实，而不接受一种本质上是纯思想的产物；还有一些人根本就不打算抛弃以太。不同的国家地域，不同的文化背景，反应也各不相同。

目前看来，绝大多数对相对论的批评都是错误的。但是正如物理学家乔奥·马古悠在本书中提醒我们的，“只要有一条好的理由，我们就应当随时准备放弃任何科学原理，无论它看起来有多么神圣。”马古悠等少数人认为，要想把引力量子化，

图6：2002年9月8日，木星途经地球和遥远的白矮星J0842+1835之间。利用VLBA等地球上的射电望远镜阵，科佩金和弗马龙特测量了它所导致的引力透镜效应，估算了引力的速度。

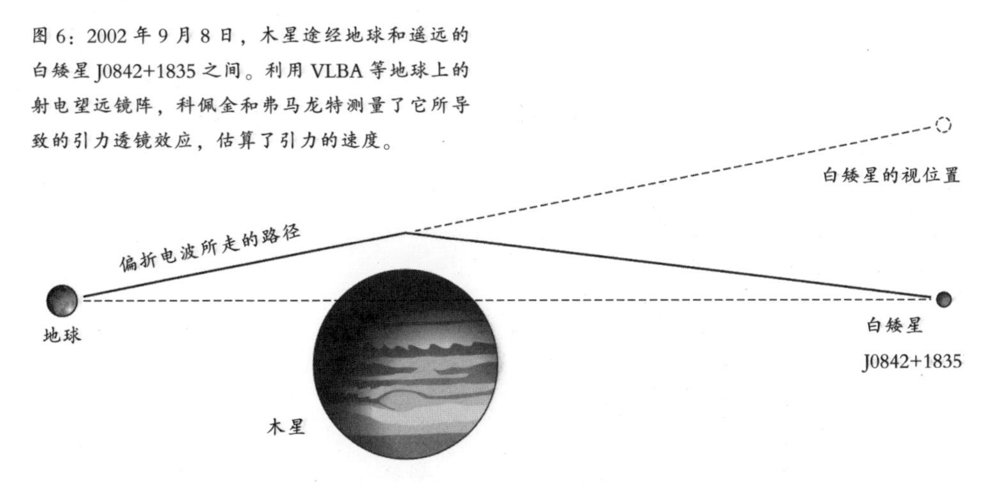

爱因斯坦和哈勃等人在加利福尼亚威尔逊山实验室，1931年，爱因斯坦第一次看到宇宙膨胀的证据之后，立即放弃了“宇宙学常数”

爱因斯坦在“比利时”号（Belgenland）游轮上，1930~1931 年。

要想解释宇宙的大尺度特征如何起源于大爆炸，就必须允许光速变化，至少是在极早期宇宙。爱因斯坦发表过不止一篇论文提到了变化的光速，这一事实激励了马古悠。虽然爱因斯坦不久就意识到他的论证是错误的，但这些论文表明，他并没有把光速的恒定性当作教条。

到目前为止，爱因斯坦最著名的错误是（他特意引起了公众对它的注意），1917年，他在1915年的广义相对论方程中添加了一个宇宙学常数。他之所以要加入这个常数，只是为了使他所提出的宇宙模型是静态的和永恒的，他认为宇宙应当是这样。由于宇宙学常数“只是对于一种准静态的物质分布才是必需的”，他自然认为这一项破坏了其原始方程的优雅。后来到了二十年代，哈勃望远镜对星系的观测表明，宇宙是不断膨胀的而不是静态的。1931年，在访问加利福尼亚威尔逊山天文台时，爱因斯坦看到了哈勃及助手赫马森所拍的星系照片，这个证据使他确信宇宙的确在膨胀。他立刻告诉记者，他将放弃宇宙的静态模型而倾向于宇宙的膨胀模型。宇宙学常数也许可以寿终正寝了。虽然爱因斯坦对当初加入这一项非常后悔，但他还是对场方程变得更具简单性感到高兴。

“然而，宇宙学常数不甘心就这样退出历史舞台，”温伯格1993年写道，

> 爱因斯坦1915年假设，场方程应当选择得尽可能简单。过去七十五年的经验告诉我们，不要相信这样的假设；我们往往会发现，我们理论中的复杂性的确发生了，它们并没有被某种对称或其他一些基本原理所禁止。因此，说宇宙学常数是一种不必要的复杂，这是不够的。简单性，就像任何其他东西一样，必须得到解释。

事实证明，温伯格的谨慎是有道理的。最近的观测表明，正如他和霍金在本书中所提到的，宇宙学常数不等于零。这似乎与宇宙正在加速膨胀有关。

爱因斯坦既然倾向于一个膨胀的宇宙，这就必然暗示宇宙有一个开端。但对于

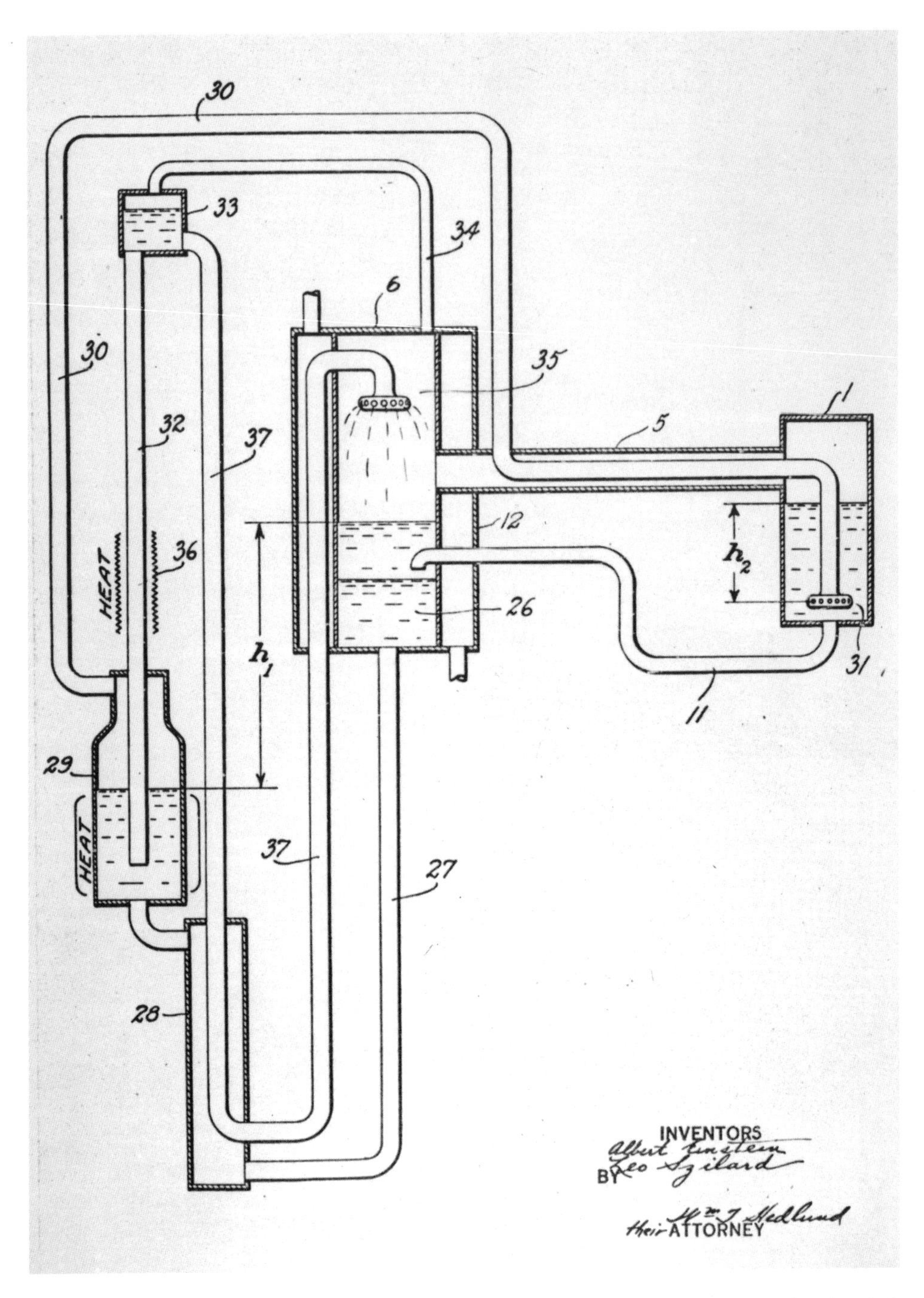

爱因斯坦和西拉德设计的冰箱泵。由于没有使用运动部件，该泵具有防漏的优点。他们把最初的两份设计方案卖给了伊莱克斯公司，后来有一份卖给了通用电力公司（AEG）德国分部。然而到了 1932 年，在总共提出了五份设计方案之后，这项工作就没有再进行下去，部分是因为人们发明出了一种更为安全的冷却剂氟利昂。后来，爱因斯坦/西拉德模型被用于核反应堆中液态钠制冷剂的循环。

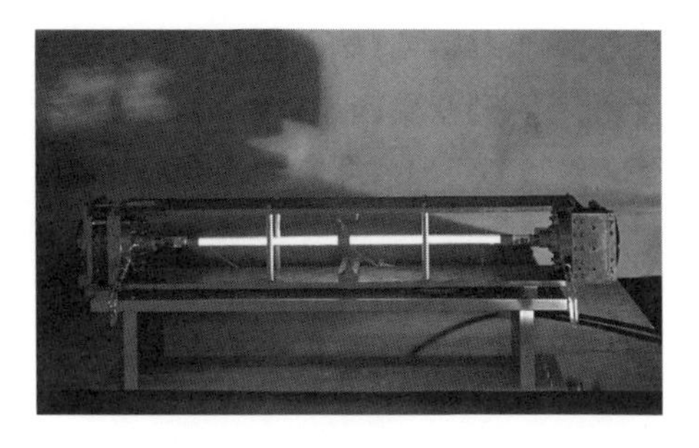

一台早期的激光器，西奥多·梅曼于美国制造，1960 年。虽然爱因斯坦本人并没有发明激光（这是查尔斯·汤斯等人的成就），但正如汤斯所乐于承认的，爱因斯坦关于光量子和受激发射的工作对激光的发明至关重要。

把广义相对论应用于宇宙学，他并没有多大兴趣。正如霍金所说，爱因斯坦似乎并没有认真看待宇宙的“大爆炸”起源（五十年代初为人所知），也不喜欢时间起点的概念。也许更让人奇怪的是，他对黑洞持拒斥态度，而在彭罗斯、霍金以及其他一些物理学家的工作中，黑洞正是广义相对论大显身手的理想舞台。弗里曼·戴森在本书前言中表达了一个困惑，爱因斯坦对奥本海默和斯奈德（1939年）所作的支持黑洞存在的相对论计算完全不感兴趣：“他怎么可能对他自己理论的一项如此伟大的胜利视而不见呢？”当然，爱因斯坦没有受到七十年代以来令人瞩目的天文学观测的恩惠，这些观测强烈暗示宇宙中存在着大量黑洞。然而，如果爱因斯坦倾心于一个理论，观测证据的缺乏不可能对他构成阻碍。理论物理学家基普·索恩提供了另一种可能的回答：“显然，任何落入黑洞的东西都出不来，无论是光还是其他东西，这就足以使爱因斯坦和当时大多数物理学家［包括爱丁顿］确信，黑洞是一种过于怪异的东西，它当然不应存在于实际的宇宙中。不知何故，物理学定律必须保护宇宙不受这样的怪物的侵袭。”

查尔斯·汤斯

关于爱因斯坦对宇宙学的贡献，我们已经说得够多了。现在让我们转回地球。从这位前专利技术员的理论观念中，人们发展出了许多重要的技术。（他本人的专利倒没有产生那么大影响，只不过他二十年代设计的罗盘曾被德国和其他国家的海军使用，他和西拉德在二十年代合作设计的防漏磁泵冰箱虽然没有投产，后来却被用于快中子增殖反应堆的制冷系统。）仅仅是爱因斯坦1905年发表的第一篇论文所解释的光电效应，现在就可用于研制太阳能电池、天文探测所使用的极为灵敏的光电倍增管，还可用于在黄昏时分接通路灯，控制复印机的色粉浓度，正确地曝光照相底片，在呼吸酒精检测仪中检测酒精和一种测试气体反应后出现的颜色变化等。“时隔一百年，技术专家仍然能够找到新的方式从爱因斯坦的理论中收获新发明，”《科学美国人》的一期爱因斯坦专号这样说。

他1905年的两篇关于分子大小和运动的论文也找到了实际应用。第一篇，也就是那篇关于微粒悬浮液的流变性质的博士论文（《分子大小的新测定法》），已经在建筑业和乳品加工业的相关研究中得到了广泛引用，比如沙粒在水泥砂浆中的运动，或者酪蛋白胶粒在牛奶中的运动；他的第二篇论文讨论的是布朗运动，它用数学说明了微粒在液体中的随机运动。这篇论文比那篇博士论文重要得多，因为它证明了原子和分子的存在。虽然这篇论文的实际影响没有那么大，但它最近促进了对包含污染物——如煤烟、病毒、细胞碎片和大的DNA残片——的液体进行过滤和分类的方法改进，这显然对血液和水的净化至关重要。所谓的“布朗棘轮”已经设计出来了，其基本原理是：就像爱因斯坦计算的那样，较之大微粒，布朗运动使小微粒发生的位移更大。当液体通过包含障碍物的微通道时，微粒因布朗运动而撞到障碍物上，于是便分开了；障碍物就像棘轮的棘齿一样只能沿一个方向运动。

1905年，爱因斯坦用光量子假说成功解释了光电效应，这一假说是激光的基础。然而，除了精巧的技术设计，激光的发明还需要两个理论概念：1917年提出的受激辐射以及辐射光的相干性，爱因斯坦虽然提出了前一概念，却没有提出后者。他预言，一个光子会激发一个高能态的原子发出两个同样能量的光子，但却没有指出它们是同样的拷贝。它们不仅有同样的频率（因为能量是相同的），而且振动步调一致，也就是说波峰和波谷的间隔相同，有固定的相位关系。相干光束由同相位的波组成，而不相干的光束——即实际的光（太阳光、灯光等等）——的波峰和波谷则以不同的方式排列。激光的力量正是来自于受激辐射中光的相干性和单一频率。爱因斯坦没有考虑相干性，这也许是他没有提出激光原理的原因。五十年代激光的发明者之一汤斯认为，从技术上讲，激光本应在二十年代问世。有趣的是，当激光最终被发明时，人们认为它不具有潜在价值。四十年后，激光在实验室外得到了广泛应用，比如眼科手术、切削工具、光纤、DVD播放器等等。

人类实现的第一次玻色-爱因斯坦凝聚也需要激光的参与。在这以前，科学家们从液氦的超流性推测出了玻色-爱因斯坦凝聚的奇异特性。在绝对零度以上大约2度时，液氦的黏性几乎完全消失。如果在一只空烧杯内注入液氦，液氦就可以“爬”上了杯壁，从杯外流下来，用一层薄薄的液膜覆盖杯的整个内外表面，并在杯底形成液滴。1938年，弗里茨·伦敦提出，这种奇特的现象也许可以通过玻色-爱因斯坦凝聚来解释。然而，真正的玻色-爱因斯坦凝聚需要一个更低的温度，而且单个原子（这次是铷原子而不是氦原子）必须用激光冷却。如物理学家托尼·海伊和帕特里克·沃尔特斯所解释的，这种技术的基础是：

> 假设气体中的一个原子以合适的速度运动，它恰好可以从激光束中吸收一个光子。当原子吸收光子时，它将由于碰撞而速度减慢。当然，光子最终

将被重新射出，不过是沿着随机的方向。由于激光束包含有许多光子，整个过程可以重复多次。其整体效应就像是原子进入了枪林弹雨之中，净效应则是使原子沿激光束方向的运动速度减慢，同时增加了沿其他方向的小的随机运动。

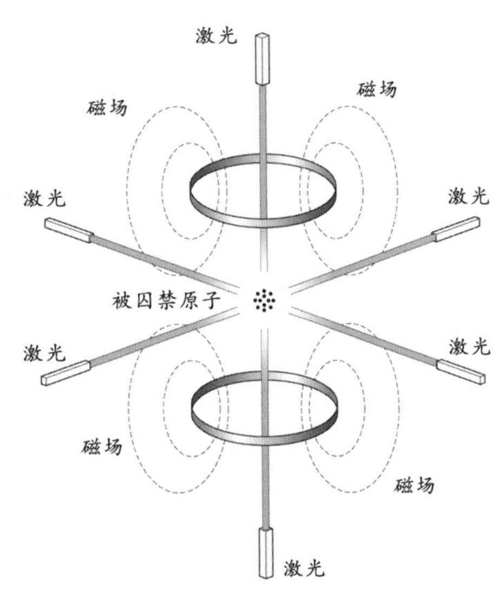

图 7：激光冷却与囚禁是二十世纪九十年代发展起来的一项新技术，1995 年，它使得人们第一次观察到了爱因斯坦七十年前所预言的玻色–爱因斯坦凝聚。六束激光使铷原子速度减慢并冷却，磁场把它们囚禁起来。

使用六束激光以及磁场［见图7］，可以使原子的运动减慢下来，最后被囚禁在一个微小的空间里。原子运动越慢，其温度就越低。最终，在绝对零度以上0.02度时，大约2000个铷原子出现了玻色–爱因斯坦凝聚，它们会像单个原子或“超原子”那样“统一行动”，这是1995年得到的成果。1997年和2001年，两个诺贝尔奖分别被授予六位物理学家，以表彰他们发明了激光冷却与囚禁技术，并且用这些技术第一次实现了玻色–爱因斯坦凝聚。

如果爱因斯坦活到今天，他自然会对自己1925年所作的预言得到实现而感到欣慰，但他更有可能为另一些实验结果所困扰。1935年，他曾与波多尔斯基和罗森共同提出了一个思想实验，对这个思想实验的实验检验对他不利。这篇论文（EPR）题为《能认为量子力学描述对物理实在的描述是完备的吗？》，这是爱因斯坦为了说明量子力学不能令人满意而做的又一次尝试。

1933年，他在给物理学家罗森菲尔德提出的一个问题中，概括了EPR的基本思想。爱因斯坦问罗森菲尔德：

> 你对下述情况怎么看？假定两个粒子［比如电子或光子］以相等的非常大的动量相向运动，当它们经过已知位置时发生了很短时间的相互作用。现在，一个距离相互作用区域很远的观察者得到了其中一个粒子，并且测量它的动量，那么根据实验条件，他显然能够推论出另一个粒子的动量；而如果他测量了第一个粒子的位置，他就能够推论出第二个粒子的位置。根据量子力学原理，这是一种完全正确的直接推理。然而，这难道不是悖论吗？第二个粒子的终态怎么可能由于对第一个粒子进行测量而受到影响呢？毕竟，它们之间的物理相互作用已经停止了。

爱因斯坦的意思是说，根据海森堡的测不准原理（粒子动量不确定性和位置不确定性的乘积必定超过一个已知常数），如果一个人通过精确测量一个粒子的动量来确定另一个粒子的精确动量，那么第二个粒子位置的不确定性就必定会增加。相反地，如果精确测量第一个粒子的位置，那么第二个粒子动量的不确定性就会增加。所以这些变化只能瞬时发生，通过某种速度比光还快的信号来传递。

而玻尔在对EPR论文的回应中，恰恰认为这是正确的。玻尔相信非定域实在性：两个粒子的确是因物理实在的本性而不得不以共谋的方式进行“合作”。不久，薛定谔把这一新的概念称为“纠缠”。

这对于爱因斯坦来说是完全不可接受的，他相信定域实在性。1949年，当他过七十岁生日时，他给玻尔复信说：“在我看来，我们应当绝对坚信：系统S_2真正的实际位置必定独立于与它在空间上相分离的系统S_1所发生的事情。”他还在一封写给玻恩的私人信件中说，他根本不相信“幽灵般的超距作用”的存在。

此后的许多年，这个问题仍然处于思辨领域。1955年，爱因斯坦去世，玻尔也失去了主要对手，玻尔对量子理论的看法后来被称为“哥本哈根诠释”。到了1966年，物理学家约翰·贝尔证明了一个定理，提出可以用双光子实验来检验纠缠是否存在。随着激光和光子探测技术的发展，现在已经能在一个光源产生的两个光子高速飞离的过程中，监控光子的相关度。这个实验始于七十年代，许多实验室为此做过努力，其中以阿斯派克特领导的小组的工作最为突出。到了九十年代，纠缠已成为一种真实的现象。量子理论和哥本哈根诠释又一次获得了胜利，纠缠也成了物理学的一个蓬勃发展的领域。虽然事实表明，爱因斯坦1935年的思想实验对于促成后来实际所做的实验是非常重要的，但这个实验所给出的回答却并不符合他的预期。

然而，量子理论为我们提供的物理实在图像的确很难理解，它充满了神秘，从波粒二象性开始就不可避免地把观察者卷入了被测量的波或粒子。在量子理论中，物理实在依赖于观察者，从而依赖于人的意识。我们大多数人都会本能地感觉，只有爱因斯坦毕生坚持的与人无关的物理实在才是真实的。从古希腊到现在，从这种实在观中已经产生了许多科学成果。也许正因为此，普朗克才会在1900年把量子引入物理学时感到极不情愿，并且在1905年以后抵制它越来越大的影响。这是因为，与爱因斯坦不同（从爱因斯坦晚年探索一种终极理论可以看出来），普朗克已经接受了这样一个事实，正如他本人所说：“科学不可能揭示大自然的最终奥秘，因为归根结底，我们自己就是我们正在试图揭示的奥秘的一部分。”

爱因斯坦的科学遗产

菲利普·安德森

爱因斯坦离开我们已经半个世纪了。关于他有着各种各样的秘密传闻，这也使得一部分人对他顶礼膜拜。在我看来，正是这种狂热的崇拜，致使数以千计的优秀物理学生完全走入了歧途。他们视爱因斯坦为“纯粹”理论家的典型，认为这个天才可以凭空产生思想，仅凭数学推理就能取得革命性的进展。学生们渴望以这个伟人为榜样，奉其言行为圭臬，特别是在高能物理屡屡受挫、停滞不前的这段时间，情况就更是如此。他们想象自己如果懂得高深的数学，就必定能够产生新的物理学洞见。

的确有物理学家近乎达到了这个理想。其中最著名的就是路易·德布罗意亲王，他曾在二十年代写出了第一个关于物质波的方程，并因此而获得诺贝尔奖。就像他自诩的那样，他从没有迈出他的房间一步。但在那以后，德布罗意再没有做出过什么成果，他不再考虑如何把他的物质波应用于实际的物理学。另一位诺贝尔奖获得者狄拉克也接近于实现这个理想，他所取得的最大成就几乎完全得益于数学。

但爱因斯坦却不属于这些类型中的任何一类，尤其是在他成果最为丰硕的时期。在他七十岁左右发表的《自述》中，他回忆起自己在苏黎世的学生时代，认为他“照理说应该在数学方面得到深造”，但他“大部分时间却是在物理实验室工作，迷恋于同经验直接接触。”他还写道：“在我的学生时代，我对高等数学没有多大兴趣。我错误地以为，数学分成了那么多专门领域，每一个领域都能耗费自己短暂的一生。我单纯地认为，一个物理学家只要能够清楚地理解基础的数学概念就足够了……其余的都是一些徒劳无益的、难以捉摸的东西。”考虑到这些表白代表了他在1905奇迹年那段时间的态度，他当时不可能太“错误”或者太“单纯”！

爱因斯坦终生都保持着对实验物理的兴趣，而且在大多数时候都认为，物理学从根本上讲是一门实验科学。只是到了晚年，他才致力于把引力和电磁力的量子理论统一起来，在这个过程中，他只进行单纯的数学思辨而压根不考虑经验。结果可想而知，他失败了。

爱因斯坦在普林斯顿的花园，1941 年 6 月。

爱因斯坦早期的大部分工作，特别是1905年前后做的，恰好是现在所说的凝聚态物理（我的专业）和原子物理方面的工作，所以我也许可以像其他领域的物理学家一样对此给出评价。事实上，爱因斯坦可称得上是第一位凝聚态物理的量子理论家。

不过我们还是先来说说相对论，这是爱因斯坦最有名的工作。相对论也不是拍拍脑袋就想出来的，而是受到了实验事实的启发。

爱因斯坦1905年写的关于相对论的论文是《论动体的电动力学》，用现代的术语来讲，它的论证是非常简单的：如果我们抛弃以太，假设电磁场在空间中自由传播而与场源无关，那么空间坐标就必定会服从麦克斯韦方程形式保持不变所要求的变换，这个结论已为洛伦兹所知，即所谓的洛伦兹变换。也就是说，方程在运动的参考系中必须保持不变。爱因斯坦并不是第一个建议抛弃以太的人，也没有发明洛伦兹变换，但却是第一个把两者结合在一起并且贯彻到底的人。他不需要迈克尔逊-莫雷实验告诉他麦克斯韦方程是不变的，关于这一点已经存在着相当多的证据，电磁感应就是例证——移动线圈还是移动磁铁，这无关紧要。（一般说来，谈论迈克尔逊-莫雷实验及其对相对论的“证明”或“否证”的大多数文章都没有什么价值。爱因斯坦只是出于礼貌，在两年之后善意地提到了这个实验。）爱因斯坦不久就把电磁场当成一种自由光子气来处理，如果它依赖于场源或以太，这样做就没有什么道理。

爱因斯坦在 1935 年。

我想说的是，爱因斯坦的相对论本质上始于麦克斯韦方程，也就是说始于麦克斯韦和洛伦兹用那些方程总结的一个世纪以来的艰苦实验（以赫兹证实电磁波为顶峰）。爱因斯坦并不是在凭空想象。我们甚至可以说，他的工作就是把各个实验点连接起来，这当然也是靠着他对“群体思维”的反感，对直觉的充分利用，以及对物理实在的深入研究。

那么广义相对论怎么样？它的实验基础就更清楚了，那就是引力质量与惯性质量的等效。经过了数百年的天文学观测，再加上弹道实验和其他一些基本的物理实验，这一事实已经相当清楚。爱因斯坦认识到，这一“明显”事实并不是毫无意义的，而是需要做出某种解释。我发现，他论述“等效原理”的第一篇论文1907年就写成了，并由此通向了广义相对论。他在文中已经导出了引力红移，所以他的物理理解超前于他1915年的数学理解，后者是在做了八年单调而繁重的计算之后获得的。也许正是他对那八年数学研究的骄傲才使他在前面引用的《自述》中加入了“错误地”一词。然而，即使他真的错了，他怎么可能知道广义相对论的出路在于研究微分几何，而不是研究（比如说）丢番图方程呢？

现在我们来看看爱因斯坦1905年的其他工作。在这一年中，爱因斯坦写了五篇论文，我将不以出版的顺序讨论，而将按照我所认为的重要性递增的顺序来谈。第一篇是爱因斯坦用若干年时间写出来的博士论文，是关于液体的分子理论的，称不上革命性成果。与之紧密相关的是他的布朗运动理论，这是一篇令人满意的经典统计力学论文，在五篇论文中我把它排第二位。值得一提的是，爱因斯坦直到这年底才听说布朗早在十九世纪二十年代就做过测量，所以直到1906年重新发表时标题才改为《论布朗运动理论》。这篇论文原先的标题是：《热的分子运动论所要求的静止液体中悬浮微粒的运动》，它写得很简洁，但我并不赞同那种关于它的神话。当时大多数物理学家已经相信了原子论以及玻尔兹曼、麦克斯韦和吉布斯所创立的统计力学，对原子半径和阿伏伽德罗常数也已经有了相当好的估计，所以爱因斯坦的论文仅仅对那些顽固派才有说服作用，改进的也只是一些数字。

根据我的评价，第三和第四篇论文，分别是关于相对论的论文以及由这篇论文简洁地推导出$E=mc^2$方程的论文。爱因斯坦不是因相对论而获得诺贝尔奖的，而是因为第五篇关于量子理论的论文而获奖的。这历来被认为荒唐可笑、有失公允。在这一点上，我属于少数派，我认为瑞典的做法很合适。显然，爱因斯坦本人也是这少数派中的一员，因为这是他一生中唯一用“革命性”来形容的论文。居然有人说他不喜欢量子理论！

在我看来，第五篇论文《关于光的产生和转化的一个启发性观点》是五篇中最重要的一篇，它基于另一个实验事实，即普朗克的黑体辐射定律。这篇论文包含了光量子假说：光就像一种由光子这种自由粒子所组成的气体，每一个光子都有精确的能量$h\nu$，ν是光波的频率。现代量子论直到这时才真正诞生，因为爱因斯坦在这里提出了一种量子场的思想，我们现在认为它是关于世界的普遍而基本的表示——任何物质或能量都是由粒子状的物体组成的，它们由量子化的场来描述。同时，他从根本上也认为，光遵从麦克斯韦的波动方程。所以在薛定谔提出波动方程之前二十年，我们就已经有了波粒二象性的思想：一种真正革命性的思想。

当然，即使是爱因斯坦也不是全知全能的。他根据玻色1924年从达卡主动寄来的一篇小论文，花了近二十年才得到了玻色–爱因斯坦凝聚理论的最终形式。在大部分时间里，他都对光子是否真正存在犹豫不决（“光子”这一名称直到1926年才确定下来，而且不是爱因斯坦提出的），以一种胆怯的心态不愿再去考虑自己1905年提出的那个美妙而大胆的假说。

然而，在他1905年的论文里，光子的确存在着。而且，在我这样一个“固体研究者”看来，爱因斯坦借助于这一思想立即解释了三个而不是一个实际的实验。其中之一与著名的光电效应有关。光子把能量传给了一个电子，电子在克服了表面束缚之后飞离了金属，它剩下的固定能量只与光的频率有关，而与光的强度无关。这个结论已经有了定性的证据，不久就会得到完全证实。光电效应现在仍然是凝聚态物质最重要的实验手段之一，在今天的任何一个实验里，我们都在利用爱因斯坦的“一个光子，一个电子”的概念。虽然经常有人说爱因斯坦的论文是在“专论”光电效应，但其实并不是这样。

他证实的第二个实验与气体的光致电离有关。

实验已经观察到，只有频率足够高（足够蓝）的光才能使气体电离，气体不同，要求的光的频率也不同。这也是光量子假说的一个必然推论。最后，爱因斯坦注意到，荧光——由于光的激发而发出的光——的频率几乎总要低于用于激发的光的频率。这一现象已经在实验上观察到了，被称为斯托克斯定则。它也只能通过光量子假说来解释。

1917年，此时距别人写出下一篇关于量子理论的论文还要几年，爱因斯坦对一种令人困惑的固体现象作出了量子解释，那就是，固体的比热在低温时为什么会减小。比热是指绝对温度提高1度所需的能量大小。经典统计力学模型把固体晶体中的原子看成好像由小弹簧相连，也就是说看成一堆“谐振子”，每一个振子都对比热做出了同样多的贡献。但是利用量子假说，我们可以得到，当一个振动量子的能量大于热运动能量时，振子就不再能够即时作出反应。为了给出一种粗糙但尚能使用的回答，爱因斯坦假设所有的小振子都具有相同的频率，这可以从晶体的弹性刚度和原子的质量估算出来。他假设，“声子”的能量分布与他先前假设的光子的能量分布相同（当然，“声子”一词还没有出现），正是利用这种假设，他对简单固体的一般行为作出了非常准确的解释。在某些情况下，我们仍然认为“爱因斯坦声子”是声子的相当好的近似。

爱因斯坦和爱尔莎在东京商业大学，1922年。

1911年，爱因斯坦出席了著名的索尔维会议，在会上，能斯特、普朗克、德拜等人建议理论物理学界认真看待量子理论。下一个理论时代的舞台搭好了，玻尔无疑是最受关注的人物。但爱因斯坦在我的专业领域所做出的贡献并没有就此止步。这里我只想提三个贡献。

第一个我很了解，因为我在我1919年的论文中用上了它。那就是光的吸收和发射之间的关系，即所谓的“A”“B”系数，这是爱因斯坦在1917年的一篇论文中提出的，这篇文章后来导致了激光的出现。这种关系后来被赋予了一个奇特的名字——“涨落-耗散定理”。我也许是第一个把它付诸应用的人。我希望能导出气体对微波的吸收光谱，但通过考察分子的运动来计算它们的发射光谱，然后再利用爱因斯坦的关系则要容易得多。在“凝聚态”理论中，对这些方法的种种推广现在已经极为常用。

另一个例子是爱因斯坦-德哈斯效应，它的名声有点不大好。爱因斯坦预言，使金属旋转将使它产生一定大小的磁矩。他的朋友德哈斯测量了磁矩，测量结果是正确的——但原来是德哈斯“择选”了数据，这无疑是由于爱因斯坦的巨大声誉。后来发现的电子自旋（1925年）——以及狄拉克1932年对原因的解释——表明，真正的效应应当是德哈斯测量结果的两倍，事实也确是如此。（研究一下这个系数在数年之内如何从1逐渐上升到2倒是一件有趣的事，虽然这与爱因斯坦没有什么关系。）

但爱因斯坦后来最著名的发现是自由的玻色原子会发生凝聚，形成后来所谓的超流体，这项成果受到了玻色1924年论文的直接启发。很不幸——或者对弗里茨·伦敦很幸运，他第一次注意到了爱因斯坦的发现的意义——到了三十年代末发现液氦的超流性的时候，爱因斯坦已经陷入了寻找统一场论的徒劳无益的思辨研究中，所以他没有对这项工作发挥影响。

总之，在伽利略和牛顿以来最伟大的两次物理学革命中，爱因斯坦都起到了重要的作用。在我看来，量子理论是更伟大的，相对论则稍逊一些。他几乎独自创立了相对论，在量子理论中也扮演了独特的、至关重要的角色。他的工作产生了一个副产品，那就是我有幸从事的专业。今天，“我的”爱因斯坦有被弦理论家劫掠的危险——我对此愤愤不平。

第八章　世界上最有名的人

“为什么相对论及其如此远离日常生活的概念和问题会在广大公众中引起持久而强烈的反响，有时甚至达到了狂热的程度，这一点我从来没有想清楚……迄今为止还没有一个答案能真正使我感到满意。”

——爱因斯坦，为菲利普·弗兰克的《爱因斯坦传》所作的序，1942年

《爱因斯坦即将做出伟大发现，请勿打扰》，这是1928年11月4日《纽约时报》上的一个大字标题。十天以后，该报又报道说：“爱因斯坦对新的工作保持沉默，不要过早乐观”。不久，为了躲避一切干扰，全身心地投入工作，爱因斯坦离开柏林躲了起来。他整个冬天都住在一个朋友那里，自己做饭，“就像从前的隐士”，他给老朋友贝索写信这样说。1929年1月10日，老友普朗克终于代爱因斯坦把他的新著《论统一场论》交送给柏林的普鲁士科学院，这引起了世界各大新闻媒体的极大兴趣。据说，爱因斯坦已经解决了“宇宙之谜”。索取信息的电报从世界各地接踵而至，上百位新闻记者被科学院挡在外面，直到1月30日那篇六页的论文在学报上发表。从送稿到发稿时隔三个星期，这对于一篇科学论文来讲是正常的，但是鉴于公众对论文内容的空前关注，科学院决定把学报的印量提高到1000份，结果很快就销售一空，于是又紧急加印了3000份，这创下了科学院学报的纪录。

爱因斯坦在瑞典哥德堡作诺贝尔讲演，1923年。

2月3日和4日，《纽约时报》和伦敦的《泰晤士报》用一整版的篇幅刊登了爱因斯坦的文章《新的场论》。它主要讨论了相对论，并试着解释了他最新的“距离平行”思想（他很快就抛弃了这一想法）。《纽约先驱论坛报》更是刊登了整篇科学论文的译文，包括其中所有的数学。由于电传收发信息的技术原因，数学符号不得不先以某种指定形式的代码从柏林传送到纽约的哥伦比亚大学，那里的一些物理学家会对公式进行解码，再为报纸重新组成公式——这当然不会出什么差错，只是我们不知道一份报纸能有多少读者有能力作出判断。

爱因斯坦和丘吉尔，1933年。这里是丘吉尔在查特威尔（Chartwell）的乡间别墅。他们都对纳粹德国的威胁有着清醒的认识。

塞福瑞吉（Selfridges）百货公司的做法最为特别，为了吸引顾客和过往行人，公司把爱因斯坦的六页论文一页页地贴出来展示在橱窗里。“一大群人围拢过来争相观看！”爱丁顿在2月11日给爱因斯坦的一封信中这样说。

1931年，卓别林的电影《城市之光》（*City Lights*）在洛杉矶首演。当爱因斯坦和妻子作为嘉宾出现时，全场沸腾了，人们纷纷起身热烈地欢呼，他们好不容易才通过了拥挤的人群——为了驱散人群，警察差点动用了催泪瓦斯。爱因斯坦有点困惑不解，他问卓别林这说明了什么。“他们欢迎我是因为他们都理解我，他们欢迎你是因为他们都不理解你，”卓别林打趣地说。

爱因斯坦的传记作者罗纳德·克拉克在半个世纪以后这样写道：“上至知识精英，下至黎民百姓，他的名声在世界上迅速地传扬开来，他唤起了人们宗教式的敬畏和近乎歇斯底里的热情，这一惊人现象从未得到过完全解释。”

这一切无疑都始于十年前爱丁顿等人在日食期间所作的观测。1919年11月6日，在伦敦举行的皇家学会和皇家天文学会的一次联席会议上，讨论爱丁顿率领的远征队所做出的发现被列为单独一项议事日程。出席会议的都是英国物理学界、天文学界和数学界首屈一指的人物。怀特海专程从剑桥赶来，描述了当时的场面：

> 会场的气氛极为热烈，简直像在上演希腊戏剧。我们是合唱队，评说着一个重大事件的演变过程背后的天条律令。整个演出充满着一种戏剧性，背景中牛顿的形象让我们想起，最伟大的科学体系在两个多世纪后终于第一次得到改进。这对于个人也至关重要，一次伟大的思想历险终于平安抵达目的地。

首先发言的是皇家天文学家弗兰克·戴森爵士（整个日食观测计划就是他1917

年发起的，尽管那时英国还在同德国交战），他简要介绍了远征队赴西非和巴西的经过，展示了1919年5月29日日食的一组照片，并且宣布："我们得到了非常明确的结果，光的确按照爱因斯坦的引力定律发生了偏折。"随后，爱丁顿代表非洲远征队，另一个天文学家代表南美远征队详细描述了观测情况。最后，两个科学学会的主席对戴森和爱丁顿表示了感谢。电子的发现者、皇家学会主席（牛顿曾经担任这一职位）J.J.汤姆逊爵士就相对论发表了看法：

> 这一结果并不是孤立的，而是整个科学观念体系的一部分……它是自牛顿时代以来关于引力理论的最重要的成果。皇家学会与牛顿关系紧密，在这样一次会议上宣布它，是再合适不过了……如果爱因斯坦的推理被证明继续有效……那么这将是人类思想的最高成就之一。

不过汤姆逊承认，相对论的确难以理解，即使是在数学上训练有素的物理学家也不例外。散会的时候，一位天文学家走到爱丁顿跟前，对他表示祝贺："爱丁顿教授，您一定是世界上懂得广义相对论的三个人之一。"爱丁顿没有说话。这位同事接着说，"不必过谦。"爱丁顿回答说："恰恰相反，我正在想谁是第三个人呢。"这个故事后来广为流传，许多报刊甚至还把它当成了一种游戏，来猜测世界上真正懂得相对论的人到底有多少。

第二天，也就是11月7日，《泰晤士报》的头条是英王乔治五世宣布庆祝11月11日与德国休战一百周年，然后就是关于这次科学会议的报道以及一篇相关的社论。它以《科学中的革命——宇宙新理论——牛顿理论被抛弃》为大标题，副标题则是：《重要声明》（出自汤姆逊）和《空间"被弯曲"》。社论说，"许多著名的专家学者均以为，我们已经到了这样一个关口，长期以来被认为确定无疑的一些东

爱因斯坦和爱尔莎（坐着，左数第五位）在新加坡，1922 年。他们是当地犹太社团的嘉宾。

西将遭到质疑，一种关于宇宙的新哲学需要建立起来，这种哲学几乎将彻底推翻我们目前所认为的物理思想的公理基础。”在大西洋对岸，《纽约时报》虽然被英国报纸抢了先，但它11月9日发表的公告更加引人注目。它共有六个标题，头条是：《天空中所有的光线都是弯曲的》，然后是：《星星不再是我们所看到的和计算的，但是不要担心》，最后是小标题：《12位智者的书》，《爱因斯坦说，全世界理解它的不超过12个人，但大胆的出版社接受了它》。《纽约时报》和《泰晤士报》都在报道中把爱因斯坦的名字标记了出来。

爱因斯坦和爱尔莎在“北野丸”号船上，1922年赴远东旅行途中。

这差不多也标志着相对论在美国物理学界正式扎根落户。如果不是爱丁顿使相对论看似可以接受，建立在纯理论基础上的相对论必定会在美国遭到普遍的质疑。迈克尔逊是美国第一位诺贝尔物理学奖得主（主要是由于探测以太的迈克尔逊–莫雷实验而获奖），他直到1931年去世时都不肯相信相对论。哥伦比亚大学的天体力学教授普尔说，“爱因斯坦所宣称和引用的那些所谓的天文学证据其实并不存在”。他想起了路易斯·卡罗尔：“我读过不少关于第四维和爱因斯坦相对论的文章，以及其他一些关于宇宙构造的思辨推理；读过之后，我的感觉就像参议员布兰德基在出席华盛顿的一次著名宴会之后的感觉，他说，‘我感觉自己好像在同艾丽丝一起漫游仙境，和疯帽匠一起饮茶。’”有一位名叫吉列的工程师更是出奇愤怒，他称相对论为“智力愚钝的低能儿……斗鸡眼的物理学……完全疯癫……一派胡言……伏都教的呓语。”

爱因斯坦和比利时王后伊丽莎白。

到了1940年，吉列说，“相对论将被后人视为一个玩笑……爱因斯坦已经死了，葬在安德森、格林和疯帽匠的旁边。”然而，这些出自专业人士的激烈批评只能引起美国公众对这一新的科学发现的更大兴趣。1921年，爱因斯坦第一次到美国访问，当他在美国自然史博物馆作演讲时，纽约市不得不出动大批警察来平息他们的第一次“科学骚乱”，因为听众们为了争相入场造成了拥堵。

我们也许已经预料到，在斯德哥尔摩的瑞典科学院中，怀疑者占了大多数。爱因斯坦最早于1910年获得诺贝尔物理学奖提名，之后除1911年和1915年以外，年年获诺贝尔奖提名。1920年，在宣布广义相对论得到证实之后，他的提名呼声更高。但物理委员会的一个重要成员仍然坚持说：“即使全世界都呼吁，爱因斯坦也绝不能得诺贝尔奖。”1922年，外界的压力已是势不可挡，诺贝尔奖委员会终于把迟到的1921年诺贝尔奖颁发给了爱因斯坦。但我们知道，爱因斯坦不是因相对论或光量子而获奖，而是因为“他发现了光电效应定律”——这就意味着，按照通行的惯例，他的诺贝尔讲演就必须是关于这个话题。（最终，由于公众以及瑞典国王的兴趣，爱因斯坦在1923年7月发表讲演时还是作了题为相对论的演讲。）

1919年11月初，与他那富有争议的理论完全不同，英文报刊从来没有介绍过爱因斯坦本人。《泰晤士报》的报道只提到了“著名物理学家爱因斯坦”，而没有给出他的年龄和全名，也没有提及他在柏林工作。但相对论的不可思议，使得媒体更希望了解隐藏在它背后的个人信息。经过接触和采访，人们很快就发现爱因斯坦是一个反应灵敏、机智幽默的人，而且也极为擅长对自己的思想进行普及。不过，甚至连他也无法让那些没有受过数学训练的人轻松地理解相对论。在为普通读者写的小书《狭义与广义相对论浅说》中，他仍然感到有必要引入一些数学，即使那只是一些中学的数学知识。普朗克曾经说过：“爱因斯坦相信，如果他时而加入一些‘亲爱的读者’，他的书就会变得更加容易理解。”——后来这句话常常被爱因斯坦引用。后来，由于新闻记者和公众总是要他解释相对论，他不得不让秘书向他们做出这样的解释：“你和一个漂亮姑娘在公园长椅上坐一个小时，觉得只过了一分钟；你紧挨着一个火炉坐一分钟，却觉得过了一个小时，这就是相对论。”

他喜欢传播他的思想，这无疑加深了他在公众中的形象。爱因斯坦的著作，无论是科学方面还是其他方面，读起来一点都不晦涩，因为他总是力图使语言尽可能地清楚明白。这种态度似乎也可以从他的谈话中反映出来。他从未像一个公认的权威那样向别人发号施令，而是诚心诚意地向他尊敬的人学习，表现出一种真正的谦卑。虽然他有太多原创性的思想，但他却拥有让自己被别人理解的天赋。对于新闻记者来说，只要是对爱因斯坦的采访，销量肯定不成问题。

柏林的新闻记者莫什科夫斯基很早就发现了这一点，他后来写了第一本关于爱因斯坦的书。他的《与爱因斯坦交谈》（*Conversations with Einstein*）一书主要描写了他们在1919年至1920年间的会面，这本书使爱因斯坦声名大振。虽然莫什科夫斯基不是科学家，但他通过对爱因斯坦性情的生动描绘弥补了他对科学的不擅长。莫

1933 年“比利时”号抵达纽约时，爱因斯坦不得不回答记者们所提出的上百个问题。

什科夫斯基说，“我们都知道（显然是对爱因斯坦的德国读者说的），没有什么能够标志着爱因斯坦讲演的结束；任何人，只要他被某些疑难或怀疑所困扰，或者渴望在某一点上受到启发，或者错过了某一个论证，都可以自由地向他提出问题。不仅如此，爱因斯坦对一切问题都面无惧色。”有一天，他们正要进行一次谈话，此时爱因斯坦刚刚作完一个关于四维空间的讲演，它引起了一场激烈的争论。“他并不是把它看成一种痛苦的经历，而是视之为一次让人精神舒爽的沐浴。”

由此可见，爱因斯坦在二十年代早期之所以这么快就有了崇高的威望，他本人愿意接近公众肯定是一个重要原因。另一个原因想必是历史的原因。1919年，在一场史无前例的流血冲突结束之后不久，英国科学家证实了一个德国科学家的理论。由于人们都急切地盼望和平，敌对双方的这次合作就像是天意的安排。12月1日，爱丁顿对爱因斯坦说：“对于英德两国的科学关系来说，没有什么事情能比这最好了。”莫什科夫斯基赞同这种说法，不仅如此，他还听到了一种更为悠远的声音：“他是仍然健在的哥白尼，他在我们当中推进的思想使我们的感情得到了升华。无论谁对他表示敬意，都会有一种超越时空展翅翱翔的感觉，在现在这样一个没有光亮的时代，这种致意预示了幸福的到来。”

当然，爱因斯坦出名的另一个原因肯定源于他那大名鼎鼎的理论：相对论。这一名称早在1906年就出现了，不过它不是爱因斯坦取的，而是普朗克和其他一些人定下来的。爱因斯坦对它从来也没有完全满意，他宁愿给它取一个与不变量或不变性有关的名称，但是在1911年前后，他默许了这个名称，并且开始把它用在自己的著作里。“‘相对论’一词是个不幸的选择，”著名物理学家索末菲后来写道，“它的本质其实并不是空间与时间的相对性，而是自然定律不依赖于观察者。这个糟糕的名字已经对公众产生了误导，他们认为这个理论包含了伦理概念的相对性，有点像尼采的《超善恶》（*Beyond Good and Evil*）。”不管怎么样，随着时间的流逝，在许多没有科学头脑的人看来，相对论几乎就意味着想怎么想就怎么想，这差不多刚好与爱因斯坦的原意相反——这就好像说：“一切都是相对的”。

此外，公众对相对论和宗教的兴趣也是一个原因。科学与宗教的对立总是使公众感到不安。1921年，爱因斯坦访问了英国，在回答坎特伯雷大主教的一个问题时，爱因斯坦肯定地说：“相对论是纯科学的东西，它与宗教无关。”但他的看

爱因斯坦1921年第一次访问美国时，受到纽约车队的迎接。

爱因斯坦和爱尔莎在日本京都的一次茶道仪式上，1922 年。

法并不总是如此明确，关于科学与宗教的关系，他写了不少文章。有许多人，包括一些物理学家，的确看到了它们之间的一种关联。比如爱因斯坦去世以后，薛定谔曾在一次演讲中谈及狭义相对论：

> 它意味着时间不再是一个从外部强加于我们的严厉的暴君，意味着从"过去和未来"这一牢不可破的规则中解放出来。这是因为，时间实际上是我们最严厉的主人，它似乎把我们每个人的存在都限制在狭窄的范围之内，如摩西五经所说的七八十年。能够和这样一个被认为是牢不可破的规程周旋，即使是以一种微不足道的方式，也已经是一种很大的宽慰。它似乎激励了这样一种思想，即整个"时间表"也许并不像它初看起来那样严肃。这种思想是一种宗教思想，不仅如此，我应当把它称为唯一一种宗教思想。

要想解释爱因斯坦的名声，还有一个原因不能不提，那就是他毫不妥协的个人主义。他的观点自始至终都是他本人的，无论这些观点使他更受欢迎还是不受欢迎，是面对权威还是面向大众，是在德国、美国，还是在其他地方。

我们将在以下各章中不断地看到这一点。全世界的人都感受到了爱因斯坦身上的正直，无论是他公开发表的声明，还是当他二十年代在欧洲、美洲、巴勒斯坦和远东旅行时，人们私下里与他进行的接触——无论是卓别林、丘吉尔，还是一名普

爱因斯坦和卓别林在卓别林的电影《城市之光》首映式上，
洛杉矶，1931 年。

通的学校老师或管子工。萧伯纳在伦敦举行的一次宴会上向他致敬，说他是“一个不创造帝国而创造宇宙的伟人，他的手上没有被任何一个人的血所玷污。”萧伯纳说这番话的时间尚早，二战以后，爱因斯坦俨然成了圣人，一头乱蓬蓬的白发，身着汗衫而不是套装，穿鞋但不穿袜子。他的正直使人们对他和他的思想感到好奇，虽然很少人能够理解。1922年，为了庆祝日本皇族与民众的联姻，日本政府在东京的皇家花园里举办了传统的菊花节，前来游玩的日本民众最为关注的是作为嘉宾的爱因斯坦，而不是皇后、摄政王或皇太子，完全没有顾忌皇族的情绪。德国驻东京大使馆向柏林报告说，“大约有3000多名参观者……由于爱因斯坦而完全忘记了那一天的本来含义。所有的目光都围着爱因斯坦转，每个人都希望能够与这位当今最著名的人握一握手。”

备受关注的爱因斯坦并不反对自己成为世界上最著名的人，虽然他并不追求这种角色。他曾明确表示，希望通过合理地利用自己的名声，来推进他所信仰的伦理目标的实现。但他并没有声称已经看清了自己的诉求。爱因斯坦1944年问《纽约时报》的一个记者，“为什么没有人理解我，却都喜欢我？”。五年以后，在70岁生日时，他在给朋友玻恩（他在爱因斯坦出名以前就认识他）的信中给出了一个典型的科学类比：“我真的不理解我为什么成了一个偶像。我想这大概与一场雪崩为什么会被某一粒灰尘所触发，以及它为什么会沿着一定的路向一样不可理解。”

爱因斯坦在伦敦萨沃伊酒店（Savoy Hotel）的一次备受瞩目的筹款宴会上发表讲演。中间是罗斯柴尔德爵士，右边是萧伯纳，1930年。

第九章　个人生活与家庭生活

“我最佩服的是，作为一个人，他不仅能够做到多年来同妻子过着安宁的生活，而且始终和谐美满，而我却两次都没有做到，这是很可惋惜的。”

——爱因斯坦，悼念贝索的信，1955年

1955年4月，爱因斯坦去世了。在他生命中最后的几十年，他的继女玛戈特和他的关系一直很融洽，他临终前也守护在他身旁。爱因斯坦去世后不久，玛戈特给他的一个老朋友马克斯·玻恩的妻子海德维希·玻恩写信说：“他平静地离开了这个世界，没有伤感，也没有遗憾。”马克斯·玻恩后来称：“他走了，我和妻子失去了我们最挚爱的朋友。”——这也是《玻恩-爱因斯坦通信集》的结束语。

这寥寥数语中包含着一个关于爱因斯坦的不可回避的事实，那就是：他对他的朋友和整个世界都很重要——但是对于他来说，路一旦不继续走下去，这个世界，甚至是他的朋友，就没有那么重要了。他曾在《我的世界观》中这样说，“我实在是一个‘孤独的过客’，我从未全心全意地属于我的国家，我的家庭，我的朋友，甚至我最亲近的人。”这是他在五十岁左右表达的一种信条。

爱因斯坦第一个妻子米列娃·玛里奇和两个儿子爱德华和汉斯·阿尔伯特，1914年。他们于这年分居。

我们也许会觉得，这种对人生的看法过于黯淡，但无奈之中确有真诚，许多天才在晚年似乎也都持类似的看法。爱因斯坦在其漫长而动荡的一生中，实际上从不多愁善感，很少会感到遗憾。他的第二个妻子爱尔莎（玛戈特的母亲）向她的一个女朋友透露，“没有什么不幸能够真正影响他，他非常善于摆脱悲伤，重寻欢乐，这也是他为什么能工作得那样出色的原因。”此时爱尔莎的大女儿伊尔莎刚刚病故，爱尔莎还没有从痛苦的打击中恢复过来。爱因斯坦全集的编者之一罗伯特·舒尔曼曾经强调（见本书收录的他关于爱因斯坦写给第一个妻子米列娃的情书的文章），“毫无疑问，爱因斯坦对科学的献身的确要优先于他对感情的付出。”

爱因斯坦、儿子汉斯·阿尔伯特以及孙子伯纳德，1932 年

1900年左右，爱因斯坦无疑爱恋着米列娃，无论他此时对物理有多么投入。在一封信中他这样说：“我若没有你，真觉得自己仿佛是残缺不全似的。我坐着时就想要走，行走时就盼望回家，消遣时想要学习，学习时不能冷静地沉思，就寝时又不满意度过的这一天。”几个月后，他写道：“对我来说，你现在是而且以后仍旧是一块任何人都不准入内的圣地；我也知道，在所有的人之中你爱我最深切，也最理解我。”后来，在她怀孕以后，他仍然说：“当你成为我的爱妻之时，我们要充满热情地一道从事科学工作，到老也不变成庸人，对吧？我觉得我妹妹就很愚钝。我决不允许你变成这种人，那对我是不堪忍受的。你必须永远是我的女妖和街头的淘气鬼。我很想念你。要是能拥有你片刻就好了！”

然而，即使在这亲密的言语之间，也有迹象显示未来会出麻烦。阿尔伯特总是主动的，米列娃却基本上是被动的。他需要爱，但他很快就会发现，对爱做出回报并不是一件容易的事。尤其是，他希望做科学，而米列娃却把“人的幸福”看得比“任何其他成功”更重（她对她最好的朋友这样说）。不仅如此，爱因斯坦的母亲始终都坚决反对她的儿子与米列娃结婚，这也是情况很快就出现恶化的一个原因。

1902年1月，他们的女儿莉泽尔降生，一年以后他们才正式结婚。当时，爱因斯坦还没有工作，直到那年6月，他才在瑞士专利局找到了一个职位。然而，他和米列娃都知道，有了这么一个私生子，要想进入瑞士中产阶级社会成为一名公务员是不可能的。他们很可能在1903年前后把莉泽尔送给了米列娃的出生地塞尔维亚的某户人家收养，那时爱因斯坦已经结婚，居住在伯尔尼。不过这件事目前只有间接的证据，还不能完全肯定。

次年，他们的第二个孩子，也就是大儿子汉斯·阿尔伯特出生，二儿子爱德华则生于1910年。在此期间，他们的生活很是拮据，直到1911年爱因斯坦升任布拉格的正教授，情况才有所改善。爱因斯坦曾经做过家教，挣钱补贴家用，从他的学生那里，我们可以得知爱因斯坦家里的一些情况。达维德·莱欣施坦回忆说：

> 我走进爱因斯坦的房间，发现他正在那儿做哲学的沉思默想，一只手还在不停地摇着摇篮，孩子就躺在摇篮里。（他的妻子在厨房里忙活。）他嘴里叼着一根质量很低劣的雪茄烟，另一只手里有本打开的书。炉子里正在猛烈地冒烟。生活在这样一个世界，他竟然还能忍受！

有一次，他躺在沙发上睡觉，这个炉子冒出的烟差点使他窒息。要不是他的朋友海因里希·仓格尔偶然来访，并迅速打开窗户，他可能就没命了。汉斯·坦纳是爱因斯坦的第一个博士生，他的描述甚至更为生动：

> 他坐在书房里，面前是一堆写满了数学公式的稿纸。他左手抱着他的小儿子，右手却在那里奋笔疾书。他的长子在玩积木，不时向父亲提些怪问题。“等一会儿，我马上就好了，”爱因斯坦总是这样回答。最后，他干脆把两个孩子交给我照管，脱身后便伏在桌案上不停地写。这让我领略了他异乎寻常的专注能力。”

当然，爱因斯坦此时已经发表了1905年的那些著名论文，正在向广义相对论迈进。他和妻子显然已经不再讨论物理。有人根据一些零星的线索就断定，在他们刚刚结婚的时候，米列娃对爱因斯坦的思想起了关键性的作用，甚至认为爱因斯坦的相对论论文应当署上他们两人的名字（就像皮埃尔·居里和玛丽·居里的合作一样）。然而，只要我们查看一下米列娃的教育档案和通信，就会发现这种可能性几乎为零。当她在萨格勒布上学时，她无疑在数学和物理上表现很出色，在当时，这些科目对于一个女孩来说是很难掌握的。然

爱因斯坦、他的继女伊尔莎和女婿鲁道夫·凯泽尔（他写了一部爱因斯坦传记）。

而，她当初报考苏黎世理工学院的第一志愿是医学而不是物理学。1900年，她没能通过期末考试，主要是由于数学成绩不佳。她唯一一次谈及爱因斯坦1905年的论文，是在一封给她最好的朋友的信中，而且也只是间接提了一下："他已经写了很多文章了。"大约四年以后，米列娃又对这位朋友说："他现在被认为是德语物理学界最杰出的人物，他获得了很多荣誉。看到他的成功我很高兴，因为他的确应该得到这一切。我只是希望这种名声不要对他的人性有不好的影响。"至于有人说，爱因斯坦的成功是和米列娃合作取得的，研究爱因斯坦的学者们均以为不可信，这种说法主要是一些塞尔维亚作者提出来的，也许是出于爱国的考虑吧。

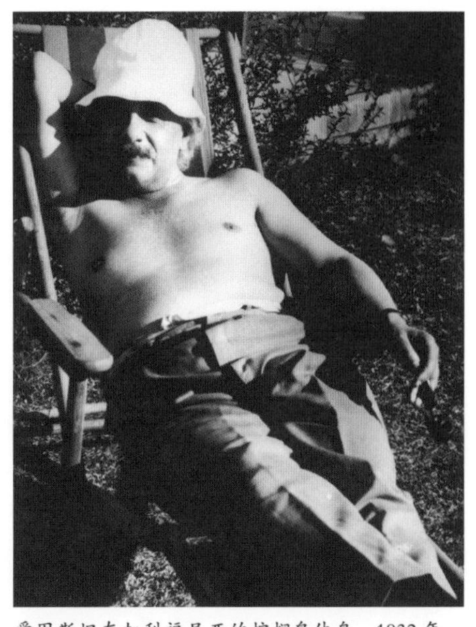

爱因斯坦在加利福尼亚的棕榈泉休息，1932 年。

1919年，爱因斯坦曾经坚定地支持杰出的女数学家埃米·诺特留在德国大学任教，从而打破大学教师只能由男性担任的惯例。但随着时间的流逝，爱因斯坦似乎越来越感到，女性不适合学习数学和物理。二十年代，爱因斯坦喜欢上了伯尔尼的一个年轻的女物理学家埃丝特·萨拉曼。她对爱因斯坦说，她可能缺乏理论物理学所需要的创造性。爱因斯坦回答："有创造性的女性是很少的。我不会让我的女儿去读物理。我很高兴我的妻子不懂任何科学；我的第一个妻子懂。"但玛丽·居里难道没有创造性吗？萨拉曼疑惑地问。"我和居里一家度过几次假，"爱因斯坦说，"居里夫人从来没有在意过鸟儿的鸣唱！"爱因斯坦在第二个妻子面前则更加直言不讳，说居里夫人"颇具才智，但是感情冷淡，就像一条鱼，她不大通晓快乐与痛苦的艺术。"居里夫人去世后，他公开赞扬她的"品德力量和热忱"，但即使在这个时候也禁不住加了一句：她有"一种无法用任何艺术气质来缓解的少见的严肃。"不过，尽管有这些评价，爱因斯坦还是告诉萨拉曼："我不大喜欢跟人打交道，对家庭生活也并不热衷。我渴望宁静。我想知道上帝是如何创造这个世界的。"不过，她没有完全相信他的话。她觉得他有一种与人接触的强烈愿望，却又对此感到恐惧。"他的话是对他内心自我的一种掩饰，而不是表白。他对人很友善，但并不与之亲近，甚至对他们缺乏信心。"

在爱因斯坦的一生中，大男子主义的表现并不少见。虽然在他那个时代的大学风气中，这也许很有代表性，但爱因斯坦比他的某些朋友（比如贝索）走得更远。《爱因斯坦语录》中收集了他最好的一些评论，在这本颇具启发性的书中，论及"女性"的短短一节却令人泄气。然而，从爱因斯坦的信件和几次恋爱来看，他又

爱因斯坦、他的继女玛戈特以及犹太教拉比斯蒂芬·怀斯在1939年纽约世博会开幕式上。爱因斯坦写了一封信，装在一个坚固的金属封包里，将在地下尘封五千年。

显然喜欢女性的陪伴，有时这些友情还很亲密——“爱因斯坦喜欢调情，”这是《爱因斯坦的私生活》（*The Private Lives of Albert Einstein*）一书的作者根据可靠的证据得出的结论。在他认识的女人中，没有一个（甚至包括米列娃）曾经公开指责过他，尽管在这样的名人身上做文章是有诱惑力的。而且，爱因斯坦最忠实的支持者是一位女性，那就是为他工作了三十多年的秘书海伦·杜卡斯，同时也是他的遗嘱执行人之一，她在爱因斯坦去世之后强烈反对探查他的私生活。总的说来，虽然爱因斯坦对女性的智力有相对较低的评价，但他绝不是一个厌恶女人的人。他对女性的态度有些矛盾。但毋庸置疑的是，他不大善于处理婚姻关系，爱因斯坦本人也公开承认过这一点。

1914年，随着爱因斯坦迁居柏林，他的家庭也走到了破裂的边缘，米列娃不久就带着两个儿子回到了苏黎世。爱因斯坦仍然尽可能地与两个儿子保持联系，但这并没有化解双方的痛苦。1918年，在他们的朋友贝索和仓格尔的调解下，米列娃同意了分手，离婚程序启动了。双方订立了一个独特的协议：爱因斯坦要用将来获得的诺贝尔奖金抚养米列娃和两个孩子。显然，她仍然对丈夫的天才保持着原有的信心。至于爱因斯坦，则不得不承认与他人私通。1919年初，也就是在他轰动世界的那一年，他们在离婚协议上签了字。几个月以后，爱因斯坦又组建了新的家庭。

爱尔莎·勒温塔尔（娘家姓爱因斯坦）是她的表姐（也是堂姐）。她的母亲是爱因斯坦母亲的姐姐，父亲则是爱因斯坦父亲的堂兄。她也离过婚，带着两个女儿伊尔莎和玛戈特住在柏林。爱因斯坦小时候住在南德时就认识她。到了学生时代，当爱因斯坦和喜欢沉思的米列娃结婚时，爱尔莎在他眼中代表着布尔乔亚的庸俗和贪图安逸，而这些都是他所反对的。“盛年时的她也许会在瓦格纳作品的一个业余水平的演出里饰演一个女武神。”（引自《爱因斯坦的私生活》）然而，当爱因斯坦1912年访问柏林期间见到她时，却产生了不同的看法，并开始了与她的一段婚外情。她主要关注的是家庭而不是思想。她虽然爱好文学（她曾经当众朗诵诗歌），在科学方面却完全是个外行。爱因斯坦最终和她结婚，说明母亲保利娜的看法一直都是正确的。从1919年起，直到1936年爱尔莎在普林斯顿去世，爱尔莎一直是他忠

爱因斯坦和妻子爱尔莎在第一次赴美途中，1921年。

爱因斯坦和女婿鲁道夫·凯泽尔。

实的伴侣，在他周游世界时陪护左右，毫无顾忌地欣赏着他的名声——给了这个伟人的无数的照片一种戏剧性的荒唐感——也甘愿忍受他与其他女子的风流韵事（这些事情爱因斯坦并不向她隐瞒）。

离婚以后，爱因斯坦与第一个妻子的关系后来有了回升，他会定期到苏黎世看望米列娃和孩子们。在她生命的最后二十年里，他们通了上百封信。1948年，米列娃的病久治不愈，在苏黎世孤独地离开了人世。汉斯·阿尔伯特和爱德华是米列娃拉扯大的，不过爱因斯坦很关心他们的教育。但是他的插手并没有给两个孩子带来好的结果。

汉斯·阿尔伯特决定像父亲一样从事科学研究，他后来成了一个国际知名的水力工程师。然而，爱因斯坦对应用科学没有任何兴趣。汉斯·阿尔伯特15岁时，他们发生了一次激烈的争吵。“我认为这种想法令人厌恶，”爱因斯坦说。“可我就是要当工程师，”汉斯·阿尔伯特坚持己见。爱因斯坦头也不回地走了，称自己永远也不想再见到他。过了些时候，他冷静了一些，米列娃从中调解，使他们恢复了和气。最后，爱因斯坦终于同意了儿子的选择。但是在汉斯·阿尔伯特的婚姻上，他们又发生了严重的冲突，爱因斯坦喋喋不休地重复着一些他自己的父母反对他的婚姻时所说的话。1938年，汉斯·阿尔伯特一家随父亲和继母一起移居美国，他们最终定居在加利福尼亚的伯克利，离普林斯顿很远。虽然公开的冲突是没有了，但父子之间仍然保持着距离，尽管他们都很喜欢音乐和驾驶帆船出游。在工作中，爱因斯坦这一姓氏往往会给汉斯·阿尔伯特带来尴尬，所以他会尽可能地避免谈及他著名的父亲。

爱德华·爱因斯坦的生活很不幸，甚至充满了悲剧性。爱德华十几岁时就显示出了他父亲的天才，这一点与他的哥哥不同。不过他的才华表现在文学和音乐上，而不是在科学上。起初，爱因斯坦还对他勉励有加，但后来却认为爱德华越来越自命不凡。不久，爱德华迷上了精神病学和弗洛伊德，他的父亲对弗洛伊德知道一点，但并不相信他提出的思想。在苏黎世大学研究精神病学时，爱德华患上了严重的精神忧郁症，最终导致精神崩溃。他对自己的父亲提出了严厉的控诉。1932年，他被送往苏黎世的一家精神病院，而这只是对他的精神分裂症进行漫长治疗的开始。贝索和仓格尔敦促爱因斯坦去照料爱德华，但爱因斯坦拒绝了，理由是：这种疾病是从米列娃那里遗传来的，“分泌系统的问题”谁都无能为力。正如他两年前对泰戈尔讲的：“在无机界中显示出来的事件的规律性，难道会因我们的大脑活动而不再有效吗？”对爱因斯坦来说，这种决定论的哲学信念显然使他放弃了对自己生病的儿子担负起个人责任。

爱因斯坦仅在1933年到精神病院看望过爱德华一次，那时距他永远离开欧洲到美国定居还有几个月。此后，爱因斯坦虽然继续为爱德华的治疗提供费用，并为他担心，但甚至连信都没给他写过。1952年，爱因斯坦对爱德华的忠实护理者卡尔·塞利希表示了感谢，其间谈起了爱德华：“他实际上是我唯一放心不下的人。其余的已经解脱了，不是被我，而是被死神之手。”就在爱因斯坦去世的前一年，他为自己没有直接给儿子写信而请求塞利希原谅：“在这后面有一种东西阻挡着我，我无法完全说清楚。但我相信肯定有一个原因是，只要我出现，无论是以什么形式，都会造成他的痛苦。”爱德华比他的父亲多活了十年，1965年在精神病院去世。

爱因斯坦、他的继女玛戈特、妻子爱尔莎以及一个朋友。

A.

Peterchens

爱因斯坦1919年制作的家庭剪影，粘贴在儿童读物《小彼得的月球之旅》（*Peterchens Mondfahrt*）中，送给一些朋友的孩子们做礼物。制作这些黑色轮廓像花了他两个小时的时间，从左至右依次为爱因斯坦（A）、爱尔莎（E）、伊尔莎（I）和玛戈特（M）。签名为拉丁文“A. E. Pinxit”，意思是“A. E. 绘制”。

爱因斯坦的情书

罗伯特·舒尔曼

我们都知道，爱因斯坦是普林斯顿的圣人，但我们了解他的内心情致吗？他可以开诚布公地谈论科学思想和政治思想，但在个人生活方面却并非如此。也许他不会想到，他写给米列娃·玛里奇的秘不示人的情书在他去世后的重见天日，将帮助人们走进他青年时的内心世界。如果我们细细留心，就会发现它们提供了更为丰富的信息。这些情书连同他那时所写的其他书信，共同奏出了其全部感情生活的主旋律。

这些情书不仅使我们领略了一种理智而又浪漫的关系，而且也勾起了我们对话外音的兴趣。诚然，任何通信都不能使我们对关系的深度有透彻的了解，但这些信件确有一些不合常理之处。米列娃只有10封书信保存了下来，而阿尔伯特的却有44封。同样让人好奇的是，他的语气越带有来越强的命令色彩，而她的反应却愈显迟疑不决。通信所用的语言是爱因斯坦的母语——德语，他常以生动的笔触表达自己的思想和感情，言语中充满了自信；而米列娃的母语则为塞尔维亚语，她对事情常常轻描淡写，矜持而不愿显露自己。此外，信件的来往也一直此消彼长。1897年，通信正式开始，这时22岁的米列娃是主导，她经常安慰和鼓励那位19岁的同班同学。最重要的是，她加深了阿尔伯特对科学和音乐的感情，尽管米列娃对爱因斯坦1905年的开创性论文有重大贡献的说法并没有得到这些信件的支持。

他们之间产生好感，始于在一起读书、做实验和研究理论，这种关系逐渐发展为一种爱情，这部分得益于音乐的缠绵。他们曾经有一套严格的称谓。1900年以前，米列娃和阿尔伯特都用正式的“您”来称呼对方，在那以后，就都改用了非正式的“你”。他们还彼此发明昵称：她是“Doxerl”（多莉），他是“Johonzel”（乔尼），这些亲昵的小名字大多在咖啡的缕缕浓香中孕育而生。在1901年5月的一封信里，阿尔伯特先是提到了一个激动人心的实验，是关于用紫外光产生阴极射线的，接着才是他对米列娃怀孕这个惊人消息的反应。这种次序意味深长。爱因斯坦对科学的献身的确要优先于他对感情的付出，这一点在他以后的生活中始终没有改变。

在五年的情意绵绵之后，他们于1903年结了婚。这时，阿尔伯特已经找到了自己理智和情感的立足点，对待米列娃会显得有点盛气凌人。米列娃现在低了一等，原先那种同志般的友爱和逞强消退了。他们曾经对自己的达观和年轻感到自豪，对中产阶级的婚姻嗤之以鼻，但现在这些已经不再能够维系他们。两个从前的玩世不恭者现在面临着婚姻的现实要求，其中包括一项令人伤心的决定：把自己的私生女儿送给别人收养。随着阿尔伯特在专业道路上不断取得成功，这种关系进一步恶化了。1909年，爱因斯坦任苏黎世大学教授，那年冬天，米列娃给她最好的朋友写信说，成功没有使她的丈夫留出时间陪妻子。朋友问她是否“羡妒科学”，她说：“……我能怎么做呢？一个获得的是珍珠，另一个获得的是放珍珠的空盒子。”米列娃心情沮丧，深深地陷入了一种怀旧之情，阿尔伯特则带着几分洞察力和复杂的感情，与所有人都保持着距离。

另有一些当时的材料显示，阿尔伯特在同女性的交往中也有一种类似的矛盾心情。最能说明这一点的是他写给保利娜·温特勒的一封信（在瑞士上中学时，阿尔伯特曾在她家里寄宿）。信写于1897年春，那时他已经对米列娃产生了好感。阿尔伯特戏剧性地宣布，他必须中断与保利娜的女儿玛丽的友谊，因为只有“紧张的思想工作和对上帝本性的研究才能使我摆脱生活的一切烦恼，那种工作和研究是使人心气平和、神清气爽的天使，尽管它们总显得那样无情冷峻。”虽然这其中无疑包含着某些现实的考虑，但令人惊讶的是，随着和米列娃在大学中越走越近，阿尔伯特能够使他的感情生活纯化到故意与周围的人保持距离。

爱因斯坦不仅在物理学中坚持决定论，而且也把它用于个人生活。在这方面，他主要是借鉴了哲学家叔本华的思想。他曾经如饥似渴地阅读过他那些格言似的著作，后来也多次引用。在个人道德产生危机的关头，特别是在与女性的关系上，爱因斯坦都是到一种对自由意志、道德主体性以及个人道德责任的哲学否定中寻求庇护。这种态度对后来发生的许多事情都起了关键作用。1919年，他狠下心来同米列娃离了婚。他对两个儿子往往比较冷漠，对于这种作父亲的不负责任，他总是轻描淡写地提及。虽然他接着同爱尔莎结了婚，但又与几个女人有过风流韵事，对此他并没有向爱尔莎隐瞒。1936年，爱尔莎在普林斯顿去世。在那以后，直到1955年去世，爱因斯坦至少又有过两次私通。

临近五十岁时，爱因斯坦曾对自己的感情生活做出总结，他试图（不成功地）把他那不牵涉个人感情的献身精神同个人的超然态度协调起来：

> 我对社会正义和社会责任的强烈感觉，同我对别人和社会直接接触时显然的淡漠，两者总是形成古怪的对照……人们会清楚地发觉，同别人的相互了解和协调一致是有限度的，但这不足惋惜。这样的人无疑有点失去他的天真无邪和无忧无虑的心境；但另一方面，他却能够在很大程度上不为别人的意见、习惯和判断所左右，并且能够不受诱惑要去把他的内心平衡建立在这样一些不可靠的基础之上。

爱因斯坦在弹钢琴，1933年。

爱因斯坦与音乐

菲利普·格拉斯

“如果我不是物理学家，也许我会当音乐家，”据说爱因斯坦1929年曾这样说，“我经常思考音乐，生活在音乐的梦幻里。我用音乐看待人生……我的小提琴给了我最大的欢乐。”

爱因斯坦在纽约长岛海滩。

爱因斯坦六岁就练起了小提琴，在一生的大部分时间里都演奏它，直到晚年，才转而弹奏钢琴。他从不夸耀自己的音乐天分。他同样说过自己不是一个出色的数学家，我对此有所保留。有一位音乐评论家似乎对这位演奏者的身份有些迷惑，他评论说，“爱因斯坦的演奏是极好的，可是他似乎不配得到世界声誉；有许多别的提琴家也演奏得一样好。”

无论他的音乐天分如何，音乐对他显然是至关重要的。毕竟，他是爱因斯坦——牛顿以后最伟大的科学家。但在我看来，他也是梦想家。我们往往在人文学科中看到这种气质，却较少将它同科学挂钩。为了理解这位极富独创性的科学家，这种气质也许是一个关键。

在着手思考科学问题时，爱因斯坦运用了某种不同寻常的能力。正是通过那个著名的相对性思想实验，即想象自己和光一起穿越太空，他才预见到问题的答案。思想实验先于数学证明，接着就是实际的工作了，他不得不着手发展新的描述方法。这种个人洞见成就了现代物理学的基础，它肯定是现时代最伟大的思想历险之一。狭义相对论以一种想象活动为基础，科学家进入了梦想家、诗人、艺术家的领地。这是爱因斯坦最让我感兴趣的地方。

二十世纪五十年代，当我在巴尔地摩长大时，爱因斯坦是科学界的群星中最闪亮的一颗。我读了他的书，性格温和的他间接开创了原子时代，这使我的心灵受到了震撼。六十年代，我在芝加哥大学学习，在学习艺术类的正规课程之余，我还研究了数学和哲学。甚至当我决定在纽约和巴黎全身心致

爱因斯坦和音乐家阿尔弗雷德·爱因斯坦。他们之间没有什么亲戚关系，但曾经误收过对方的信。后来他们在柏林会面，在两人移居美国之后也一直保持着联系。

力于音乐之后，爱因斯坦也仍然能给我以灵感。有意思的是，当我回到纽约准备在音乐上做一番事业时，不得不为了生计而找点活干，而我选择的工作之一就是当管子工，这是爱因斯坦所羡慕的另外一个职业。

1974年，剧院经理罗伯特·威尔逊和我希望共同创作一部大型音乐作品，当时还没有想出合适的方案。我们希望它的主题是一个名人，这个人能够引起普通人的兴趣。那时，我们常常定期见面，共进午餐，讨论我们的想法。但是起初我们并不确定选哪个人物。鲍勃选卓别林，我觉得过于困难。选希特勒，我拒绝了。我选甘地，鲍勃拒绝了（后来甘地成了我第二部歌剧的主题）。接着鲍勃提议选爱因斯坦，我的脑海中马上浮现出那位伟大梦想家的形象，连连称赞这个主意好。于是便有了《爱因斯坦在海滨》(*Einstein on the Beach*) 这部剧。

我也认为选择爱因斯坦很合适，因为我们所创作的这部作品相当激进。我们生活在一个牛顿以后的世界里，这个世界需要用爱因斯坦的新思想来解释，这正是一部后现代的歌剧；事实上，我从来不敢肯定是否应当把它归为歌剧，因为它似乎违反了许多正常的歌剧规则。它只有抽象的结构，而没有实际的情节；唱词与爱因斯坦并无直接关联，乐句在指定的时间里不断重复，整部作品演下来要五个小时多。我们的想法是，人人都知道爱因斯坦是谁，观众可以自行完成这部作品，赋予它以内涵。我最终决定称它为“肖像歌剧”，它和我的另外两部作品《甘地》(*Satyagraha*) 和《阿赫那吞》(*Akhnaten*) 构成了三部曲——每一部都是关于一个历史人物的音乐/戏剧描绘，这个人通过思想的力量而不是暴力改变了世界。

虽然这部作品决非传统的传记性作品，但爱因斯坦仍然是其中心主题，演出中有许多场景都同他有关。在原有版本中，舞蹈演员兼编舞露辛达·查尔斯叼着“爱因斯坦”烟斗出场，所有演员都身着爱因斯坦“制服”——运动鞋、白衬衣、吊带以及肥大的裤子。在演出过程中，一个发型酷似爱因斯坦的人自始至终都在演奏小提琴，他坐在乐队和舞台之间，联系着音乐与情节。第一幕开始时有一个火车的场面，这暗示了相对论的另一个思想实验，而太空飞船、升降机、陀螺仪、手表、时钟等场景也都与我们的主题有关。

1976年，《爱因斯坦在海滨》在法国、意大利、德国、南斯拉夫、荷兰和比利时巡演，之后又在纽约的大都会歌剧院演出了两场，取得了不小的成功。在我的职业生涯，甚至是整个一生中，这都是一个重要的转折。《爱因斯坦在海滨》后来又多次上演，我也继续创作了一些与科学相关的作品：比如为一部关于斯蒂芬·霍金《时间简史》的电影谱曲，最近还写了一部关于伽利略的歌剧。

时间再回到1976年，虽然大都会歌剧院的票卖得一张都不剩，但由于《爱因斯坦在海滨》巨额的演出开支，我们在短时间里仍然背上了一身“爱因斯坦债”。我重操旧业，开起了出租车，这是我在那段时间养活自己的方式。我还清楚地记得，当一位乘客在出租车执照上注意到我的名字时，他叫了起来：“年轻人，你知道有一个著名的作曲家也叫这个名字吗？”这也要感谢爱因斯坦。

第十章　德国、世界与和平主义

“这伙德国人真是好笑。在他们眼里，我就像是一朵散发出难闻气味的花，可他们硬是要把这样的花别在衣襟上。”

——爱因斯坦，南美旅行日记，1925年

爱因斯坦小的时候对摆弄玩具兵没有兴趣，也从未产生过参军的念头。为了躲避服兵役，他不到17岁就放弃了德国国籍。在1901年加入瑞士籍时，他没有被征召入伍，因为主管者认为他的体格不够好。成年以后，他从未穿过军服，他唯一携带过的武器似乎是一把剑，那是他就任布拉格的教授时哈布斯堡王朝所规定的礼仪，宣誓就职时他别无选择。整个一战期间，他都居住在柏林，他对自己反对使用武力从不隐瞒，同时与他那些自愿参战的科学界同事保持着良好的关系。他对战争深恶痛绝，在一生中的大部分时间里都是一个富于战斗性的和平主义者（不过在纳粹统治期间不是，在二战期间当然也不是）。

“一个人能够得意扬扬地随着军乐队在四列纵队里行进，单凭这一点就足以使我对他轻视，”爱因斯坦1930年在《我的世界观》一文中这样写道。他还说：

> 由命令而产生的勇敢行为，毫无意义的暴行，以及在爱国主义名义下进行的一切可恶的胡闹，所有这些都使我深恶痛绝！在我看来，战争是多么卑劣可耻！我宁愿被千刀万剐，也不愿参与这种可憎的勾当。尽管如此，我对人类的评价还是相当高的，我相信，要是人们的健康感情没有被那些通过学校和报纸而起作用的商业和政治利益蓄意败坏，战争这个妖魔早就该绝迹了。

爱因斯坦（侧面）参观第一次世界大战的战场。

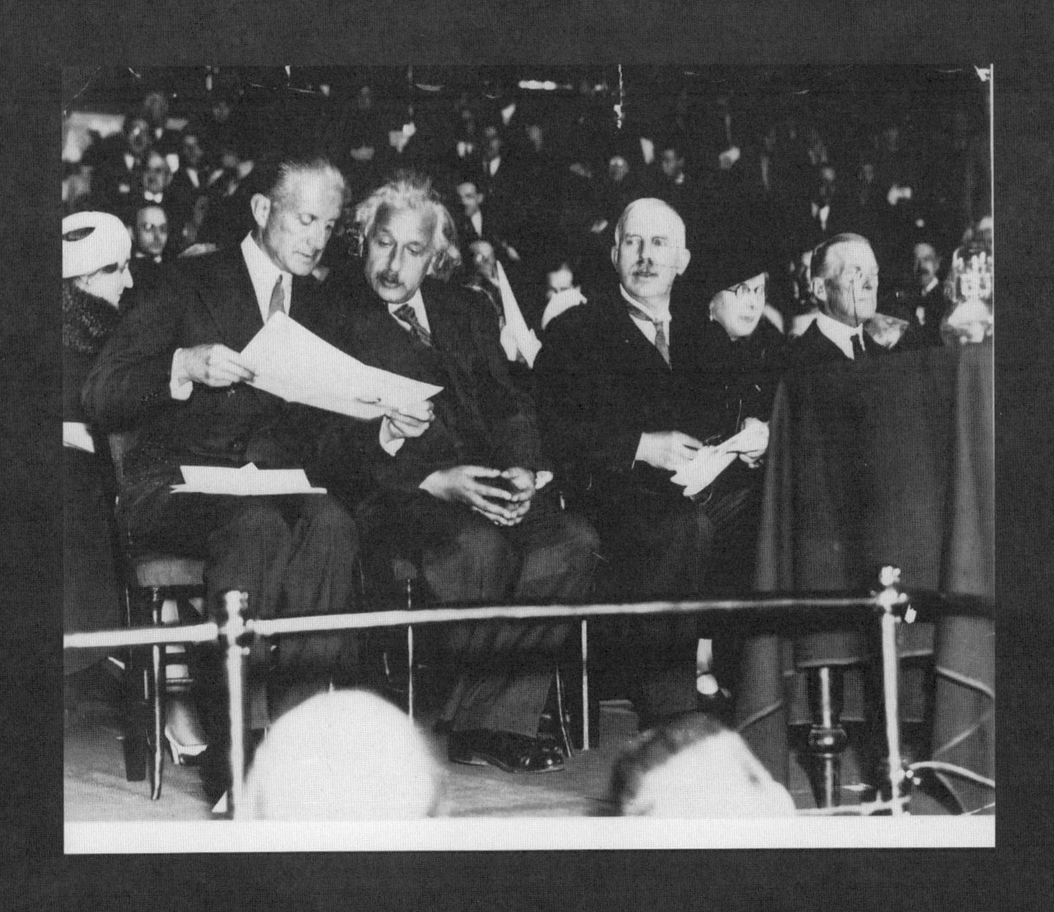

爱因斯坦1933年10月在伦敦皇家阿尔伯特大厅，他和许多著名的演讲者（比如卢瑟福和英国政治家奥斯汀·张伯伦）在那里聚会，帮助犹太难民基金筹款。当时爱因斯坦刚刚离开纳粹德国，在英国过着逃亡生活，不久就要前往美国。

爱因斯坦在柏林的影写板，罗泽·魏泽尔制作。

他认为，至少在这方面，民众要比知识分子更可信赖。在纳粹掌权后不久，他在一封致弗洛伊德的公开信中说，普通人不像学院派和职业思想家那样容易患上“憎恨和破坏的精神错乱”，这封信后来刊登在1933年出版的一本小册子《为什么有战争?》上。在根据自己的经历作这个判断时，他很可能想到了他的科学同事在1914年至1918年间的那些令人不安的爱国行为。他一定也想到了二三十年代初德国学术界对他本人的攻击，还把相对论称为“犹太科学”。

1914年10月，就在战争爆发之后的两个月，这种精神错乱出现了。九十三位来自德国艺术界、文化界、科学界的著名人士共同签署了一份《告文明世界书》，这份文件在战争期间和战后变得声名狼藉。(1919年，在日食观测期间，《泰晤士报》对爱因斯坦没有在这份文件上签字赞赏有加。）它发表在德国的各大报纸上，同时被译成了十种语言在世界范围发行。在这篇文章中，德国学术界和知识界的代表们对“我们的敌人正企图诬蔑和中伤德国在这场艰苦卓绝的生死斗争中的纯洁理由。因此，我们对其散布的谎言和诽谤表示抗议。”它否认德国挑起了战争，并为德国入侵中立国比利时辩护，还把德军的暴行说成是别有用心之人的恶语中伤，宣称德国的文化遗产——歌德、贝多芬和康德的名字均被提及——和目前的军国主义是一脉相承的。在签名的科学家中，除了两个保守的国家主义者，同时也是诺贝尔获奖者的维恩和勒纳德（我们以后还会讲到）以外，还有爱因斯坦的三个朋友——普朗克、能斯特和哈伯，爱因斯坦看到他们的名字时一定痛心疾首。

作为一个瑞士公民，他没有被邀请在文件上签字。但他签署了一份针锋相对的宣言，第一次作出了公开的政治声明。这份宣言就是由著名的德国医生和生理学家尼科莱起草的《告欧洲人书》。它虽然公开驳斥了“九十三人宣言”，但并没有分析战争的起因，也没有把罪行归咎于某一方，而是从容不迫地用一种严谨的语言规劝有教养的人力争“在欧洲创造一种有机整体……必须防止欧洲重蹈古代希腊的覆辙！难道让欧洲也因自相残杀的战争而逐渐衰竭乃至同归于尽吗?目前正在蔓延的战火是很难产生胜利者的，所有参加战争的国家很可能都将付出极高的代价。”1914年末，尼科莱在柏林大学散发这份宣言。虽然有许多人表示支持（普朗克等人

爱因斯坦和化学家弗里茨·哈伯，1914年。哈伯是爱因斯坦的犹太人朋友，除科学以外，他们在大多数事情上意见都不同。

爱因斯坦、德国画家马克斯·利贝曼（左）、雕塑家勒内·辛特尼斯和阿里斯蒂德·马约尔，1930年。利贝曼很欣赏爱因斯坦，后来遭到纳粹迫害。

也对自己在《告文明世界书》上签字感到后悔），但除了爱因斯坦，只有两个人愿意在这份呼吁书上签字。尼科莱深感绝望，陷于孤立，最终不得不宣布放弃。这份宣言直到1917年才发表，不过不是在柏林，而是在苏黎世。它使尼科莱的事业毁于一旦。极端的国家主义者视他为叛国者，从1920年起，他被禁止从事教学活动。

维恩也是这些爱国者当中的一位。他亲自散发传单，号召他学术界的同仁们除非万不得已，不要引用属于敌人阵营的英国学者的话，哪怕只是脚注。索末菲（海森堡未来的老师）是爱因斯坦的同事和朋友，他在1914年圣诞节给维恩写信说，他很乐于在这份呼吁书上签字，而此时德军正在战壕中同协约国部队缔结休战协定。二十年后，希特勒规定禁止引用犹太物理学家（特别是爱因斯坦）的著作。但这是纳粹政府的强制命令，而在一战期间，德国对科学著作的自我审查则完全是出于自愿，这不能不令人沮丧。

爱因斯坦对这种民族的自欺做出过绝好的概括。爱因斯坦笑着说，在柏林大学评议会的每一次会后，教授们都要到一家啤酒馆碰头，在那里，他们每次交谈都以同样的问题开场："为什么世界上都恨我们？"然后各人提出自己的看法，同时"小心翼翼地不脱口说出真相。"

这段话出自和平主义者罗曼·罗兰的日记。他是一位作家，曾获1915年诺贝尔文学奖。那年9月，爱因斯坦到苏黎世看望妻子和孩子，其间在瑞士拜访了罗兰，与这位志同道合的朋友结识。罗兰问他是否向他的德国朋友表达了他的反战主张，是否与他们讨论了这些想法，他说没有。罗兰说，“他只是以苏格拉底的方式向他们提出疑问，为的是扰乱他们的思绪。他补充说，人们并不喜欢他这样做。”

爱因斯坦的德国传记作家弗尔辛写道，如今“大多数物理学家……都在为战争效力：年轻人作为初级军官，提供气象服务，成为炮兵，或为化学战争工业服务；年龄大的人在实验室里进一步改进杀人武器。”1914年底，年轻的物理学家马克斯·玻恩作为科学助理被派到柏林的炮兵检察委员会，这项使命不经意间拉近了他与爱因斯坦的距离。

在这些为战争效力的人当中，最积极、最狂热的当数化学家哈伯。他是爱因斯坦的朋友，爱因斯坦在他的研究所里有一间办公室。用氮和氢合成氨的哈伯–博施过程属于中学化学课程的基本知识，哈伯也因发明哈伯制氨法而获得1918年诺贝尔化学奖（直到1919年战争结束才颁发）。为了生产人造化肥，第一套合成氨的商业设备于1913年底投产。然而没到一年，哈伯–博施过程就被用于制造炸药。事实上，若非哈伯–博施过程，德军的炮弹可能早在1915年就耗尽了。这显然是对战争的一大贡献，但哈伯做的事情还不止这些——军方要他生产毒气。1915年4月，在哈伯的监督和指导之下，德军用氯气袭击了驻扎在比利时伊普雷（Ypres）城的法军，导致5000人丧生，10000多人的肺部受到严重伤害，这就是世界上的第一次化学战。一星期之后，哈伯的妻子与他进行了激烈的争吵，而后饮弹自尽，这部分是出于对丈夫工作的恐惧。但哈伯的战争狂热却并未消退。即使是在战后的二十年代初期，他和他的研究所还在秘密地研制化学武器，成果之一就是Zyklon B毒气，二战期间，它被用于集中营，残害了数百万人的生命，其中也包括哈伯的犹太人朋友和远亲。1934年，就在他被驱逐出纳粹德国后不久，他因心脏病突发而去世。五十年后，他的儿子（一位科学史家）写道：“[最高指挥部] 认为哈伯卓有才干，是一个精力极为旺盛的组织者，他坚定果敢，也许有点肆无忌惮。”由他这里，我们也许会自然想起希特勒的建筑师施佩尔，他曾在二战期间主管武器装备，名声同样为战争所败坏。

和平主义作家罗曼·罗兰在瑞士家中，1936年。

爱因斯坦抵达纽约，1930 年。

Le Petit Journal

ADMINISTRATION

5 CENT.

SUPPLÉMENT ILLUSTRÉ

5 CENT.

ABONNEMENTS

26me Année

Numéro 1.278

DIMANCHE 20 JUIN 1915

Victimes de leur propre barbarie

Soldats allemands asphyxiés par les gaz qu'ils avaient lancés contre les Russes et qu'un coup de vent rejette sur leurs tranchées

1915年一家法国杂志的封面标题："他们自己野蛮行径的受害者"。它描绘了一阵风把德国士兵试图消灭俄军的毒气吹向了他们自己人，导致德军溃败。爱因斯坦的朋友弗里茨·哈伯对研究毒气用于战争负有很大责任。

爱因斯坦不可能不知道哈伯的军事活动。1914年夏天，爱因斯坦与妻子和家属分居，正是哈伯亲自陪同伤心的爱因斯坦从柏林火车站回来。两人在一战期间很是要好，尽管他们对于一战是否正义有着不同的看法。然而，全神贯注于理论物理学，特别是广义相对论，无疑使爱因斯坦在战争年代找到了心灵的避难所。他的专心致志使他没有注意到哈伯和能斯特等朋友还有更加好战的一面。爱因斯坦自己也不是完全没有参与战时的工作。他虽然坚持和平主义，但还是在航空器机翼设计方面做了一点咨询工作（尽管不大成功），也曾担任安许茨公司的专利审查员(这是一家为德国潜艇制造回转罗经的公司，二十年代爱因斯坦曾亲自为这家公司设计了一种性能更为优良的回转罗经)。也许是出于某种考虑，爱因斯坦从未在公开场合谈及一战期间科学在军事技术中的滥用。

1915年秋，"柏林歌德联盟"要爱因斯坦为他们计划出版的一本爱国主义纪念册写一篇文章，这次他没有拒绝。他在《我对战争的看法》一文中写道："所有时代最有思想的人都会同意，战争是人类发展最大的敌人，应该尽一切努力阻止战争。"他呼吁建立一个政治组织，"像德国现在消除了巴伐利亚和符腾堡的战争一样"来消除欧洲的战争。这些话后来被刊登在《歌德的祖国在1914~1916：爱国主义纪念册》（*The Country of Goethe* 1914–1916：*A Patriotic Album*）一书中。他的其他一些言论则没有如愿刊登出来，"柏林歌德联盟"认为它们的嘲讽意味和颠覆性过强，比如他建议应该把爱国主义圣坛换成钢琴或书橱，或者像这样一则声明："一个人或一个组织与我的关系怎样，完全取决于他们的意图和能力。在我的感情生活中，我作为公民所属的国家对我没起一点作用；我认为一个人与国家的关系完全是一种经济关系，这很像一个人与一家保险公司的关系。"这年11月，爱因斯坦在潜心研究广义相对论的同时，还特地抽出时间与歌德联盟就这些出问题的段落进行讨价还价，但没有成功。

通过与哈伯和拉特瑙（时任AEG［通用电力公司］董事长）等实权人物的接触和联系，爱因斯坦得知，随着战争的缓慢推进，德军的情况正变得越来越不妙。爱因斯坦更加坚信官方是错误的，他正期待着德国战争机器的垮台，认为这是和平的唯一希望。1917年，他在柏林给贝索写信说，"这让我想起了审判女巫和其他的宗教倒错。在生活中最负责任、最无私的人往往是最教条、最顽固的人。”在写这些话时，他也许想到了像能斯特和普朗克这样的朋友，能斯特的两个儿子都牺牲在战场上，普朗克的大儿子被杀害（1945年初，埃尔温·普朗克因谋杀元首嫌疑罪被纳粹杀害），小儿子成了法军战俘。普朗克1918年初仍然坚信，虽然德国的军事实力有所增长，但它一直在追求和平，即使在私下里也对爱因斯坦这样说。不过，爱因斯坦仍然认为普朗克是一个高尚的人，也是一个一流的物理学家。战争结束时，由于普朗克以及玻恩、劳厄等物理学家的原因，爱因斯坦没有按照自己的意愿离开德国。1919年，荷兰的洛伦兹向他发出了第一份诱人的战后邀请，但爱因斯坦谢绝了。他说，此时离开德国将“无异于可耻地毁弃对普朗克的承诺，我将来必定会为此种背信行为自责。”

他在整个二十年代都持这种态度。他觉得德国的理论物理学仍然处于世界领先的地位，至少可与英国比肩。此外，他还对1919年从军国主义者手中接管的魏玛共和国抱有政治期望。至于极右翼政党势力的增强和反犹主义情绪的高涨，他觉得还能够忍耐，也愿意与之进行不懈的斗争。虽然从感情上说，爱因斯坦从来也不认同德国，但他的母语是德语，妻子爱尔莎是德国人，许多家人也居住在德国。总之，他仍然认为德国是他生活和工作最理想的地方。也许瑞士除外，但回到苏黎世将意味着和他离婚的妻子居住在同一城市。

从1919年到1920年，爱因斯坦的名字迅速传遍了全世界，这可能是导致反对爱因斯坦的反犹主义运动爆发的导火索。然而，激起辱骂和诋毁的却是他公然的和平主义主张以及坦率的政治声明，其中也包括他1919年以后对犹太复国主义事业的承诺。（我们将在第十二章谈到犹太复国主义。）

勒纳德也在1914年的宣言上签了名，作为一个诺贝尔奖获得者，他的签名给战争增添了威信。他用实验验证了爱因斯坦1905年用光量子解释的光电效应。然而，勒纳德拒不承认爱因斯坦的解释，他对光量子假说以及其他几位著名科学家的不同工作进行了攻击。早在1924年，勒纳德就成了希特勒的追随者。“他发明了‘德国’物理学与‘犹太’物理学之间的区别，”玻恩写道。1933年以后，勒纳德（和另一位诺贝尔奖获得者斯塔克一起）开始驱除德国的犹太科学。在他1936年出版的《日耳曼物理学》（*German Physics*）中，勒纳德写道：“雅利安科学家充满着渴望，义无反顾地追求着真理，而犹太人却几乎一点也不理解真理。”

玻恩比爱因斯坦更加准确地预见到了这场政治运动。（虽然玻恩也是犹太人，但他一直比爱因斯坦更认同德国）。1921年，他对爱因斯坦说，他感到了“一种完全无法避免的愤怒、报复和憎恨的险恶情绪正在酝酿”。1922年，爱因斯坦的朋友，魏玛共和国的外交部长拉特瑙遇刺身亡。爱因斯坦也随之减少了对国内政治的参与。第二年，德国报纸刊登了一则他访问苏联的虚构报道，这纯属栽赃陷害（容易激怒激进的国家主义者），在那之后不久，他收到了一封恐吓信。可巧的是，就在爱因斯坦收到恐吓信的那一天，即1923年11月7日，当时不为人知的政客希特勒在慕尼黑策划了啤酒馆政变。爱因斯坦赶往莱顿，到洛伦兹等朋友处暂避。在那之后的整个二十年代，由于受到像普朗克这样的德国朋友的告诫，爱因斯坦几乎不再参与任何政治活动，不过他仍然满腔热忱地坚持和平主义，抵制服兵役。他在二十年代访问美国时曾宣称，“如果被征召的人中有百分之二的人宣布他们不再服役，同时要求采用和平方式解决所有国际间的冲突，政府就将无计可施。”这次“百分之二”讲话很快就成了和平主义重振旗鼓的口号。

正是纳粹主义在政治上的得逞改变了爱因斯坦对和平主义的态度。长时间痛苦的经历，使他比大多数人更早地认识到，希特勒决意要发动一场战争。1932年，眼看着魏玛共和国前途一片黯淡，他又一次积极投身于德国政治，和另外两个人一起呼吁共产主义者和社会主义者在年中选举时结成反法西斯主义联盟。事实证明，这个想法是不切实际的。其实早在希特勒1933年1月30日成为德国总理之前数月，德国的共产主义者和纳粹党人就已经勾结了起来。1932年12月，爱因斯坦准备离开柏林再赴美国访问，他意识到这是一个转折点。当妻子爱尔莎把柏林郊外的别墅的门掩上时，爱因斯坦对她说：“再多看一眼吧，你永远也见不到它了。”

爱因斯坦在柏林的大街上，1932年12月1日。路过的行人查尔斯·霍尔特认出了爱因斯坦，拍下了这张照片。这也许是爱因斯坦在德国留下的最后一张照片，因为几天以后他就离开了这个国家。后来霍尔特把这张照片寄给了爱因斯坦。

1933年初，身在加利福尼亚的爱因斯坦终于与德国决裂了。3月28日，出于对政治现实的敏感，爱因斯坦给普鲁士科学院写了一封辞职信，使新政府失去了剥夺他院士资格的机会。此举令柏林的纳粹当局大为光火。怯懦的普鲁士科学院马上把爱因斯坦除名，还发表了一则公开声明，指责爱因斯坦针对德国的“恶意的宣传鼓噪”。在给普朗克的回信中，爱因斯坦表示不接受这种诽谤，并且宣布：“现在消灭我的犹太同胞的战争将迫使我利用我在世界上的影响为他们声援。”普朗克一直是社会保守派，他在回信中一方面列举了对犹太人的种种迫害，另一方面又对爱因斯坦的和平主义和拒绝服兵役发表了评论：“两种不能共存的意识形态在这里发生了冲突，我不同情其中的任何一方。”两位大物理学家之间的长久友谊就这样以一种悲哀而苦涩的方式结束了。

爱因斯坦 1932 年 12 月离开德国，第三次到加州访问时，似乎知道他永远不会回来了。

第十一章 美 国

“要是我们企图把美国科学研究工作日益增长的优势完全归功于充足的经费，那是不公正的；专心致志，坚韧忍耐，同志式的友好精神，以及共同合作的才能，在它的科学成就中起着重要的作用。”

——爱因斯坦，《对美国的印象》，1931年

在爱因斯坦的晚年，对电视的痴迷连同“红色恐慌”一道席卷美国。1950年2月中旬的一个星期日，爱因斯坦应约在NBC电视节目《今天与罗斯福夫人在一起》(*Today with Mrs Roosevelt*) 的首播中担任嘉宾。埃莉诺·罗斯福是这个节目的主持人，它录制了爱因斯坦在普林斯顿的家中所发表的一则声明，引起了公众的强烈兴趣。就在1月30日，杜鲁门总统宣布将尽快研制一种远比原子弹更为强大的新型武器。爱因斯坦，这位世界上最著名的科学家，1939年上书罗斯福总统、力陈研制原子弹之需的第一人，美国最为人知的两三个人物中的一位，现在将要通过电视对此重大事件发表看法。

他旗帜鲜明地反对研制氢弹，这份铿锵有力的声明当时必定像道义的炸弹一般横扫了全国各地。他说，“如果取得成功，那么这将意味着大气的放射性污染以及地球上所有生命的灭绝有可能在技术上得到实现。”

爱因斯坦警告他所在的国家：

> 在当今的军事技术条件下，通过国家军备以求得安全是一种灾难性的幻想。对于美国来说，原子弹的研制成功更是大大刺激了这种幻想……我们近五年来一直在奉行这样一个信条，简言之就是，借助强大的军事力量以获取安全，无论其代价为何……这种机械论的、唯军事技术是瞻的心态已经产生了无可避免的后果。

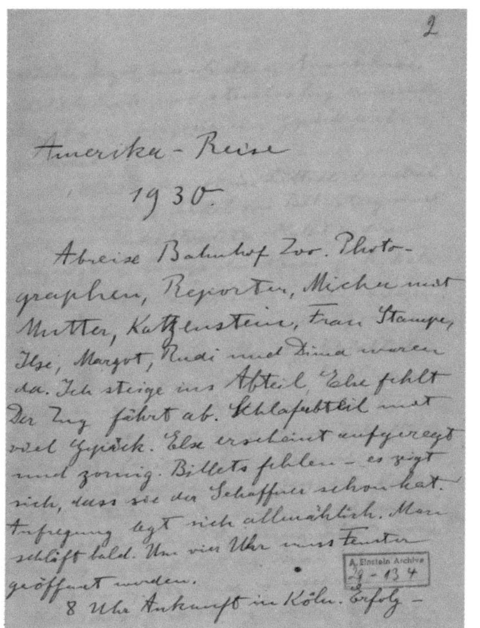
2

Amerika-Reise
1930.

Abreise Bahnhof Zoo. Photographen, Reporter, Michele mit Mutter, Katzenstein, Frau Stampe, Ilse, Margot, Rudi und Dina waren da. Ich steige ins Abteil, Else fehlt. Der Zug fährt ab. Schlafabteil mit viel Gepäck. Else erscheint aufgeregt und zornig. Billets fehlen – es zeigt sich, dass sie der Schaffner schon hat. Aufregung legt sich allmählich. Man schläft bald. Um vier Uhr muss Fenster geöffnet werden.
8 Uhr Ankunft in Köln. Erfolg –

爱因斯坦1930~1931年第二次访美期间的旅行日记。这第一页描写了他离开柏林火车站的情形：在众多摄影家和记者的重重包围之下，他先是丢了妻子，然后票也丢了。

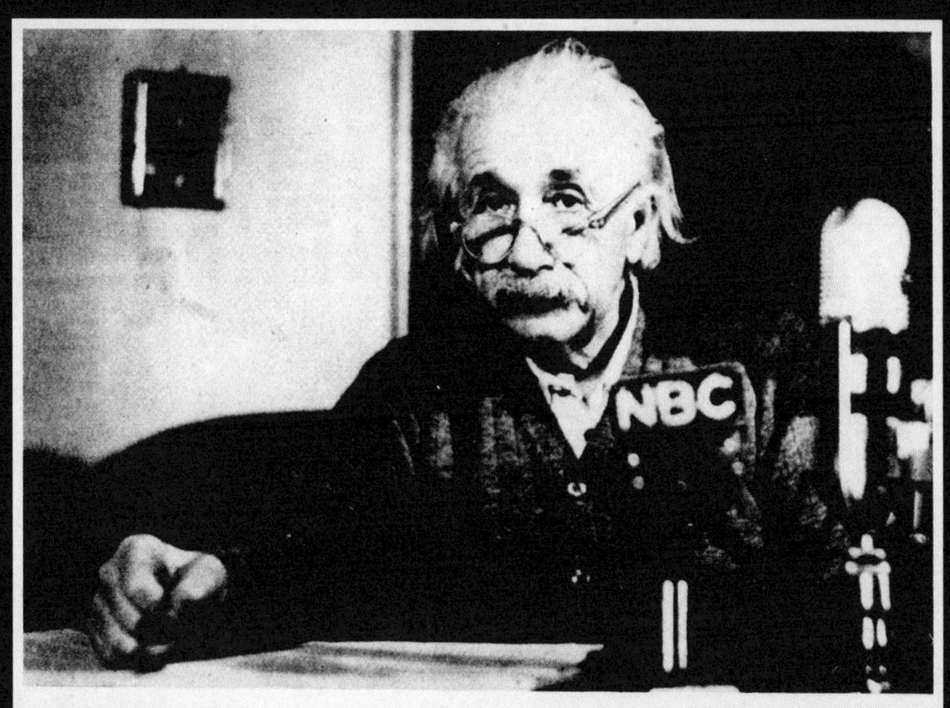

爱因斯坦在普林斯顿的家中，录制《今天与罗斯福夫人在一起》电视节目期间，1950年。

爱因斯坦说，这种后果不仅体现在外交政策上——关于这一点，我们将在第十三章讨论爱因斯坦对世界和平的贡献时讲到——而且也体现在美国本土：

> 军方掌控着巨大的财力；青年的军事化；不断增强警力对公民特别是公务员的忠诚度进行密切监督；对有独立政治思想者进行胁迫；通过广播、出版物和学校对公众进行微妙的灌输；为了军事保密而对公众获取信息进行日趋严格的管制。

此时，美国的局势走向正类似于1914至1918年间的德国，爱因斯坦本可以指出这一点（他也的确是这样想的），但他宁愿不在声明中提及他个人所经历的战争和政治胁迫。他的建议是：首先要“排除相互间的恐惧和不信任。”

第二天，或许是受到了报纸上关于爱因斯坦电视讲话的头条报道的刺激，联邦调查局（FBI）局长J. 埃德加·胡佛指示全国的FBI机构彻底清查有关爱因斯坦的任何“不利信息”。几个星期之后，移民归化局开始研究是否应当撤销爱因斯坦的美国国籍，并打算将其驱逐出境。

在接下来的五年里，事实上直到1955年爱因斯坦去世，这两个机构一直在搜集材料，试图证明爱因斯坦是一个共产主义者，联邦调查局甚至疑心他是苏联间谍。

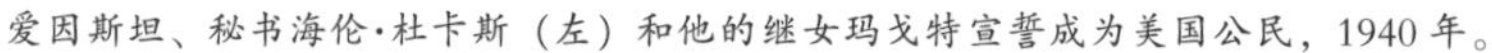
爱因斯坦、秘书海伦·杜卡斯（左）和他的继女玛戈特宣誓成为美国公民，1940年。

当时正值麦卡锡主义大行其道，得克萨斯州已经批准可以对共产党员处以死刑，在这样的气氛下，这种指控可谓司空见惯。然而即使是在这样一个时代，对爱因斯坦这样备受尊敬和爱戴的人物提出这种指控也是罕见的。所以胡佛很清楚，必须把这件事当作最高机密来严守。也多亏了当时政府圈子内部普遍的恐怖气氛，媒体对此只字未提。当时的一些FBI高级官员都不知道他们的机构对爱因斯坦进行了调查，直到九十年代末，一些经过严格审查的政府文件才披露了当时的情况。"没有人指责胡佛不敢公开真相，"记者弗瑞德·杰罗姆在他2002年出版的令人大开眼界的《爱因斯坦档案》(*The Einstein File*) 一书中写道，"他正在调查世界上最令人仰慕的科学家，而且是从纳粹德国来到美国避难的最出名的人，如果这件事过早败露，胡佛知道，他和他的联邦调查局乃至整个美国政府都将面临全世界的指责与嘲笑。

我们不妨先撇开政府调查不提，待本章结束时再来谈它。现在，我们已经可以理解，从1933年到普林斯顿，直到1955年辞世，爱因斯坦和美国的关系始终是复杂而矛盾的。

他当然赞赏美国的科学、自由和宽容。1940年，在为一期专访著名移民的系列节目《我是一个美国人》(*I am an American*) 做广播时，他说：

> 除去人性固有的一些不完美，我真的感觉到，在美国，个人的发展及其创造力是有可能得到实现的，对我来说，这是生命中最可宝贵的财富……在有些国家，人们既没有政治权利也没有思想自由发展的机会。而在大多数美国人看来，这样一种处境是不可容忍的。在这个国家，人们早已摆脱了无条件服从的耻辱。

爱因斯坦和玛戈特在美国公民入籍仪式上，1940年。爱因斯坦以其一贯的我行我素，没有穿袜子。

但是他厌恶美国的妄自尊大、权力主义和种族主义，情绪之强烈几乎不亚于他对德国类似东西的痛恨。二十世纪三十年代，他基本上不声张这些看法，但在1940年成为美国公民以后，特别是1946年冷战爆发之后，他开始在采访中严正地发表自己的看法，并且支持了一大批反对官方束缚自由和公民权利的美国组织和个人，其中既有政治的也有半政治的，有著名的也有不为人知的。

在定居普林斯顿以前，他对美国的每次访问虽然总是政治和理论物理兼有，但并不单指美国的政治。1921年的第一次旅程就颇具争议，因为他与世界犹太复国主义组织主席魏茨曼一道，协助从美国犹太人那里筹集善款用于巴勒斯坦的犹太复国主义运动，特别是计划在耶路撒冷创建希伯来大学。爱因斯坦不无自嘲地告诉他的犹太同伴哈伯："很自然，他们需要的不是我的能力，而仅仅是我的名声；他们指望这名声的广告价值能使富有的同胞们发挥实质性的作用。"哈伯曾力劝他的朋友莫成此行，因为倘若爱因斯坦与犹太复国主义有了干系，反倒不利于犹太人融入德国社会。尽管爱因斯坦并未听从哈伯的建议，后来他还是与魏茨曼及其组织发生了争执，关于这一点我们将在下一章谈到。

在这次访问之后，直到1930年，爱因斯坦没有再访问美国。1930年、1931年以及1932年的冬天，他应巴萨迪那市加州理工学院密立根的邀请访问了美国。也正是1933年初在加州理工的时候，他才决定不再回德国。

15年前，密立根曾坚决反对爱因斯坦为解释光电效应而提出的光量子假说。事到如今，和所有其他人一样，他当然也承认了爱因斯坦首屈一指的科学地位，而且意识到如果爱因斯坦能够加盟，这对蒸蒸日上的加州理工将是一个千载难逢的机遇。然而，这两个人在政治、社交和性情上都截然相反。密立根原本来自一个古老的新英格兰殖民地家庭，他的祖父母已经作为拓荒者在美国中西部定居，父亲是一个传教士，他自己则在爱荷华州的一个农场长大。就像当时美国许多大学主管一样，密立根并不声张自己的排犹主张。（1945年，"考虑到学院里已经出现的相当比例的种族主义者"，他甚至犹豫是否应该让已经完成了原子弹工程的奥本海默回到加州理工。）爱因斯坦的不拘礼仪和坦率直言，更不必说他不拘小节的个人仪表，与密立根的装模作样和谨慎小心极不协调。此外，他还对爱因斯坦和平主义言论感到不安——他知道这对加州理工保守的赞助者们更是毫无吸引力。

爱因斯坦在1931年对加州理工的学生们所做的一次"社会主义"演说更是令密立根生厌。"关心人本身，应当始终成为一切技术上奋斗的主要目标，"爱因斯坦说，"关心怎样组织人的劳动和产品分配这样一些尚未解决的重大的问题，以保证我们的思想成果会造福于人类，而不致成为祸害。在你们埋头于图表和方程时，千万不要忘记这一点。"

离开了加州理工，爱因斯坦又乘火车横穿大陆去了东海岸，继续着他反种族主

爱因斯坦夫妇访问大峡谷附近霍皮部落的印第安人，1931 年。

义、和平主义和犹太复国主义的议事日程。在大峡谷附近，他造访了霍皮部落的一群印第安人。他戴着华丽的印第安头饰，手拿烟斗，照了一张别致的照片。照片取爱因斯坦著名理论的双关，名曰“伟大的相对论者”（亦可作“伟大的亲人”解）。火车在芝加哥停了两个小时，他在站台上对数百名和平主义者讲话，并像不久前那次“百分之二”的著名演讲那样，再一次呼吁全民抵制军事服役：“这不是一场合法的斗争，但这斗争是为了人民的真正权利……［政府］正在要求公民们犯罪。”回到纽约后，在魏茨曼的坚持下，爱因斯坦同意在他返欧的当天，代表美国巴勒斯坦运动作为嘉宾出席一场盛大的晚宴。虽然每位客人需要交纳100美元的高额入场费，而且时值经济大萧条时期，但实际与会的人还是远远超过了1000人的预定目标。特别是在宣读总统发来的电报时，会场上爆发出雷鸣般的掌声。胡佛向来不赞成和平主义和社会主义，但他也不能不对这位来访者致敬：“我希望您的美国之行很满意，美国人民对您很感激。”

然而，就在第二年，胡佛政府国务院中的保守派试图阻止爱因斯坦取得签证，除非他能签署一项声明，表明他不是共产主义者或无政府主义者。他们之所以做此决定，是因为一个自称是“妇女爱国者团体”的边缘群体向政府和媒体提交了一系列毫无根据的近乎妄想的指控。这个组织的领导者是出身名门的伦道夫·弗罗辛厄姆夫人，她因建议美国革命女儿会编订演说家的黑名单而闻名。在这些指控中，有这样一句话：“即便是斯大林本人，也没有像阿尔伯特·爱因斯坦这样参加了如此众多的无政府–共产主义国际团体，目的是推进世界革命，导致最终的无政府状态。”

爱因斯坦开始还以为这不过是个玩笑，便为《纽约时报》头版写了一篇讽刺小

在白宫草坪的集体照，1921 年。爱因斯坦夫妇和美国科学院是总统沃伦·哈丁的嘉宾。爱因斯坦和爱尔莎站在中间，哈丁的旁边。

爱因斯坦在圣芭芭拉的朋友家中骑自行车，1933 年。

文来还击：“这些防范意识不俗的女市民们说得不是很对吗？谁会愿意给这样一个人敞开大门呢？他像克里特岛的牛头怪吞食可口的希腊少女一样吞食冷酷无情的资本家，况且这个人又如此鄙俗，以至于除了与妻子进行不可避免的战争之外，还极力反对任何形式的战争。听从你们这些聪明的爱国妇女的建议吧，别忘了，强大的罗马就曾被她那忠实的鹅的闲聊挽救了。”但是当他和爱尔莎被传唤到柏林的美国领事馆详加盘问时，爱因斯坦极为愤怒，威胁要取消他的美国之行。美国政府立即让步并派发了签证。但妇女爱国者团体的毫无根据的指控却并未就此销声匿迹。爱因斯坦并不知道，这些指控进入了联邦调查局的爱因斯坦档案，并且在五十年代成了联邦调查局局长胡佛的撒手锏。

倘若爱因斯坦只是一个普通的诺贝尔物理学奖得主，他也许就会在1933年10月刚刚成立的普林斯顿高等研究院里埋头工作，不问世事，从而避免一切政治瓜葛，而这无疑也是那位颇具影响力的研究院主管亚伯拉罕·弗莱克斯纳当时对这位明星物理学家的期望。为了让爱因斯坦除了坐着思考以外什么都不要参与，弗莱克斯纳颇费了一番心机。比如，爱因斯坦曾经应允在纽约的一场为流亡者筹款的慈善音乐会上演奏小提琴，弗莱克斯纳听说此事后，便打电话给主办方，威胁说他将为此把爱因斯坦从研究院解雇。当白宫邀请爱因斯坦与罗斯福总统会面时，弗莱克斯纳截取了信件，并以爱因斯坦的名义回复说，他来美国只是为了科学工作。这一切对爱因斯坦来说是太过分了，他给研究院的董事们寄去了一封长达五页的信，列数了弗

莱克斯纳的种种不端行为，并以辞职相威胁。结果，爱因斯坦为自己赢得了完全的自由——这也成了高等研究院最宝贵的资产——但他对于研究院也失去了全部影响力。1934年1月，他和他的妻子如期与罗斯福总统在白宫进餐，这也标志着这段意义重大的私人交往开始了。（据他的秘书讲，即使是在这种场合，爱因斯坦也没有穿袜子。）

鉴于爱因斯坦后来在原子弹的研发中所扮演的角色，以及他为控制核武器的使用所做的努力，我们可以将他与另一个犹太物理学家奥本海默做一番比较。在战后美国公众的心目中，奥本海默几乎就等同于核问题。自1947年起，奥本海默开始担任高等研究院院长，成为爱因斯坦的同事。据最近为奥本海默作传的物理学家戴维·卡西第讲，奥本海默与爱因斯坦“无论在性情上还是在观点上都几乎完全对立”。卡西第是这样说的：

> 爱因斯坦完全是个局外人，奥本海默则对内情了如指掌；爱因斯坦喜欢孤独，奥本海默则热衷于委员会工作和行政管理；爱因斯坦无需多少学生帮助就能去构建宇宙，奥本海默则创建了一个学院，促进他人的工作；爱因斯坦在政治上积极地捍卫公民权利，批评麦卡锡主义，声援科学家反对核武器的运动，奥本海默则对政治比较冷漠，他是官方政策的拥护者，麦卡锡主义的受害者，并曾是核武器研制计划的领袖人物。

1954年，奥本海默被指对国家安全构成了威胁而遭到迫害，在这个紧要关头，爱因斯坦不得不对新闻界表态。他曾在私下里开玩笑说，奥本海默只需跑到华盛顿，告诉那些官员他们是傻瓜，就万事大吉了。但考虑了一段时间之后，他还是拟了一份声明，通过电话亲自向新闻界诵读。他说：“我只能说我对奥本海默博士怀有最崇高的敬意和最诚挚的感情。我仰慕他，不仅因为他是一位科学家，而且也因为他是一个有着伟大人格的人。”他的这一反应对于像他那样的局外人也许是个好消息，但对于奥本海默这样了解内情的人却起不到什么作用。

他的反应也解释了联邦调查局所支持的美国陆军为什么没有对爱因斯坦进行忠诚调查，以使他可以参与曼哈顿计划研制原子弹。（与此相对照，美国海军在战时则采纳了他关于高性能炸药的建议。）事实上，正是爱因斯坦在1939年8月写给罗斯福的一封信中，最先提醒美国政府关注原子弹的技术可能性，但美国陆军不久就禁止他参与这项研究。更具讽刺意味的是，受命主持该项目的奥本海默在三十年代曾与共产党过从甚密，而爱因斯坦则始终与该党保持着距离。(他从未访问过苏联，尽管苏方曾多次发出过邀请。) 军方拒绝给予爱因斯坦安全信任的确切原因一直不得而知（爱因斯坦的FBI档案中唯一一封不见踪迹的信件就是1940年的那封有问题的信），但最有可能的解释是：军方对他独特的影响力心存畏惧，无论是对他的物理学同仁还是对美国民众，这种影响力都不可低估。爱因斯坦是个太过独立和无畏的人，特别是由于他出自天性的和平主义，军方很难控制住他。而且，爱因斯坦之所以支持原子弹的研发，完全是因为他担心纳粹政权会先于盟国制造出这种武器。假如他知道二战期间德国科学家（在海森伯的领导下）不会在技术上取得成功，他一定会撤回他对盟方原子弹研制计划的支持——(就像在本书中约瑟夫·罗特布拉特的文章所讨论的那样。罗特布拉特曾经退出曼哈顿计划，加入了反核武器运动。)

胡佛像参议员麦卡锡一样担心爱因斯坦的影响力。正因如此，联邦调查局才对爱因斯坦的调查守口如瓶，爱因斯坦在四五十年代也没有被国会的各个委员会传讯，调查他是否犯了颠覆国家罪和间谍罪。他们知道爱因斯坦会冲他们吐舌头——就像他1951年生日时在普林斯顿照的那张著名的相片里那样——而且可能会嘲弄他们一番。1953~1954年间，当他们终于开始与爱因斯坦公然对峙时，这实际上促使局势向反对恐怖气氛的方向扭转，加速了麦卡锡主义的倒台。

在这一时期，他曾多次作出公开声明，并且支持了几个受到解职威胁的人。但真正激起公众争议的，则是爱因斯坦1953年5月写给纽约的一名英语教师威廉·弗劳恩格拉斯的信。当该信件经爱因斯坦允许在《纽约时报》刊登之后，爱因斯坦甚至担心会在74岁高龄和虚弱的健康状况下坐牢。弗劳恩格拉斯因拒绝在国会委员会的传讯中为自己的政治关系作证，当时正面临着被学校解雇的危险。弗劳恩格拉斯写信给爱因斯坦，希望他能提出建议，爱因斯坦写道：

爱因斯坦和美国海军上尉康斯托克在普林斯顿的书房，1943 年。爱因斯坦在二战期间曾为美国海军做过一些研究工作。

> 反动政客在公众眼前虚晃着一种外来的危险，借此来以引起他们对一切理智努力的怀疑……为了反对这种罪恶，只居少数的知识分子应当怎么办呢？老实说，我看只有按照甘地主张的那种不合作的革命方法去办。每一个受到委员会传讯的知识分子都应当拒绝作证，也就是说，他必须准备坐牢和准备经济破产，总之，他必须准备为祖国的

> 文明幸福而牺牲他的个人幸福……如果有足够多的人下决心采取这种做法，他们就会得到胜利。否则，我国知识分子所得到的，决不会比那种为他们准备着的奴役好多少。

麦卡锡立即告诉《纽约时报》：“任何给弗劳恩格拉斯提出像爱因斯坦那样建议的人都是美国的敌人……在我们的委员会面前，每一个共产主义律师都会给出相同的建议。”一星期之后，他把“美国的敌人”修改为“一个不忠的美国人”。

毫无疑问，许多美国人都赞同第二个结论。胡佛就是其中一个。显然，爱因斯坦无异于胡佛的眼中钉、肉中刺。然而尽管联邦调查局做了最大的努力，也有军方智囊团、中央情报局（CIA）和其他政府部门的协助，胡佛还是无法指控爱因斯坦是共产主义者，更无法指控他在帮助苏联。爱因斯坦去世后几天，胡佛正式停止了对爱因斯坦案的调查。同时，艾森豪威尔总统代表爱因斯坦所赞赏的美国对他大加颂扬：“美国人民为他能在这里找到探寻知识和真理的自由气氛而骄傲……没有任何人能像他那样为二十世纪的知识拓展贡献良多。”

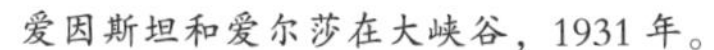
爱因斯坦和爱尔莎在大峡谷，1931 年。

第十二章　犹太复国主义、大屠杀和以色列

“我既不是德国公民，也没有什么‘犹太信仰’，不过我是一个犹太人，这使我深感荣幸，即使我并不相信犹太人是上帝拣选的。”

——爱因斯坦，致德国犹太信仰公民联合会的信，1920年

爱因斯坦晚年时，许多人都到普林斯顿拜访他。在众多的来访者当中，有一位名叫威廉·赫尔曼斯的德国人希望同他探讨一些宗教问题。赫尔曼斯参加过第一次世界大战，是凡尔登战役的幸存者。战后，他成了一名外交官。纳粹上台之后，他离开了德国外事处，移民到了美国。他在哈佛大学教授过德语文学，也曾在其他一些大学任教。1930年，赫尔曼斯在柏林第一次见到了爱因斯坦，之后又有过几次交谈。数十年以后，他出版了《爱因斯坦与诗人》（*Einstein and the Poet*：*In Search of the Cosmic Man*）一书。他赞赏爱因斯坦所信仰的那种“宇宙”宗教。其实，这种思想早在1930年爱因斯坦与泰戈尔就实在问题展开对话时，就曾有所表露。后来，爱因斯坦在《宗教与科学》一文中明确提出并解释了这一思想，在他1930年到访美国之前，《纽约时报》刊登了这篇文章。赫尔曼斯认为这种宇宙宗教并不必然与传统信仰冲突，他希望发起一场包括犹太教、基督教、吠陀教、佛教和伊斯兰教传统的宇宙宗教运动。因此，他非常希望听到爱因斯坦“对上帝的精确表述”。

爱因斯坦以其一贯的言简意赅，向赫尔曼斯表达了他关于宗教信仰的看法：

关于上帝，我无法接受任何基于教会权威的观念。我自始至终都

爱因斯坦在纽约世博会的巴勒斯坦展馆外，1939年。

> 对向民众灌输信仰深恶痛绝。对生死的恐惧不会使我盲信。我无法向你证明没有一个人格化的上帝，但我如果说有，那我就是在撒谎。我不相信那个对善恶进行赏罚的神学中的上帝。我心目中的上帝在创造了定律之后就隐遁起来了。他的宇宙遵从亘古不变的定律，而不是上帝一厢情愿地想怎么样就怎么样。

在这一表述中，有三点特别值得注意。首先，爱因斯坦并没有说明如何把人的道德纳入他的宇宙宗教。事实上，就像他在别处所说的，他认为“道德并不是什么神圣的东西，它纯粹是人的事情。”其次，他似乎没有在这种宗教中为自由意志留出余地，因为在一个遵从亘古不变的神圣定律的世界中，自由意志是不可能存在的；第三，他没有提到人对宗教传统（在他那里是犹太教）的需要。

“[爱因斯坦的] 宇宙宗教只有一个缺点：他给语词多加了一个字母s，”（那个语词可能是religion。因为在信上帝的人看来，不应该还有别的religion。而爱因斯坦在1930年给《纽约时报》的文章里大谈religions，由此遭到了希恩主教的刻薄回应。——译者注。）这是来自美国著名宗教评论家富尔顿·希恩主教的刻薄回应。他曾在二十年代写过一本《没有上帝的宗教》（*Religion without God*），力图捍卫宗教，反对科学。爱因斯坦读过这本书，认为作者的头脑很灵活。希恩是一个极端保守的天主教徒，在他看来，由一个人格化的上帝来统领教会是任何有真正价值的宗教所必不可少的。

对爱因斯坦而言，他的宇宙宗教和犹太性显然是不相干的。事实上，在《有没

爱因斯坦和爱尔莎在特拉维夫举行的一场招待会上，在那里他被授予荣誉市民称号，1923年。

爱因斯坦在德国犹太学生联合会上讲话，1924 年。当时德国的反犹主义情绪正在不断高涨。

有一种犹太人的世界观?》一文中，他根本就不认为犹太教是一种宗教：

> 从哲学意义上来讲，我认为并没有什么特殊的犹太人的观点。我觉得犹太教几乎只涉及人生的道德态度和对待生命的道德态度……由此可见，犹太教绝不是一种超越的宗教，它所涉及的是我们现在的生活，而且是在一定程度上能够把握的生活，此外别无其他。因此，我觉得，如果按照宗教这个词的公认含义，那就很难说它是一种宗教，特别是因为，要求于犹太人的不是"信仰"，而是超越意义上的生命的神圣化。

然而，他在犹太教中也看到了另一种气质，这在《诗篇》中有许多很优美的表述："对这个世界的美丽庄严感到一种兴高采烈的喜悦和惊奇，而对这种美丽庄严，人还只能形成模糊的观念。"他认为，"这种喜悦是真正的科学研究从中汲取精神食粮的那种感情，但它似乎也表现在鸟儿的歌声中。"但是，爱因斯坦坦率地说，"把这种感情附加在上帝观念上，就未免幼稚可笑。"

因此，爱因斯坦与犹太性和犹太复国主义的关系"并非建立在宗教的基础之上"，这是一位与爱因斯坦熟识的物理学家，即《爱因斯坦与宗教》(*Einstein and Religion*)的作者马克斯·雅默在本书中所作的断语。

为了理解这种关系的复杂性，我们不妨从爱因斯坦对犹太同胞的常用称呼开始：爱因斯坦没有把他们称为"教友"，而是称其为"部族同伴"。(1921年，他即将同犹太复国主义者一道对美国进行初访，他在对弗里茨·哈伯就此事发表意见时就曾这样称呼。）爱因斯坦感到，把他与其他犹太人联系在一起的纽带不是宗教的而是部族的。他似乎是在1914年的一封信中第一次使用了这种说法，那时他还在柏林，因沙俄曾经的反犹太大屠杀而拒绝了圣彼得堡科学院的一份访俄邀请："除非万不得已，我不会到我的部族同伴遭到如此残害的国家去旅行。"

爱因斯坦年轻时就非常清楚，他的犹太人身份会给谋求教职带来麻烦。1901年，他未来的妻子米列娃在给她最好的朋友写的一封信中说得很明白："你一定知道，我的心上人有一根惹祸的舌头，只怪它长在一个犹太人口中。"当他1909年在苏黎世大学第一次成功地获得了学术职位时，反犹主义还是隐约可见的。系主任在评审书中写道：

> 爱因斯坦博士是一个犹太人……在学者们看来，犹太人有许多令人不快的性格特征，如胡搅蛮缠、莽撞无礼、对自己的教职精打细算、牟取私利，在许多情况下确实如此。但另一方面，或许有些犹太人的性格并没有那么糟糕，因此，仅仅因为一个人是犹太人就剥夺他的资格并不妥当。

在这一时期，爱因斯坦的态度可见于他对这样一些犹太人的看法，他们来自苏黎世的富裕家庭，担任着编外讲师的职务（1907年，爱因斯坦谋求此职未果），但纯粹为了更好地被社会接受，他们企盼着继续升任教授，尽管一次次地遭到拒绝。"为什么这些仅凭私人收入就能过得很好的人，偏偏急于得到一个国家给钱的职位？为什么要这样卑下地向国家乞怜？"他觉得这种低声下气实在有伤自尊。

虽然他最亲近的家人希望尽可能地融入德国社会，但爱因斯坦却绝无此念，随着年龄的增长，他对这种想法越来越淡漠。哈伯梦想着成为一个普鲁士人，为此他竟然接受了基督教的洗礼，这是爱因斯坦所不能容忍的。"我高兴地获悉……你对那种金发野兽的痴迷消退了不少，"他在哈伯1933年不得不离开德国时这样嘲笑他。爱因斯坦从未像奥本海默等人那样，感到他"是犹太人，但希望自己不是，并且试图佯装自己不是。"他不赞同他的朋友玻恩的观点，玻恩来自一个高度同化的家庭，他们把德国1918年以前的排犹主张和手段视为

在赫尔曼·贾德罗克（柏林国家歌剧院和纽约大都会歌剧院的明星）1930年发起的一场慈善音乐会期间，爱因斯坦在柏林克拉宁堡（Cranienburger）大街的犹太会堂罕见地戴着一顶犹太帽。爱因斯坦也在音乐会上演出。

“无端的羞辱”。早在纳粹时期的排犹高潮来临之前，爱因斯坦就持这样一种基本看法：反犹主义无疑是令人不快的，但在任何一个多种族社会里，这都是可以预料的，而且“无法通过善意的宣传加以杜绝。每个民族都希望追求其各自的道路，不被杂糅起来。只有通过相互的宽容和尊重，事态的发展才能让各方都满意。”玻恩在六十年代承认，众叛亲离，“事实证明，爱因斯坦的看法是更加深刻的。”

在爱因斯坦看来，犹太人应当树立信心，自力更生，而不是向他们的宿主社会求援。泰戈尔对同一时期的印度人和英国殖民力量也持类似的看法，这就是爱因斯坦和泰戈尔为什么在社会态度上有许多共同语言的原因。1919年以后，这种关于犹太部族团结一心的越来越强烈的情感激起了爱因斯坦对犹太复国主义的兴趣。在爱因斯坦与新闻记者莫什科夫斯基1919~1920年的谈话中，关于犹太教和犹太复国主义的内容甚至根本没有提及。正是他1920年以后在德国经历的反犹主义使他明确了看法，成为犹太复国主义的信徒。

然而，爱因斯坦确是一位“孤独的过客”，他从未真正参加过任何一个犹太复国主义组织。在他看来，自由和独立总是第一位的，对部族的忠诚居于其次。从1921年起，他无私地帮助犹太复国主义者为希伯来大学筹款，但是当他不同意他们的民族主义时，他不会对其俯首帖耳。哈伊姆·魏茨曼知道这一点——在1921年的美国巡讲中，他特意安排爱因斯坦只做挂名的领袖，而不是宣传犹太复国主义的演讲者——但他们的合作还是出现了不愉快。三十年代，爱因斯坦与犹太复国主义者的关系曾一度恶化，以至于爱因斯坦私下称魏茨曼是“一个彻头彻尾的骗子（一个

爱因斯坦作为犹太复国主义运动的筹资者第一次到美国旅行，1921年。这是一张摄于船上的照片，从左至右依次是梅纳切姆·乌辛什金、哈伊姆·魏茨曼、薇拉·维茨曼、爱因斯坦、爱尔莎、本齐翁·默辛森。

爱因斯坦在犹太复国主义领袖迈耶尔·魏斯伽尔的陪同下参加1946年在华盛顿举行的英美会议，讨论巴勒斯坦的局势。右边是海伦·杜卡斯，爱因斯坦生命中最后25年的秘书。

犹太的阿尔西巴德①)”，而魏茨曼则说，爱因斯坦“正在变得妄自尊大，不听从指挥”。

1923年2月，赴日讲学的爱因斯坦在返欧途中，第一次对巴勒斯坦进行了访问。他自然受到了那些圣地的“部族同伴”热烈欢迎，他也对他们的款待和开拓性的工作表示衷心的感谢。但他的日记却显示，这次经历也使他感到不安。他在哭墙前看到了那些留着络腮胡须的正统的犹太人，他们身穿黑色长袍，头戴宽帽，在祈祷时前后摇摆。他认为这群“愚钝的部族同伴……令人同情，他们拥有过去，却没有未来。”临行前的晚上，主办方挽留他定居在耶路撒冷，留在希伯来大学工作。他说：“我心里不反对，但我的理性说不行！”此后，他再也没有回到圣地。

这种情绪几乎毁掉了他与大学的关系。1933年，他义愤填膺地给玻恩（刚刚离开纳粹德国，正在谋职）写信说，耶路撒冷大学已经变得“污秽不堪……人心不古。这场冲突的根源是爱因斯坦不愿对学术标准作出让步。在他看来，一个平庸的大学还不如不要。校长朱达·马格尼斯是大学的犹太赞助者推举的，较之学术，他们更感兴趣的是为来自富裕家庭的美国犹太人安排职位。爱因斯坦认为马格尼斯“很有野心，但软弱无能，整天与另外几个道德低劣的人沆瀣一气，不让正派的人在这里取得成功。”正因为此，爱因斯坦于1928年从学校辞职。然而，直到他1933年把这种不满情绪公开之后，魏茨曼才在盛怒之下任命了一个调查委员会加以调

①阿尔西巴德（Alcibiades，约前450~前404），古希腊雅典统帅。苏格拉底的弟子，能言善辩。伯罗奔尼撒战争后一阶段，鼓动民众会议作出决议，发动对西西里的冒险远征。率舰队出发后，被控犯渎神罪并判处死刑；畏罪投降斯巴达，与祖国为敌。后为斯巴达所诱杀。——译者注

查。从1935年起，马格尼斯失去了人事任免的权力，爱因斯坦所欣赏的一名新校长上任。他与希伯来大学的关系被修复了。去世之前，他立下遗嘱，将其所有论文最终保存在希伯来大学。

1933年以后，帮助像玻恩这样的犹太流亡物理学家在德国以外找到工作成为爱因斯坦的一个当务之急。这也促使他到美国之后希望面见罗斯福总统。随着纳粹对犹太人的迫害愈演愈烈，爱因斯坦不知疲倦地为包括著名物理学家在内的无数难民奔走，并因此而经常与罗斯福政府发生争执，在三十年代中后期，罗斯福政府绝不是反纳粹的。联邦调查局与盖世太保的关系仍然很密切，这种关系直到日本1941年偷袭珍珠港才发生变化。弗瑞德·杰罗姆在《爱因斯坦档案》一书中写道："如果纳粹声称你'对共产主义抱有同情'，那么这对美国当局就足够了——你将被禁止入境。"即使是他所特邀的国外助理，爱因斯坦也无法为其在高等研究院谋得永久职位，因为他1933年与高研院的主管弗莱克斯纳闹翻了。但至少有一次，这种危险得以成功化解。根据波兰学生利奥波德·英菲尔德的建议，爱因斯坦同他合写了一本《物理学的进化》，该书于1938年问世，很快便荣升畅销书榜首，这要归功于爱因斯坦的魔力（书的内容的确引人入胜，本书中多有引用），它不仅在商业上取得了成功，或许也把英菲尔德从纳粹的焚尸炉中解救了出来。

当战争即将结束，集中营的消息开始传出之时，爱因斯坦愈发难以遏制对德国人的态度。1944年，他在纽约发表了《致华沙犹太区战斗英雄》一文，谈到了前一年波兰发生的犹太人起义、大屠杀和随后的清剿行动。他写道：

> 德国人作为整个民族，是要对这些大规模屠杀负责的，并且必须作为一个民族而受到惩罚，如果世界上还有正义，如果各国的集体责任感还没有从地球上完全死灭的话。站在纳粹党背后的，是德国人民，在希特勒已经在他的书中和演讲中把他的可耻意图说得一清二楚，而绝无可能发生误解之后，他们把他选举出来。德国人是唯一没有做过任何认真的抵抗来保护无辜的受害者的民族。当他们全面溃败，开始悲叹其命运的时候，我们必须不让自己再受欺骗，而应当牢牢记住：他们曾经存心利用别人的人性，来为他们最近的并且是最严重的反人性的罪行做准备。

战后，爱因斯坦禁止德国再版他的著作，对德国希望授予他的荣誉（甚至是纯科学的）也一概拒绝。1949年，当发现核裂变的奥托·哈恩邀请爱因斯坦加入新成立的马克斯·普朗克学会，担任"外籍会员"时，爱因斯坦对他说，"德国知识分子阶级所表现出的态度无异于一群暴民。在令人发指的大屠杀后，他们既没有忏悔，也没有真心希望过一种有道德的生活。"当玻恩宣布从爱丁堡退休后希望重新回到德国居住时，他甚至告诫玻恩不要"回到那个对我们的亲人进行大规模屠杀的国土"。不过他仍然与几位德国的老同事保持着良好的关系，特别是马克斯·冯·劳厄。

新成立的以色列国邀请爱因斯坦参加一些官方活动，也被他拒绝了。三十年代，由于担心“犹太教的本性”受到损害，他反对建立一个犹太国家，而一直鼓励犹太人与阿拉伯人进行合作。但是在战争和大屠杀结束之后，他承认以色列为既成事实。然而，他毕生对政治的反感不可能改变。1952年11月，以色列第一任总统魏茨曼去世，以色列总理本-古里安希望请爱因斯坦出任总统，他立即回绝了：

> 对于我们的以色列国向我提供的殊荣，我深为感动，但我不能接受它，对此我感到十分悲伤和羞愧。我整个一生都在同客观事物打交道，不仅没有天生的资质，同时也缺少经验与人民和谐相处，处理世事。因此，本人不适合担当如此高官重任。

他还说，

> 与犹太人民的血脉联系是我一生中最亲切、最强烈的心理寄托。特别是当我意识到，在世界各国中我们的处境还不稳定，这更加使我感到痛苦。

对于爱因斯坦的回复，本-古里安一定深为感动，但他也不由得长舒了一口气。在等待爱因斯坦作出决定的时候，他对秘书说，“如果他接受了，我们该怎么办呢？我不得不让他担任这一职位，因为话已经说出去了。但我们可就麻烦了。”本-古里安深知，爱因斯坦不会对权力感兴趣，无论是德国的、美国的还是以色列的。

爱因斯坦和有幸躲过大屠杀的犹太难民的孩子们在普林斯顿家中，1949 年。

爱因斯坦论宗教、犹太教和犹太复国主义

马克斯·雅默

马克斯·雅默和爱因斯坦在普林斯顿。这是一段影片中的一个静止画面，1952年。

除去物理学，宗教哲学和对精神真理的追求也许是爱因斯坦最关注的东西。在这方面，他是如此的执著和投入，以至于竟然有人称他为“著名神学家”。然而，爱因斯坦虽然怀有深挚的宗教感情，却从未参加过宗教仪式，他称自己为一个“宗教感情很深的无信仰者”。在这个深邃的人关于物理学、哲学和社会政治信念的种种看法当中，也包含着他对宗教和犹太教的态度。

要想理解爱因斯坦的宗教观，我们只有从他的早年开始追溯。6岁时，尽管阿尔伯特已经以犹太人的身份登记在册，但还是进入了慕尼黑的一所天主教公立小学读书，因为这里的费用要比远处的一所私立犹太学校低不少。在那里，他学习了教义问答手册，阅读了圣经故事。虽然他的父母都是不信教的犹太人，但他们还是请了一位远房亲戚来给阿尔伯特讲授犹太教的基本原理。这位教师唤起了阿尔伯特强烈的情感，以至于他在任何一个细节上都严守教规，甚至斥责他的父母不遵守犹太教的饮食规定。这个男孩在犹太教和基督教中看到的还只是一套和谐的教义。

然而到了12岁，当他本该准备行受戒礼的时候，他却失去了他后来所谓的“少年时代的宗教天堂”。具有讽刺意味的是，他对“狂热的自由思想者”的皈依起因于父母所唯一遵循的犹太人宗教习惯：招待一个穷苦的犹太学生每周吃一次饭。这位客人虽然比阿尔伯特年长十岁，却成了他的亲密朋友。他送给了阿尔伯特一些科学书籍，结果完全颠覆了他的宗教信仰。

克塞诺芬尼曾说：“如果牛会画画，它也会把神画成牛形。”这句话使阿尔伯特深受震动，并导致他终生抛弃了人格化的上帝概念。它造成了“一种决

定性的印象”，使他萌生了这样一种情绪：“国家是故意用谎言来欺骗年轻人的”。从此以后，他不再相信任何权威，并由此发展出一种批判性的态度，这不仅针对人类社会的规律，而且也针对自然定律。按照某些现代物理学史家的看法，这为他日后创立革命性的相对论埋下了伏笔。

这种反宗教的立场后来发生了转变，当时他在伯尔尼的瑞士专利局工作，和朋友们一起讨论著名的哲学家。斯宾诺莎的哲学又一次唤起了他深挚的宗教情感，但他现在所信仰的上帝很像斯宾诺莎的“神或自然”（*deus sive natura*）。在自然的和谐与美中显示自身的伟大的中世纪犹太哲学家摩西·迈蒙尼德的看法也使他倾心，迈蒙尼德否认上帝有形体，而提倡所谓的“否定神学”，使用双重否定方法，例如“上帝不是不存在的”——上帝的存在只能由他在自然中显现出来的“道”或行动推论出来。爱因斯坦认为，“每一个严肃地从事科学事业的人都深信，宇宙定律中显示出一种精神，这种精神大大超越于人的精神，我们在它面前必须感到谦卑。”

爱因斯坦把这种信念称为一种“宇宙的宗教感情”，并认为它是“科学研究的最强有力、最高尚的动机”，开普勒和牛顿就是例证。科学与宗教紧密相连，“科学离开了宗教就像瘸子，宗教离开了科学就像瞎子。”

出于这种信念，他从未到犹太会堂参加过宗教仪式。他甚至认为，向上帝祈祷并向其索取的人不是一个虔诚的人。然而，正如他的好友犹太物理学家马克斯·玻恩曾经说过的，“爱因斯坦并不认为宗教信仰是愚蠢的表现，也不认为无宗教信仰是理智的表现。”事实上，爱因斯坦经常批评无神论者，令他不解的是，“宇宙中既然存在着这样一种和谐，竟然还有人会说上帝不存在。”甚至在音乐的和谐中，爱因斯坦也感受到了某种神圣的东西。当他听完小提琴家耶胡迪·梅纽因和柏林爱乐乐团演奏的巴赫、贝多芬和勃拉姆斯的协奏曲后，他上台拥抱了梅纽因，并向他祝贺：“听完你美妙的乐曲，我相信天堂

《论一个犹太的巴勒斯坦》（第一稿），这是爱因斯坦1921年6月27日在一个犹太复国主义集会上的讲演。他在讲演中表达了他的希望：为了所有人民的福祉，我们将在巴勒斯坦建立起“我们民族文化的祖国”。

Prof. Dr. A. Einstein
Mitgl. d. pr. Akademie der Wissenschaften

Berlin, den 27. VI. 21.
W. 30, Haberlandstr. 5.

Meine Damen und Herren!

Seit zweitausend Jahren bestand das gemeinsame Gut des jüdischen Volkes nur in seiner Vergangenheit. Gemeinsam war unserem über die Welt zerstreuten Volke nichts als die sorgsam gehütete Tradition. Wohl haben einzelne Juden grosse Kulturwerte geschaffen, aber das jüdische Volk als Ganzes schien nicht mehr die Kraft zu grossen Kollektiv-Leistungen zu haben.

Dies ist nun anders geworden. Die Geschichte hat uns eine grosse edle Aufgabe in Gestalt der thätigen Mitarbeit an dem Aufbau Palästinas. Hervorragende Stammesgenossen arbeiten bereits heute mit allen Kräften an der Verwirklichung dieses Zieles. Es ist uns Gelegenheit dazu geboten, Kulturstätten zu errichten, die das ganze jüdische Volk als sein Werk betrachten kann. Wir hegen die Hoffnung, in Palästina eine Heimstätte eigener nationaler Kultur zu schaffen, die dazu beitragen soll, den nahen Orient zu neuem wirtschaftlichen und geistigen Leben zu wecken.

Das Ziel, das den Führern des Zionismus vorschwebt, ist kein politisches, sondern ein soziales u. kulturelles. Das Gemeinwesen in Palästina soll sich dem sozialen Ideal unserer Vorfahren nähern, so wie es in der Bibel niedergelegt ist und gleichzeitig eine Stätte modernen geistigen Lebens werden, ein geistiges Centrum für die Juden der ganzen Welt. Dieser Auffassung entsprechend bildet die Errichtung einer jüdischen Universität in Jerusalem eines der wichtigsten Ziele der zionistischen Organisation. Ich bin in den letzten Monaten in Amerika gewesen, um dort die materielle Basis für diese Universität schaffen zu helfen. Der Erfolg dieser Bestrebung war ein vorzüglicher. Dank der unermüdlichen Tätigkeit und der hervorragenden Opferwilligkeit der jüdischen Ärzte Amerikas ist es uns gelungen, genügend Mittel für die Schaffung einer medizinischen Fakultät zusammen zu bringen u. es wird mit den vorbereitenden Arbeiten derselben sofort begonnen. Nach den bisherigen Erfolgen hege ich keinen Zweifel, dass sich die materielle Basis für die übrigen Fakultäten in kurzer Zeit wird schaffen lassen. Die med. Fakultät soll zunächst im Wesentlichen als Forschungsinstitut ausgebildet werden u. für die [illegible] Aufbau besonders wichtige Sanierung des Landes tätig sein. Unterrichtstätigkeit im grösseren Stile wird erst später von Wichtigkeit werden. Da sich eine Reihe tüchtiger Forscher bereits gefunden hat, die

里一定有一位上帝！”显然，爱因斯坦是“笃信宗教的”，但是如果“宗教信仰”要求参与一个宗教团体，那么他无疑不是一个信仰者。

由此可见，爱因斯坦与犹太复国主义的关系并非建立在宗教基础之上。在瑞士期间，爱因斯坦并没有涉足犹太人事务。直到1911年，当他到布拉格任正教授时，他才被迫说自己是犹太人。也只是在布拉格，他才每天接触占这个城市德语人口半数的犹太人团体。小说家马克斯·布劳德和哲学家雨果·伯格曼曾试图说服他积极参与犹太人的活动，结果没有成功，因为爱因斯坦完全沉浸于物理学当中。

1914年搬到柏林居住后，爱因斯坦同信仰天主教的妻子米列娃离婚，并和表姐爱尔莎结婚。直到这时，犹太人才引起了他的关注，因为当时有许多犹太人涌入柏林，以躲避波兰和俄国境内的残酷镇压。爱因斯坦意识到，蛊惑民心的政客正在把涌入的人群用作政治武器。他只是出于人道主义考虑，才帮助了那些不幸的人。他们当中不乏颇有才学的人，由于没有资格上大学，爱因斯坦专门为他们排了课，这些课往往由他亲自来上。

对爱因斯坦来说，1919年当然意义重大。天文学观测证实了广义相对论的预言，这使他声名远扬。他应邀在伦敦的《泰晤士报》上撰文，并且开玩笑说：“这里还有相对性原理的另一个应用——现在我在德国被说成是‘德国的学者’，但在英国我又被说成是‘瑞士的犹太人’。假若我命中注定该扮演一个惹人嫌的角色（*bête noire*）的话，我就该被德国人称为‘瑞士的犹太人’，对英国人来说，我又成了‘德国的学者’！”

不仅如此，爱因斯坦还在1919年皈依了犹太复国主义。那年2月，布卢门菲尔德，柏林的一个犹太复国主义领袖，试图通过诉说犹太人在欧洲的悲惨处境而说服爱因斯坦加入犹太复国主义组织。爱因斯坦说：“这与犹太复国主义有什么关系？……犹太人会不会由于一种在巴勒斯坦以外发展起来的宗教传统而过多地与乡村和乡村生活疏远？”不过，他对此深感同情。虽然布卢门菲尔德没能说服爱因斯坦正式加入组织，但爱因斯坦的“犹太性”（Jewishness）的确被激发出来了。1920年初，德国犹太信仰公民联合会邀请他出席一场会议，爱因斯坦谢绝了，他说：“我既不是德国公民，也没有什么‘犹太信仰’。”但他同时还说：“不过我是一个犹太人，这使我深感荣幸，即使我并不相信犹太人是上帝拣选的。”事实上，在距离他1955年去世不到一个月的时候，他还写信给布卢门菲尔德说：“向您表示迟到的谢意，您帮助我唤醒了我的犹太灵魂。”

爱因斯坦于1923年访问巴勒斯坦期间在海法附近植树。

1921年，犹太复国主义组织的主席哈伊姆·魏茨曼，希望爱因斯坦能和他一起到美国为耶路撒冷大学的建立筹款。这次爱因斯坦同意了。回到柏林以后，爱因斯坦在一次讲演中说，“正是在美国，我才第一次发现了一个犹太民族。我曾见过许多犹太人，但一个犹太民族却是我从未见过的，无论是在柏林，还是在德国的其他地方。这个来自俄国、波兰或其他东欧国家的犹太民族……仍然保持着一种健康的民族感情，这种感情没有因人的流离失所而泯灭。我发现这些人格外具有自我牺牲精神和创造性。”

1923年，爱因斯坦对巴勒斯坦做了他一生中唯一一次访问。他在那里呆了12天，第一场讲演是在斯科普斯山（Mount Scopus）的希伯来大学作的。犹太复国主义执委会主席乌辛什金邀请他定居在耶路撒冷，并且用这样的话来欢迎他：“请登上这个已经恭候了您两千年的讲坛吧。”爱因斯坦依次用希伯来语、法语和德语完成了这个演讲。第二天，人们在特拉维夫为他举行了一场欢迎宴会，在这个宴会上，他被授予“自由市民”称号。他在答谢辞中说：“我曾是纽约市的荣誉市民，但能够成为这个美丽的犹太城市的一员，却让我备感欣慰。”1952年，爱因斯坦差点当上了犹太国的领袖。为了证明文化和科学是国家的最高理念，以色列总理本-古里安邀请他当以色列总统。但爱因斯坦谢绝了，他说：“我对大自然知道一点，对人却知之甚少。”

他加入了希伯来大学的第一届董事会，并且担任了学术委员会主席。他把这所大学的成立称为“耶路撒冷神殿被毁之后巴勒斯坦发生的最伟大的事情”，并希望它能够成为一个不仅仅局限于犹太人的世界文化生活中心。然而没过多久，爱因斯坦就与校长马格尼斯发生了争执。在他看来，马格尼斯在处理事务时不是把它们交给校学术委员会讨论，而是受到了美国慈善家的过分左右。1928年，爱因斯坦辞去了正式职务，但是他说，他将“永远把耶路撒冷大学的命运看成是自己的命运。”1935年，大学采纳了他的意见，这时他收回辞呈，继续致力于学校的发展，希望它能够“成为一个伟大的精神中心，博得全世界有教养的人的尊敬。”爱因斯坦在遗嘱中声明，等他去世后，著作权归希伯来大学所有，个人档案连同手稿和通信一并交由希伯来大学保存。

犹太人与阿拉伯人之间的冲突非常令爱因斯坦担忧。在1929年巴勒斯坦的骚乱中，有多名犹太人在希布伦遭到残杀。事件发生之后，爱因斯坦拒绝任何以暴易暴的行为。他深信，在犹太人与阿拉伯人之间没有不可以解决的分歧，和平还是有希望的。他写信给魏茨曼说："如果我们无法同阿拉伯人以协商化解矛盾，以合作谋求稳定，那么我们就没有从两千年的苦难经历中学到任何东西，就只能自食其果。"在1930年写给阿拉伯日报《巴勒斯坦之声》（*Falastin*）的一封信中，爱因斯坦提出了成立顾问委员会的想法，这个委员会由四个犹太人和四个阿拉伯人组成，每周开一次会，商讨亟待解决的问题，以谋求"广大人民的最大福祉"。

爱因斯坦去世已经半个世纪了，我们也许会问，如果看到以色列的政治现状，他会怎样来评价呢？诚然，他对犹太人的许多希望现在都已成为了现实，工业、农业、商贸、科学技术都取得了很大进步，甚至超过了他的预期。然而，还有一样最让他牵挂的东西没有实现，那就是和平。

对于阿拉伯人，爱因斯坦最有可能重复他给《巴勒斯坦之声》写的另一封信中的话：

> 多年以来，我一直坚信，未来的人性必须建立在一个亲密的民族共同体的基础之上，侵略性的民族主义必须被克服，怀着像我这样信念的人将会看到，巴勒斯坦的未来只能以民族之间的和平共处与相互协作为基础。为此，我期待着伟大的阿拉伯人民能够更加理解犹太人的愿望：在古代的犹太教遗址上重建他们的民族家园。

对于犹太人，爱因斯坦也许会重复他1949年为犹太联合呼吁会（*United Jewish Appeal*）所作的广播中说的话：

> 当我们评价这种成就时，千万不要忘记它们所服务的事业：……创建一种共同体，使它尽可能密切遵守我们犹太人在漫长的历史进程中所形成的道德理想。这些理想之一是和平，它建立在谅解和自我克制的基础上，而不是建立在暴力的基础上……我们需要和平，而且我们认识到我们将来的发展也有赖于和平。

第十三章　天使与恶魔：关于核子的争论

“对于什么是应该的和什么是不应该的这种感情，就像树木一样生长和死亡，没有任何一种肥料会使它起死回生。个人所能做的就是作出好榜样，要有勇气在风言冷语的社会中坚定地持守伦理的信念。长期以来，我就以此律己，取得了不同程度的成绩。”

——爱因斯坦，致马克斯·玻恩的信，1944年

1945年，人类进行了第一次原子弹试验。一年之后，1946年7月1日出版的《时代周刊》的封面上刊登了一幅令人印象深刻的画——“世界摧毁者爱因斯坦”（Cosmoclast Einstein）。画面的前景是这位须发蓬乱的教授和善的脸庞，面色疲惫而苍老，他的目光投向远方，似乎在凝视着子孙后代；背景则是一团团烟雾和火焰腾空而起，形成一柱冲天的蘑菇云，有如一条眼镜蛇的颈部皮褶高高地耸起，笼罩在大海之上。海面上孤零零地漂浮着几只军舰，显得那样渺小而无助。方程式 $E=mc^2$ 写在蘑菇云上，好似恶魔一般。这幅画似乎包含有这样的意味：爱因斯坦施展他那魔法般的天才，召唤出这个基本的数学公式，用它和理论物理学定律签订了一项浮士德式的制造原子弹的契约，现在正在反思把这样一个妖孽带给人类的罪过。

如1946年这期《时代》杂志的封面所描绘的，美国1945年在广岛和长崎投下原子弹之后，爱因斯坦因其最著名的方程而与原子时代的恐慌有了牵连。

其实，这与实际情况根本不符。原子弹并非直接出自爱因斯坦。$E=mc^2$ 当然是他1905年在杂志上发表

的，但是当他从狭义相对论推导出这个方程时，绝对没有预见到它能被用于制造武器。虽然出于对纳粹可能首先制造出原子弹的深深的忧虑，他确曾促请美国政府研制原子弹，但他对于获知原子裂变的物理和化学没有贡献，也没有参与战时的曼哈顿工程。而当他得知德国科学家没有可能取得成功时，他又对自己早先鼓励政府研制原子弹悔恨不已。从那时起一直到去世，他都不遗余力地反对核武器的蔓延。因此，爱因斯坦绝非《时代周刊》所暗示的原子弹之“父”——就像约瑟夫·罗特布拉特在他的文章中提醒我们的那样。如果实在要说，我们也只能称爱因斯坦为原子弹的“祖父”。

奥托·哈恩（左）和费里茨·施特拉斯曼于1938年合作发现了核裂变。哈恩的前任合作者莉泽·迈特纳（右）从理论上解释了他们的实验结果，她当时是逃离德国的难民。

也许有些令人惊讶，其实在爱因斯坦的方程发表以前，就曾有人预言原子内部可能埋藏巨大的能量。此预言源于放射性实验而非相对论。早在1904年，物理化学家弗雷德里克·索迪（他在爱因斯坦获得诺贝尔奖的同年获得了诺贝尔化学奖）在对皇家工程兵部队的一次讲演中说：

> 一切重物质可能都潜藏着束缚在原子结构中的与镭元素相当的能量。如果这种能量能被释放出来并加以控制，那将是怎样一种决定世界命运的力量！倘若有人能够获取大自然千方百计守护的控制能量输出的秘密，他就将拥有一种强大的武器，如果他愿意，甚至可以毁灭地球。

五年之后，索迪在其广受欢迎的著作《镭的秘密》（*The Interpretation of Radium*）中提出了一种乐观的看法（尽管同样使人不安）：

> 如果哪个国家能够使物质发生转化，它就能把沙漠变成绿洲，把冰冻的两极融化，把整个世界变成美好的伊甸园。

二十年代末，当《与爱因斯坦交谈》一书面世时，对原子能量的这种猜测已经变得越来越普遍（虽然还没有把它与$E=mc^2$联系起来）。不过爱因斯坦仍然心存疑虑。他对该书作者莫什科夫斯基说：

德国物理学家弗里茨·施特拉斯曼

> 目前还没有任何迹象显示这种能量何时能够获得，或者是否能够获得。因为要想实现这个目标，我们就必须能够随心所欲地引起原子的衰变，也就是将原子打碎。就目前的情况来看，几乎没有什么证据可以支持这一结论。我们只有在自然过程中，比如镭元素的放射性，才能观察到原子的衰变……

然而，就在他们谈话的这一时期，卢瑟福于1919年宣布，他用α粒子打碎了氮原子核，使之变成氧原子。在这种情况下，爱因斯坦告诉莫什科夫斯基，卢瑟福的实验改变了他原有的看法，要想对原子能作出结论，还有待于对核衰变进行进一步研究。

然而，直到1933年，卢瑟福仍然认为讨论核能的开发利用是不现实的，他对伦敦的《泰晤士报》说，这无异于痴人说梦。爱因斯坦同样不敢确信。在1934年底美国科学促进会举行的一次年会上，他以其一惯的机智告诉那些热心的记者，通过轰击原子核来释放原子能量的可能性，就像在"鸟儿稀少的漆黑之地"开枪命中它们一样小。1939年3月，也就是哈恩和施特拉斯曼在纳粹德国发现铀核裂变三个月后，爱因斯坦在过六十岁生日时仍然坚持认为："迄今为止，关于原子裂变所获得的成果尚不能表明，在这一过程中所释放出来的原子能量能够实际加以利用。"然而，他又意味深长地补充说："几乎不可能有哪位物理学家会如此缺乏理智上的好奇，以至于仅仅因为以前的实验没有得到理想的结果而冷落这一重要的课题。"

爱因斯坦之所以没有作出准确判断，是因为他那时并不是核物理领域的领军人物。从三十年代起，他就逐渐失去了对大部分物理学的兴趣，他只关心他所认为的与统一场论有关的物理学。当玻尔1939年初到普林斯顿高等研究院讨论关于原子裂变的最新进展时，爱因斯坦仍然采取漠不关心的态度。

四个月后，也就是1939年7月，他意识到这的确是可能的。事件的起因是两位对希特勒不抱希望的匈牙利流亡物理学家的一次来访，其中一位是利奥·西拉德，他是爱因斯坦的朋友（他们曾经于二十年代共同设计了一种冰箱），另一位是尤金·维格纳。他们听说德国物理学家正在研究裂变，而且很可能是为了研制一种炸弹。他们急忙从纽约赶往爱因斯坦在长岛的避暑别墅，希望他能在政治上作点努力。

在与爱因斯坦的交谈中，西拉德惊奇地发现，爱因斯坦竟然没有思考过核链式

爱因斯坦和罗伯特·奥本海默在普林斯顿，四十年代末。奥本海默是当时高等研究院的院长。

SECOND NEWS SECTION

For News, Subscriptions or Advertising Call ATlantic 6100.

SATURDAY MORNING,

Pittsburgh Post-Gazette

DECEMBER 29, 1934.

SPORTS, FINANCIAL, CLASSIFIED SECTION

This WORLD of OURS

FOR MEN ONLY

Constantly Expressive—Einstein Warms Up to His Subject

ATOM ENERGY HOPE IS SPIKED BY EINSTEIN

Efforts at Loosing Vast Force Is Called Fruitless.

SAVANT TALKS HERE

Now Indicates Doubt Of Relativity Theory He Made Famous.

一份1934年报纸的头条：“爱因斯坦点燃了原子能的希望”。这篇报导强调。多年以来，爱因斯坦从不相信科学家可以支配原子中所埋藏的惊人能量，不论是好是坏。

反应的可能性。它指的是这样一个过程，用一个中子轰击一个铀原子，使它发生裂变，释放出两个中子，然后它们又会使两个铀原子发生裂变，产生出四个中子……从而引起一连串的核反应，释放出原子能。西拉德回忆说，当他告诉爱因斯坦，费米（刚刚从墨索里尼统治的意大利逃亡到美国）已经在纽约的实验室里实现了核链式反应时，爱因斯坦惊呼：“我从未想到过这一点！”但爱因斯坦立刻就意识到了这个新成果所可能导致的严重后果。“他愿意发出警报，即使会因发出错误警报而担责任，”西拉德说，“大多数科学家都害怕弄巧成拙，但爱因斯坦不怕，这决定了他的立场在那时为什么会如此独一无二。”

8月2日，他们为爱因斯坦拟好了一封致罗斯福总统的历史性信件。其中最引人注目的一段话是这样的：

> 这种新的现象也可用来制造炸弹，并且能够想象——尽管还很不确定——由此可以制造出极有威力的新型炸弹来。只要一个这种类型的炸弹，用船运出去，并且使之在港口爆炸，就很可能会把整个港口连同它周围的一部分地区毁掉。但是要在空中运送这种炸弹，很可能会太重。

后来，在经过了相当长的拖延之后，他们差专人把信直接呈交给了总统，那时战争已经在欧洲爆发。虽然罗斯福很快就作出了批复，然而直到两年多以后（爱因斯坦曾于1940年再次提醒罗斯福），1941年12月日本发动了对美国的袭击，曼哈顿工程才正式启动。

1945年8月6日，第一颗原子弹在广岛上空爆炸。爱因斯坦的秘书海伦·杜卡斯从广播中听到了这个消息，告诉了爱因斯坦。“*Oj weh*”（我很痛心！），这是爱因斯坦当时唯一的反应。他曾于二十年代初访问过日本，这座城市给他留下的美好印象一定还历历在目。一年之后，新闻记者约翰·赫塞出版了关于美国轰炸的可怖而动人的报道——《广岛》（最初发表在《纽约客》上），爱因斯坦买了一千份送给了自己的朋友。

战争刚一结束，爱因斯坦就开始公开呼吁控制核武器，倡导一种新的政治伦理。1950年，他曾在埃莉诺·罗斯福主持的节目中呼吁反对研制氢弹，这是他所进行的一系列活动的最高潮。1945年，人们对第二次世界大战仍然心有余悸，甚至担心爆发第三次核战争，爱因斯坦希望借此机会能够推动国际事务的改革。弗里曼·戴森在《想象中的世界》（*Imagined Worlds*）一书中写道：“这与我们所了解的爱因斯坦的思维方式完全吻合，他相信在伦理学中也需要进行物理学那样的根本的观念变革。”

爱因斯坦1945年12月在纽约第五届诺贝尔纪念餐会上的演说，很能够代表他在这个新伦理主题上的许多公开声明。在这次演说中，他用这样一种说法集中概括了人们对战后政治秩序的失望：“战争是赢得了，和平却还没有。”

在演讲一开始，他指出：

> 物理学家们发现他们自己所处的地位同阿尔弗雷德·诺贝尔没什么两样。诺贝尔发明了一种当时从未有过的最猛烈的炸药，一种超级的破坏工具。为了对此赎罪，也为了良心上的宽慰，他设置奖金来促进和平，实现和平。

接下来，爱因斯坦批评盟国对手无寸铁的犹太人帮助得相当不够，因为盟国没有兴趣这样做，无论是在战争以前，战争期间，还是战争之后。他告诫台下的听众：“他们中有许多人仍旧被盟军拘留在条件恶劣的集中营里，这一事实足以证明情况的可耻和令人绝望。”犹太人仍旧不准进入他们在巴勒斯坦的避难所。“当英国外交大臣对总数少得可怜的欧洲犹太人说，他们应当留在欧洲，因为那里需要他们的天才，另一方面他又劝告他们排队时不要站在队伍的前头，以免惹起新的仇恨和迫害。这是十足的讽刺，”爱因斯坦说，“唉，我怕他们实在没有别的办法。同六百万死难同胞一起，他们大大违反了自己的意志，被推到队伍的前头，推到纳粹牺牲者队伍的前头去了。”

他以严肃的口吻结束了这次讲演：

> 就我们这些物理学家来说，我们既不是政客，也绝不愿意干预政治。但我们知道一些政客所不知道的事。而且我们觉得有责任明确告诉那些负责的人，并且提醒他们：没有侥幸避免危险的出路；没有时间让我们慢吞吞地前进，而把必要的改变推到遥遥无期的未来；更没有时间让我们做讨价还价的

爱因斯坦在德国卡普特的避暑别墅，1930 年前后。

Albert Einstein
Old Grove Rd.
Nassau Point
Peconic, Long Island

August 2nd, 1939

F.D. Roosevelt,
President of the United States,
White House
Washington, D.C.

Sir:

Some recent work by E.Fermi and L. Szilard, which has been communicated to me in manuscript, leads me to expect that the element uranium may be turned into a new and important source of energy in the immediate future. Certain aspects of the situation which has arisen seem to call for watchfulness and, if necessary, quick action on the part of the Administration. I believe therefore that it is my duty to bring to your attention the following facts and recommendations:

In the course of the last four months it has been made probable - through the work of Joliot in France as well as Fermi and Szilard in America - that it may become possible to set up a nuclear chain reaction in a large mass of uranium, by which vast amounts of power and large quantities of new radium-like elements would be generated. Now it appears almost certain that this could be achieved in the immediate future.

This new phenomenon would also lead to the construction of bombs, and it is conceivable - though much less certain - that extremely powerful bombs of a new type may thus be constructed. A single bomb of this type, carried by boat and exploded in a port, might very well destroy the whole port together with some of the surrounding territory. However, such bombs might very well prove to be too heavy for transportation by air.

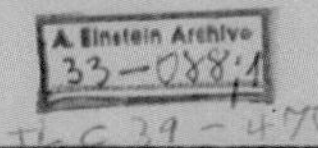

爱因斯坦 1939 年致罗斯福总统的信，敦促美国政府研制原子武器。

-2-

The United States has only very poor ores of uranium in moderate quantities. There is some good ore in Canada and the former Czechoslovakia, while the most important source of uranium is Belgian Congo.

In view of this situation you may think it desirable to have some permanent contact maintained between the Administration and the group of physicists working on chain reactions in America. One possible way of achieving this might be for you to entrust with this task a person who has your confidence and who could perhaps serve in an inofficial capacity. His task might comprise the following:

a) to approach Government Departments, keep them informed of the further development, and put forward recommendations for Government action, giving particular attention to the problem of securing a supply of uranium ore for the United States;

b) to speed up the experimental work,which is at present being carried on within the limits of the budgets of University laboratories, by providing funds, if such funds be required, through his contacts with private persons who are willing to make contributions for this cause, and perhaps also by obtaining the co-operation of industrial laboratories which have the necessary equipment.

I understand that Germany has actually stopped the sale of uranium from the Czechoslovakian mines which she has taken over. That she should have taken such early action might perhaps be understood on the ground that the son of the German Under-Secretary of State, von Weizsäcker, is attached to the Kaiser-Wilhelm-Institut in Berlin where some of the American work on uranium is now being repeated.

Yours very truly,
A. Einstein
(Albert Einstein)

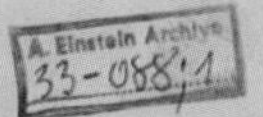

> 谈判。形势要求我们勇敢地行动，要求根本改变我们的态度，改变全部政治观念。但愿那种促使阿尔弗雷德·诺贝尔设置巨额奖金的精神，那种人与人之间的信任和信赖、宽大和友好的精神，在那些决定我们命运的人的心里会占优势。否则，人类文明将在劫难逃。

爱因斯坦关于核武器管理（他敏感地预见到苏联很快就会研制出来）的主要建议是，核武器只能由他所谓的“世界政府”加以控制。它本质上是一个军事组织，由世界上的主要国家向它提供军事力量，然后再把它们进行“混合，并且分派到各个国家，就像以前奥匈帝国的连队那样来编制和使用，”如此一来，它就有能力按照其执委会的决策来加强国际法。爱因斯坦说，“难道我不怕世界政府会变成一种暴力统治吗？我当然怕。但我更害怕再来一次战争。”原子弹的秘密应当移交给一个世界政府来管理，美国应当立即宣布愿意这样做，前苏联也应当被诚恳地邀请加入这个世界政府。1947年9月，爱因斯坦在一封致联合国大会的公开信中提出了自己的想法。他说，如果联合国有希望成为这样一个世界政府，那么“联合国大会的权威就必须得到加强，使安理会和联合国的其他机构都听命于它。”

爱因斯坦对一种新的政治伦理的呼吁，很容易被认为是“幼稚”的，这是一种针对他的最为常见的责难。在冷战期间发起帕格沃什运动、反对核扩散的罗特布拉特并不这样看，他认为爱因斯坦对他很有启发。物理学家兼作家杰里米·伯恩斯坦也不这样认为，他称爱因斯坦的政治思想“坚强、明晰、极富远见卓识……爱因斯坦决不是像许多人有时认为的那样，是一个不明事理的理想主义者。”哈佛大学的物理学家兼历史学家杰拉尔德·霍尔顿也持类似的看法，1999年，《时代周刊》把爱因斯坦选为“世纪人物”，他在纪念文章中说：“如果爱因斯坦的想法真的很幼稚，那么这个世界的情况就太糟糕了。”霍尔顿认为，爱因斯坦关于伦理政治的看法“为二十一世纪提供了一种理想的政治模式”。但我们不得不说，爱因斯坦在提出政治建议时，总是对人类关于归属感的需要估计不足，因为他本人并不把它放在很高的位置。考虑到他为自己的犹太同胞所选择的措辞——“部族同伴”，这真是令人难以理解。

在政治事务上，爱因斯坦清楚地认识到，知识分子，甚至是像菲利普·勒纳德那样的纳粹诺贝尔奖得主，也可能表现得像政客和领袖一样糟糕。1944年，他对玻恩说：“我们实在不应为下面的事情感到惊奇：科学家（他们中的绝大多数）对这条规律并不例外，如果他们有所区别，那不是由于他们的推理能力，而是由于他们的个人气质，比如像劳厄那样的情况。”（劳厄是他在普鲁士科学院的朋友，他与纳粹政权进行了毫不妥协的抗争，直至纳粹灭亡。）“看到他［劳厄］在强烈的正义感影响之下，怎样一步步地使自己同那些凡夫俗子的传统决裂，那是很有意思的。”就这样，爱因斯坦以其一贯的悖论方式，最终承认一个人的境界并不是由他在物理学中寻求的那些神圣定律所决定，而是取决于他自愿作出的道德选择。

爱因斯坦在普林斯顿的书房，1950 年。

爱因斯坦对世界和平的追求

约瑟夫·罗特布拉特

爱因斯坦的世界声誉和独一无二的地位主要归功于他在科学上的发现。与此相比，他的政治活动，比如他的反战运动和对世界政府的积极鼓吹，则不大为人所知。然而，除去科学，他最关心的也就是这些事情了。他在其中投入了大量的时间和精力，直到生命的最后一刻。和他的科学理论一样，爱因斯坦在他的政治声明中也是倾向于打破旧习的，因此他常常卷入与官方政策的冲突之中。

其中一次冲突是他倡议通过军事手段对抗希特勒的纳粹德国。早在1933年，爱因斯坦就意识到了纳粹政权军事力量的快速增长给民主造成的巨大威胁。他对事态作出了冷静而现实的分析，得出了一个结论：我们所能做的就是建立起一支能够抵御纳粹进攻的强大军事力量。虽然动机很明确，(如果当时听取了爱因斯坦的意见，大屠杀也许就可以避免了)，但官方的和平主义领导层却固执地坚持原有的教条，拒绝了爱因斯坦的主张。结果，像这样一个憎恶战争和一切形式暴力的人，竟被视为和平事业的变节者和叛徒而遭到严厉的批判。

爱因斯坦的非正统性在他对待苏联的态度上也表现得很明显。作为一个社会主义者，他最初是同情共产主义理想和十月革命的。但是，当斯大林政权的过失变得越来越缺乏理性的时候，他改变了看法。他一生中从未访问过前苏联，尽管受到过许多次邀请。

于是，代表着世界和平诉求的爱因斯坦，竟然遭到了来自政治各派力量的批判和诋毁。左翼认为他鼓吹军事备战，右翼则认为他宣传左翼分子的观点。在美国尤其如此，爱因斯坦被怀疑是共产主义的鼓吹者或间谍，为此，美国联邦调查局专门建立了资料详尽的爱因斯坦档案库。甚至他的科学著作都因为政治批判而流行起来——在纳粹德国，他的理论被冠以“犹太物理学”之名而遭到禁止。

事实上，他从事反战活动的动力仅仅源于他对生命神圣性的那种强烈的——或者说虔诚的——敬畏之情。他曾说：

> 我的和平主义是一种本能的感情，它之所以支配着我，是因为杀人是邪恶的。我的态度不是从某种思辨理论出发的，而是基于对任何一种形式的残暴与仇恨的最深切的反感……
>
> 在我看来，杀害任何一个人都是谋杀；当它作为国家政策的工具而大规模地进行时也仍然是谋杀。

爱因斯坦谴责战争不仅使生命受到损失，而且也对社会文化价值造成了破坏："战争构成了国际合作的最大障碍，尤其是它对文化有着巨大的冲击。战争致使文化界不再能够进行创造性的活

爱因斯坦与西拉德在长岛家中，1946年。为电视节目《时光的流逝》(*March of Time*)重新展现他们1939年的著名会见，那次会见使爱因斯坦决定写信给罗斯福。

动，因为从事这种活动所需要的条件已经被摧毁了。”

爱因斯坦公开进行反战活动始于一次大战期间。1914年10月，德国文化界发表了一份《告文明世界书》，在上面签名的共有九十三人。爱因斯坦被这份宣言激怒了，因为它不仅想清洗德国的军事暴行，比如对中立国比利时的侵犯，而且还试图证明军国主义对德国文化起着至关重要的作用：“要不是由于德国的军国主义，德国文化便会从地球的表面被抹掉。”作为回应，有识之士起草了《告欧洲人书》，但是仅有四个德国知识分子愿意签名，其中之一便是爱因斯坦。

在一个沙文主义盛行的时代，呼吁和平会被视为叛国，但对爱因斯坦来说，这却是一次不得不接受的挑战。他全身心地投入到反战运动当中，在这些运动中，有一些是他和别人共同组织的，另一些则借用了他的名字。“新祖国同盟”就是其中之一，

《罗素–爱因斯坦宣言》的连署者伯特兰·罗素在伦敦特拉法加（Trafalgar）广场作“禁止原子弹”的讲演，1961年。

它的长期目标是建立一个消灭战争的超国家组织。事实上，当国际形势在三十年代变得越来越恶化的时候，爱因斯坦比以往任何时候都更加关注建立一个世界政府。他并不认为它应当取代现有的国家政府，而是认为它应该是一个有着特殊目标的机构：力求通过谈判解决争端，从而避免战争。这个目标要求每个国家政府都各自放弃一部分主权——这一点是爱因斯坦强烈呼吁的。

自从二战期间研制出原子弹，爱因斯坦就常常被称为“原子弹之父”，因为原子弹的基本原理就是他1905年提出来的质能方程。他自己并没有预见到这种应用，但他的确在原子弹的研发过程中起了作用。由于担心德国科学家可能首先制造出原子弹而使希特勒赢得战争，1939年8月，他致信罗斯福总统晓以利害，并敦促美国对核裂变的军事应用加以研究，1940年3月，他又给罗斯福总统写了第二封信。他收到了加入铀顾问委员会的邀请，但他拒绝了。这就是他参与原子弹计划的全部，他后来对此懊悔不已。1947年，他对报界说，“如果早知道德国人无法成功研制原子弹，我就不会支持美国研制了。”对于爱因斯坦所起的作用，人们有不同的说法。事实上，直到1942年，美国才正式启动曼哈顿工程。显然，英国获得的情报起到了关键的作用，即德国修建的工事已经使研制原子弹有了科学上的可行性。

1945年，尽管遭到曼哈顿工程中许多科学家的强烈反对，美国还是将原子弹投向了广岛和长崎，摧毁了这两座城市。为了使核武器不再酿成悲剧，爱因斯坦在有生之年倾尽了全力。他积极参与了美国原子能科学家紧急事务委员会所发起的活动，这个组织呼吁对原子能进行国际控制，并最终消灭核武器。

随着1952年第一颗氢弹的试爆、冷战的爆发以及核军备竞赛的开始，人类受到了越来越大的威胁，这使得爱因斯坦意识到，科学家迫切需要共同努力去制止一场核灾难。他在一份由哲学家伯特兰·罗素起草的宣言上签了字，建议把“铁幕”两边优秀的科学家聚集在一起商讨化解危机的办法。直到生命的最后一刻，他都在为此作出努力。1955年4月18日，爱因斯坦去世，此后罗素收到了他的回复：“谢谢你4月5日的来信，我很乐于在你出色的声明上签字，也很赞同你对签名者的选择。致以诚挚的问候，爱因斯坦。”

1955年7月9日，在伦敦卡克斯顿大厅举行的大型记者招待会上，在征得了另外九位科学家的签名之后，这份后来被称为“罗素–爱因斯坦宣言”的声明正式向外界公布。这份宣言引起了全世界的关注，它直接开创了科学家的一个新的国际运动，即所谓的“帕格沃什科学与世界事务会议”(得名于加拿大的一个村庄，这是举行第一次会议的所在地)。

帕格沃什会议在冷战期间扮演了非常重要的角色，会议的讨论促进了《防止核扩散条约》的达成，这个条约有助于减缓并最终终止核军备竞赛。1995年，诺贝尔和平奖被授予了帕格沃什会议以及当时的会议主席，即我本人。(我也是罗素–爱因斯坦宣言的唯一在世的签名者)。

现如今，爱因斯坦已经去世五十年了，我们仍然面临着核灾难的威胁，而且在最近几年，这种威胁甚至还有加剧的趋势。1955年宣言的最后一段所提出的警告直到今天也依然适用：

> 如果我们这样作出抉择，那么摆在我们面前的就是幸福、知识和智慧的不断增长。难道我们由于忘不了彼此的争吵，竟然要舍此而选择死亡吗？作为人，我们要向人类呼吁：记住你们的人性而忘却其余。要是你们能这样做，展示在面前的是通往新乐园的道路；否则，摆在你们面前的就是同归于尽的危险。

西拉德在帕格沃什运动会议上发表讲演。

第十四章　一个时代的结束

“大自然为人的生命设置了界限，使它结束时宛如一件艺术品，这难道不是一件令人惬意的事吗？”

——爱因斯坦，1947年

就在爱因斯坦去世前的两个星期，他与科学史家科恩兴致勃勃地进行了一次谈话，本书收录了谈话的内容。由于他们两人对牛顿都很感兴趣（无论是牛顿这个人还是他的工作），所以谈话的内容大多与牛顿有关。谈话间，爱因斯坦曾对这位十七世纪的前辈发出这样的感叹，“牛顿所写的每一样东西都活在后来的物理科学著作中。”——当然，也活在他自己的著作中。

就在这次谈话前一两周，他82岁的老朋友贝索离开了人世。爱因斯坦写信给他的家人说：

现在，他比我先行一步，离开了这个离奇的世界。这没有什么关系。对于我们这些有信仰的物理学家来说，过去、现在和未来之间的分别只不过是一种顽固的幻觉而已。

1955年4月18日，爱因斯坦去世。世界各国都发来了唁电，对他做出的不朽贡献给予了充分肯定。《纽约时报》在头版刊登了美国总统、联邦德国总统、以色列总理、法国总理和印度总理的悼词。印度总理尼赫鲁称爱因斯坦为“我们这个时代伟大的科学家……一个真正追求真理的人，一个不同邪恶和谎言妥协的人。”以色列总理沙雷特说：“在茫茫黑暗中探索的一盏指路明灯缓缓地熄灭了。世界失去了最杰出的天才，犹太人民失去了现世最著名的儿子。”以色列第一任总统魏茨曼的遗孀说，爱因斯坦是“他们王冠上最璀璨的一颗宝石”。

爱因斯坦和玛戈特、玛格丽特·怀勒和他的小狗奇科（Chico）。

爱因斯坦在普林斯顿的书房，1954年。

普林斯顿高等研究院院长奥本海默说："他是有史以来最伟大的人之一。对于科学家和大多数人来说，今天是一个悲恸的日子。"

罗素说："在我所认识的所有知名人士中，爱因斯坦是我必须无条件赞赏的人……他不仅是一个伟大的科学家，同时也是一位伟人。当世界滑向战争边缘的时候，他倡导着和平；当世界疯狂时，他保持着清醒的头脑；当世界狂热时，他保持着独立的思考。"就在前不久，罗素刚刚得知爱因斯坦对罗素-爱因斯坦宣言表示赞同。

与爱因斯坦就量子理论进行争论的玻尔则说：

> 爱因斯坦的工作大大拓宽了人类的视野，同时也使我们的世界图景获得了前所未有的统一与和谐。这一成就是由世界各国的科学界前辈们共同努力取得的，而它的全部意义只能由将来的人来揭示。
>
> 爱因斯坦的天才绝非仅仅限于科学领域。事实上，他在我们想当然的基本预设中发现了从未被人注意的问题，这对于我们所有人来说都是一种新的鼓舞，它激励我们审视内在于每一种民族文化之中的根深蒂固的偏见与自满，并且与之抗争。

1955年8月，也就是几个月后，为了纪念爱因斯坦，人们把一种新的化学元素命名为锿。颇具讽刺的是，它的发现原本得益于1952年所进行的第一次氢弹试验，而这正是爱因斯坦强烈反对的。另一种元素被命名为镄，以纪念刚刚去世的费米，他是曼哈顿工程的主要参与者。这两种新元素的发现者表示，爱因斯坦和费米“对原子时代的诞生起了关键作用。”

索洛文是爱因斯坦的密友。半个世纪以前，他们在伯尔尼组建了奥林匹亚科学院，一起度过了一段幸福难忘的日子。从那时起，他就一直与爱因斯坦保持着联系。索洛文写道：

> 我深深地爱着他，赞叹他那天性的善良、思想的深邃和百折不回的道德勇气。他与不义和罪恶做着不屈不挠的斗争，而不是像大多数知识分子那样表现出可悲的犹疑不定。他将活在后人的记忆里，不仅是作为一个了不起的科学天才，而且也作为一个伟大的道德楷模。

爱因斯坦那些丰富而奇特的通信档案表明，全世界的人都很尊敬他。普林斯顿高等研究院的管理员还写道，

> 在他们眼里，爱因斯坦不仅是伟大的物理学家，而且也是政治家、哲学家、圣贤和一种象征，甚至是艺术、占星术等几乎毫不相干的方面的权威。他们要么给他打电话，不管白天黑夜，要么发邮件把他淹没，再不就是亲自乘公交车、火车、汽车和飞机来高研院找他。只要有半点机会，他们就会在高研院的走廊上用鼻子用力嗅一嗅，像警犬一样寻找他的书房。其实，它就隐藏在一层尽头的两扇薄薄的橡木门后面，门上没有任何标记。

似乎只有爱因斯坦的家人没有作出如此赞美。爱因斯坦去世之前，他的妻子米列娃和爱尔莎均已离开人世，唯一的妹妹玛雅也于四天前去世。小儿子爱德华患了精神病，一直在瑞士治疗。大儿子汉斯·阿尔伯特与父亲有些疏远，而且与爱因斯坦忠实的秘书杜卡斯关系紧张。4月12日，爱因

爱因斯坦走在普林斯顿的大街上，五十年代初。

斯坦突然病倒，被紧急送往医院抢救，直到两天以后，病中的玛戈特才打电话通知汉斯·阿尔伯特从加利福尼亚赶往普林斯顿。而当汉斯·阿尔伯特赶到时，爱因斯坦看到他似乎很高兴，还与他聊起了科学。然而，无论是爱因斯坦去世的时候，还是在后来，汉斯·阿尔伯特都没有直接公开谈及他的父亲。他只是对彼得·米歇尔莫尔1962年出版的《爱因斯坦传略》[*Einstein*：*Profile of the Man*] 一书作过认可，这本书基于作者与汉斯·阿尔伯特的私人谈话而写成。也许著名父母的子女都会对家庭关系很矛盾，在汉斯·阿尔伯特这里，他内心的冲突似乎尤为尖锐。1973年，他在弥留之际提到了父亲："也许他唯一不再抱有希望的就是我。他试图给我提出建议，但不久就发现我过于顽固，他不过是在浪费时间。"

在与爱因斯坦进行最后一次谈话时，科恩觉得他"没有显示出任何生命结束的迹象"，爱因斯坦表现得机智而幽默。然而，约过了一个星期，他的健康突然恶化，他知道自己将不久于人世，对此他并不难过。他一直都坚持不通过医疗手段延长自己的生命。"当我必须走时，就让我走好了，"他对秘书说，"人为地延长生命是毫无意义的。我已尽了我的责任，是该走的时候了。我会走得很体面的。"正如他曾经对一个刚刚失去父亲的物理学家朋友所说的那样，他不希望自己的死"像演奏海顿的《告别交响曲》，乐队里的乐器一个接一个地没了声音"。死神在向他招手，他突然病倒后不到一个星期就去世了，去世前仍然在医院的病床上不停地工作，为统一场论做着计算；玛戈特后来给海德维希·玻恩写信说，"他完全控制着自己的一举一动。"

爱因斯坦要求死后被火化，也不希望举行宗教仪式。在他的死讯公布之后仅仅6个小时，葬礼就举行了，出席葬礼的只有他的一些家人和几个亲密朋友。爱因斯坦的朋友奥托·内森朗诵了歌德为悼念席勒而写的诗句，葬礼就结束了。骨灰被撒到附近的一个秘密地点。爱因斯坦说得很清楚，他不希望留下任何像"圣人遗骨"那样的东西供后人"崇拜"。

爱因斯坦在普林斯顿的书房，1953 年。

爱因斯坦在普林斯顿的走廊，75 岁生日前不久，1954 年。

爱因斯坦的最后谈话①

I.B.科恩

在爱因斯坦去世前的两周，时逢四月的一个星期天，我与他促膝而坐，谈论科学思想史和物理学史上的那些伟人。

早上10点钟，我到了爱因斯坦家，那是一座挂着绿色百叶窗的小木屋。海伦·杜卡斯小姐出来迎接我，她是爱因斯坦的秘书兼管家。她把我领到屋后二楼的一个舒适的房间，那里是爱因斯坦的书房。两面墙上排满了书，从地面一直堆到天花板。此外还有一张很大的矮桌，上面摆着纸、铅笔、小装饰品、书和几支旧烟斗。房间的另一处放着一台留声机和几张唱片。房间里最显眼的莫过于那扇大窗户，窗外是一片青葱欲滴的绿色，令人心旷神怡。剩下那面墙上挂着电磁理论的两位奠基人——法拉第和麦克斯韦的肖像。

过了片刻，爱因斯坦走了进来。杜卡斯小姐做了介绍。他微笑着欢迎我的到来，然后走进旁边的卧室，往烟斗里填满烟草。他身穿开领衬衣、蓝色运动衫和灰色的法兰绒裤子，脚下踏着一双皮拖鞋。房间里有点冷，他在腿上围了一个毯

爱因斯坦和逻辑学家库尔特·哥德尔在普林斯顿，1954年。

①原以《同爱因斯坦的一次谈话》为题，发表在《科学美国人》，1955年7月号，第63~73页。——原注

子。他的脸上带有沉思者的忧郁，皱纹深陷，而眼睛却炯炯有神，所以并不显得苍老。他的眼睛总是不住地流泪，在开怀大笑时，他会用手抹去泪水。他说话温和而清晰，英语掌握得还是不错的，尽管还留有德国口音。其温和的言语和爽朗的笑声形成了很大反差。他爱开玩笑，每当说到高兴处，或者听到感兴趣的事情时，总会开怀大笑。

爱因斯坦在普林斯顿的书房，1944 年。

我们在桌前坐了下来，面对着那扇窗户和窗外的景致。他估计到我同他开始谈话是困难的。过了一会，他转向我，好像在回答一些我未曾提出的问题："在物理学中有那么多尚未解决的问题。其数目多到我们不得而知，我们的理论远不能胜任。"我们的谈话马上转到这样的问题：科学史上时常碰到，有些重大问题似乎得到了解决，但后来又以新的形式重新出现。爱因斯坦说，这也许是物理学的一个特征，并且认为某些基本问题可能会永远纠缠着我们。

爱因斯坦谈到，当他年轻的时候，科学哲学被认为是一种奢侈品，多数科学家都不去注意它。他认为科学史的情况差不多也是一样。他说，这两门学科必然类似，因为两者都是研究科学思想的。他想了解我在科学和历史方面的素养，以及我是如何对牛顿感兴趣的。我告诉他，我所研究的一个方面是科学概念的起源，以及实验同理论创造之间的关系；关于牛顿，使我印象深刻的始终是他双重的天才——纯数学和数学物理方面以及实验科学方面。爱因斯坦说他永远钦佩牛顿。当他解释这一点时，我想起他曾在《自述》中在批判了牛顿的概念以后说过这样动人的话——"牛顿啊，请原谅我"。

爱因斯坦对牛顿为人的各个方面特别感兴趣，我们讨论了牛顿同胡克就引力平方反比律发现的优先权问题所进行的争论。胡克只希望牛顿在《原理》的序言中对他的劳动成果稍微"提一下"，但牛顿拒绝作这种表示。牛顿写信给监督

出版《原理》的哈雷说，他不想给胡克以任何名誉。为此，他宁愿不去发表该书论述宇宙体系的第三卷，而这最后一卷本可以给他带来无上光荣。爱因斯坦说："唉，那是虚荣。你在那么多的科学家中发现了这种虚荣。你知道，当我想起伽利略不承认开普勒的工作时，我总是感到伤心"。

我们接着谈到牛顿同莱布尼茨关于微积分发明的争论，谈到牛顿企图证明这位同时代的德国人是一个剽窃者。当时曾设有一个据称是国际性的调查委员会，它由一些英国人和两个外国人所组成；今天我们知道，正是牛顿在幕后操纵着这个委员会的活动。爱因斯坦说，他为这种行为感到震惊。我断言，进行这种激烈的争论，是时代的特性，而在牛顿时代以后，科学行为的标准已经大大改变了。爱因斯坦对此好像并无太强烈的反应，他觉得，不管时代的气质如何，总有一种人的尊贵品质，它能够使人超脱他那个时代的激情。

接着我们谈到了富兰克林。我始终钦佩他作为一个科学家的行为，尤其是因为他从未陷入这种争论。富兰克林从来没有为了捍卫他的实验或思想写过一点争辩的东西，那是足以为荣的。他相信，实验只能在实验室里得到检验，而概念和理论必须通过证明其有效性而取得成功。爱因斯坦只同意一部分。他说，要避免个人的勾心斗角是对的，但是一个人为自己的思想辩护，那也是重要的。人们不应当由于不负责任而简单地放弃自己的思想，就好像他并不真正相信它们似的。

爱因斯坦知道了我对富兰克林感兴趣，还想更多地了解他：他在科学上除了发明避雷针以外还做了什么？他是否真的做了什么重要的事？我回答：在我看来，富兰克林的研究中所得出的最伟大的成果是电荷守恒原理。爱因斯坦说，是的，那是一个伟大的贡献。然后他思索了一会，笑着问我：富兰克林怎么能够证明这条原理呢？当然，我承认，富兰克林只能举出一些正电和负电相等的实验事例，并且指出这一原理对于解释各种现象的适用性。爱因斯坦点了点头，承认他此前并没有正确估价富兰克林在物理学史上应有的光荣地位。

关于科学工作争论的话题使爱因斯坦转到了非正统思想的问题。他提到一本新近出版的引起不少争论的书，他发现其中非科学的部分——论述比较神话学和民俗学的——是有趣的。他对我说："你知道，这并非一本坏书。不，它确实不是一本坏书。唯一惹来麻烦的是它的狂妄"。接着是一阵大笑。他进而解释他作这种区分的含义。那位作者认为他的某些想法是以现代科学为根据的，却发现科学家们竟然完全不同意他。为了捍卫他所想象的现代科学该是怎么样的那种想法，以维持他的理论，他不得不转过头来攻击科学家们。我回答说，历史学家时常碰到这样一个问题：当一个科学家显得离经叛道时，他的同时代人能否确定他究竟是一个怪人还是一个天才？比如像开普勒那样一个向公认思想挑战的激进分子，他的同时代人必定难以讲出他究竟是天才还是怪人。爱因斯坦回答："那是无法客观检验的"。

美国科学家抗议出版者出了这样一本书，这使爱因斯坦感到遗憾。他认为，对出版者施加压力来禁止出书是有害的。这样一本书实际上不会有什么害处，因而也不是一本真正的坏书。随它去吧，它会昙花一现，公众的兴趣会渐渐平息，它也会就此了结。该书的作者可能是"狂妄"的，但不是"坏"的，正像这本书不是"坏"书一样。爱因斯坦讲到这一点时，表现出很大的热情。

我们花了很多时间来谈论科学史，这是爱因斯坦长期以来感兴趣的话题。他写过许多篇关于牛顿的文章，为一些历史文献写过序，也曾为他同时代的以及过去的科学伟人写过简传。他自言自语地讲到历史学家工作的性质，把历史同科学相比较。他说，历史无疑要比科学缺少客观性。他解释，比如有两个人研究同一历史题材，每个人都会强调这个题材中最使他感兴趣或者最吸引他的部分。在爱因斯坦看来，有一种内在的或者直觉的历史，还有一种外在的或者有文献证明的历史。后者比较客观，但前者比较有趣。使用直觉是危险的，但在所有种类的历史工作中都是必需的，如果要重新构建前人的思想过程，就更是如此。爱因斯坦觉得这种类型的历史是非常有启发性的，尽管它比较冒险。

他接着说，去了解牛顿想的是什么，以及他为什么要做某些事情，那是重要的。我们都同意，接受这样一个问题的挑战，应当是一位优秀的科学史家的主要动力。比如，牛顿是如何以及为什么会提出他的以太概念？尽管牛顿的引力理论获得了成功，但他对引力概念并不满意。爱因斯坦相信，牛顿最反对的是一种能够自行在虚空中传递的力的概念，他希望通过以太把超距作用归结为接触力。爱因斯坦称，这是一个关于牛顿思想过程的很有意思的说法，但是问到是否——或者是在什么程度上——有谁能够根据文献证明这种直觉，这就成了问题。

爱因斯坦用最强调的语气说，要用文献来证明关于怎样做出发现的任何想法，他认为最糟糕的人就是发现者自己。他继续说，许多人问他，他是怎么想出这个的，想出那个的。他总是发现，关于自己的一些想法的起源，非常缺乏原始资料。爱因斯坦相信，对于科学家的思想过程，历史学家大概会比科学家自己有更透彻的了解。

爱因斯坦对牛顿的兴趣始终集中在他的思想方面，这些思想在每一本物理教科书中都可以找到。他从来没有像一个彻底的科学史家那样对牛顿的全部著作进行系统的考查，可是他对牛顿的科学自然有一种评价，这种评价只能出自于一个在科学上同牛顿相匹敌的人。然而，对于科学史研究的成果，比如牛顿对他的《光学》和《原理》两部巨著的先后几次修订中的一些基本见解的发展，爱因斯坦都有强烈的兴趣。在我们就这个话题的交流中产生了这样一个问题：爱因斯坦在他的1905年关于光子的论文中，是否在某种意义上“复活”了牛顿的光的概念？在那以前，他是否读过牛顿的光学著作？他告诉我：“据我的记忆，在我为《光学》写短序以前，我从未研究过，至少没有深入地研究过他的原著。其理由当然是，牛顿所

写的每一样东西都活在后来的物理科学著作中。”而且，“青年人是很少有历史头脑的”。爱因斯坦主要关心的是他自己的科学工作；他对牛顿的了解，首先是作为古典物理学中许多基本概念的创立者。但是他抗拒了牛顿的“带有哲学特征的看法”，这些看法他曾再三引述。

爱因斯坦1905年就知道了牛顿拥护光的微粒说，这一点想必他已从德鲁德的那本有名的光学著作中获悉，但他当时显然不知道牛顿曾经企图把微粒说和波动论调合起来。爱因斯坦知道我对《光学》的兴趣，尤其是关于这一著作对后来的实验物理学的影响。当我谈到牛顿在光学研究方面的超常直觉是关于物质微粒的精确知识的关键时，爱因斯坦误解了我的意思。他说，我们不可把历史上的巧合看得太认真，以为牛顿带有波动意味的光的微粒说类似于某些现代讲法。我解释我的意思是说：牛顿曾试图从我们所谓的干涉或衍射现象出发推算出物质微粒的大小。爱因斯坦同意，这些直觉或许是很深奥的，但不一定会有成效。他说，比如牛顿关于这个问题的思想并不能得出什么结果；他既不能证明他的论点，也推导不出关于物质结构的精确知识。

爱因斯坦实际上比较感兴趣的还是《原理》和牛顿对假说的看法。他非常敬重《光学》，但主要是牛顿对颜色的分析和那些了不起的实验。对于这本书，他曾写道:“只有它才能使我们有幸看到这位独一无二的人物的个人活动”。爱因斯坦说，回顾牛顿的全部思想，他认为牛顿最伟大的成就是他认识到了特选［参照］系的作用。他把这句话强调了几遍。我觉得这有点令人困惑，因为我们今天都相信，并没有什么特选系，而只有惯性系；并没有一种特选的标架——甚至我们的太阳系也不是——我们能够说是固定在空间中，或者具有某些为其他［参照］系所不可能有的特殊物理性质。由于爱因斯坦自己的工作，我们不再（像牛顿那样）相信绝对空间和绝对时间，也不再相信有一个相对于绝对空间静止或运动的特选系。在爱因斯坦看来，牛顿的解决是天才的，而且在他那个时

爱因斯坦在普林斯顿的办公室，五十年代初。

爱因斯坦在普林斯顿的办公室，1970 年。

代也是必然的。我记得爱因斯坦说过这样的话："牛顿啊，……你所发现的道路，在你那个时代，是一位具有最高思维能力和创造力的人所能发现的唯一的道路"。

我说，牛顿的天才之处在于，他把《原理》中关于"宇宙体系的中心"在空间中固定不动的陈述作为"假说"接受下来；而水平不及牛顿的人也许会认为，他能够用数学或者用实验来证明这一论断。爱因斯坦回答，牛顿大概不会愚弄自己。他不难了解什么是他所能证明的，什么是他不能证明的，这是他天才的一个标志。

爱因斯坦接着说，科学家的生平也像其思想一样始终让他感兴趣。他喜欢了解那些创造伟大理论和完成重要实验的人物的生活，了解他们是怎样的一种人，他们是如何工作并且如何对待自己的伙伴的。爱因斯坦回到我们以前的话题，评论说，居然有那么多科学家似乎都有虚荣。他指出，虚荣可以表现为许多种不同形式。时常有人说他自己不虚荣，但这也是一种虚荣，因为事实上他得到了这样一种特殊的自负。他说，"这有点像幼稚。"然后他转向我，其爽朗的笑声充满了整个屋子。"我们中有许多人都是幼稚的，其中一些

爱因斯坦在普林斯顿，1953 年。

人比别人更幼稚些。但是如果一个人知道了他是幼稚的，那么这种自知之明就会使他变得成熟些。”

谈话于是转到了牛顿的生活和他的秘密思辨：他对于神学的研究。我向爱因斯坦提起，牛顿曾对神学进行语言上的分析，试图找出那些为基督教所采纳而被篡改了的地方。牛顿并不信仰正统的三位一体。他相信他自己的观点是隐藏在《圣经》中的，但是公开的文献已经被后来的作家篡改了，他们引入了新的概念，甚至是新的字句。因此牛顿试图通过语言分析来找到真理。爱因斯坦说，在他看来，这是牛顿的一个“缺点”。他不明白，牛顿既然发现他自己的思想同正统的思想并不一致，他为什么不直截了当地拒绝公认的观点而肯定他自己的观点。比如，如果牛顿对《圣经》的公认诠释有不同意见，那他为什么还要相信《圣经》必定是真的？这仅仅是因为，常人都相信，那些基本真理都包含在《圣经》里面了？在爱因斯看来，牛顿在神学上并没有像他在物理学上那样，显示出同样伟大的思想品质。爱因斯坦显然没有感觉到这样的一种状况：人的思想是受他的文化制约的，其思想特征是由他的文化环境所塑造的。我没有强调这一点，但是我感到震惊，在物理学上，爱因斯坦能够把牛顿看成一个十七世纪的人，但在别的思想和行动领域，他却把每一个人都看作是不受时代限制的、自由行动的个人，仿佛把他们当作我们同时代的人来评判。

下面这件事似乎给爱因斯坦留下了特别强烈的印象：牛顿对他的神学著作并不完全满意，他把它们全都封存在一只箱子里。在爱因斯坦看来，这似乎表明，牛顿认识到了他的神学结论的不完美性，他不愿把任何不符合其高标准的著作公诸于世。因为牛顿显然不愿意发表他关于神学的思辨，爱因斯坦有点激动地断定，牛顿本人是不希望别人把它拿去发表的。爱因斯坦说，人有保守秘密的权利，即使在他死后也如此。他称赞皇家学会顶住了编辑和刊印牛顿这些著作的一切压力，这些著作正是作者不希望发表的。他认为牛顿的通信应当发表，因为写下一封信并且寄出，目的是要给人看的，但是他补充说，即使在通信中也会有些个人的事情不该发表。

随后他扼要地讲到两位他非常了解的大物理学家：普朗克和洛伦兹。爱因斯坦告诉我，他是怎样通过埃伦菲斯特在莱顿认识洛伦兹的。他说，他对洛伦兹的钦佩和爱戴也许超过了他所了解的任何人，而且不仅是作为一位科学家。洛伦兹曾积极参与"国际合作"运动，并且始终关心同伴们的幸福。在许多技术问题上，他曾为自己的祖国做了不少工作，这些事情一般人并不知道。爱因斯坦解释说，这正是洛伦兹的特点，是一种高尚的品质，他为别人的幸福而工作，却不让别人知道他。爱因斯坦对普朗克也非常爱戴，他说普朗克是一个有信仰的人，他总是试图重新引入绝对——甚至是在相对论的基础上。我问爱因斯坦：普朗克是否完全接受了"光子理论"，或者说，他是否一直把兴趣只限于光的吸收或发射而不管它的传播？爱因斯坦默默地盯住我片刻，然后笑道："不，不是一种理论。不是一种光子理论，"他深沉的笑声再度伴随着我们两人——但问题却始终没有得到答复。我记得在爱因斯坦1905年那篇（名义上）获得诺贝尔奖的论文的标题中，并没有"理论"二字，而只是提到根据一个"有启发性的观点"所作的考查。

爱因斯坦说，科学上有种种潮流。当他年轻时学习物理的时候，所讨论的一个重大问题是：分子是否存在？他记得，像威廉·奥斯特瓦尔德和恩斯特·马赫那样的重要科学家都曾明确宣称，他们并不真的相信存在原子和分子。爱因斯坦评论说，当时的物理学同今天的物理学之间的最大差别之一是，今天已经没有人再费心去问这个问题了。尽管爱因斯坦并不同意马赫所采取的极端立场，但他告诉我，他尊重马赫的著作，那些著作对他有过重大影响。他说，他在1913年曾拜访过马赫，并提出一个问题来检验他的想法。他问马赫，如果业已证明，倘若假定原子存在就有可能预测气体的一种性质，而这种性质不用原子假设就无法预测，而且这是一种可以观察到的性质，那么他该采取何种立场呢？爱因斯坦说，他始终相信，发明科学概念，并且基于这些概念创立理论，这是人类精神的一种伟大创造性。于是，他的观点就同马赫的观点相对立，因为马赫认为，科学定律仅仅是描述大量事实的一种经济手段。在爱因斯坦所说的那种情况下，马赫能够接受原子假说吗？即使这意味着非常复杂的计算，他也能接受吗？爱因斯坦告诉我，当马赫作了肯定的答复时，他感到多么的高兴。马赫说，如果一种原子假说有可能通过逻辑使某些可观察的性质联系起来，而且倘若没有这种假说就永远无法联系，那么，他就不得不接受这种假说。在这样的情况下，假定原子有可能存在，那将是"经济"的，因为人们能够由此推导出观察之间的关系。爱因斯坦感到心满意足，确实不只是一点快慰。他脸上显出严肃的表情，向我重述了整个故事，以确保我能够完全理解。即使不是哲学上的胜利——对爱因斯坦所设想的马赫哲学的一种胜利——他也还是感到满意，因为马赫毕竟承认了原子论哲学是有些用处的，而爱因斯坦曾多么热心地致力于原子论哲学。

爱因斯坦说，20世纪初只有少数几个科学家具有哲学头脑，而今天的物理学家几乎全是哲学家，不过"他们都倾向于坏的哲学"。他举逻辑实证论为例，认为这是一种从物理学中产生出来的哲学。

时间已经不早，我也该告辞了。我忽然发现，时间

爱因斯坦在普林斯顿的家中。I.B.科恩写道，"房间里最显眼的莫过于那扇大窗户，窗外是一片青葱欲滴的绿色，令人心旷神怡。"

差一刻就到12点了。我知道，爱因斯坦很容易疲劳。我本打算只呆半个钟头，然而每当我起身告辞时，他都会说，“不，不，再待一会儿。你来这里和我谈你的研究工作，我们仍有许多话题可谈。”但我终究还是得走了。杜卡斯小姐和我们一同向屋前走去。到了楼梯口，当我转身向爱因斯坦道谢时，一节台阶踩空，差点没摔下去。恢复平静之后，爱因斯坦微笑着说，“在这里你一定要当心，几何是复杂的。你看，下楼梯其实不是一个物理问题，而是一个应用几何问题。”他吃吃地笑着，随即开怀大笑。我下了楼梯，爱因斯坦沿着走廊向书房走去。他突然转身叫我：“等等，给你看看我的生日礼物。”

我转身走向书房，杜卡斯小姐对我说，为祝贺爱因斯坦教授76岁生日，在普林斯顿教物理的埃里克·罗杰斯送给他一件小玩具，爱因斯坦教授很喜欢它。回到书房之后，我见爱因斯坦从屋子的一角拿出一个窗帘杆似的东西。它大约1.5米高，顶部是一个直径约10厘米的塑料球。一根约5厘米的小塑料管一直向上通到球心。管子外面

爱因斯坦、小狗奇科和海伦·杜卡斯。

有一根弹簧，末端是一个小球。“你看，”爱因斯坦说，“这是一个演示等效原理的模型。小球连着一根线，线从中间进入小管，与一根弹簧相连。弹簧紧拉着小球，却不能把小球向上提入小管，因为弹簧的力量不足以克服小球的引力。”他脸上闪过一丝狡黠，目光中闪烁着快乐：“这就是等效原理了。”他抓住那根长长的铜制窗帘杆中部向上抬起，直到塑料球触到天花板。“现在我让它掉下来，”他说，“根据等效原理，引力并不存在。所以弹簧现在有足够的力量把小球送入塑料管。”说完他突然让小玩意自由下落，并用手引导着它，直到它的底部碰到地面。现在，顶部的塑料球处于与眼睛同高的位置，小球果真稳稳地进入了管内。

演示完这件生日礼物，我们的会面也结束了。我走在街道上暗自思忖，我当然早就知道爱因斯坦是一位伟人，是一个伟大的科学家，但却丝毫不了解他的和蔼可亲、友善温文与风趣诙谐。

在那次拜访期间，爱因斯坦没有显示出任何生命结束的迹象。爱因斯坦头脑清醒，思维敏捷，看上去兴致勃勃。在接下来的那个星期六，即爱因斯坦住院前的一星期，他和普林斯顿的一位老友一同去医院看望爱因斯坦的女儿，她患了坐骨神经痛。这位朋友写道，在他和爱因斯坦离开医院之后，“我们散了很久的步。很奇怪，我们谈起了对死亡的态度。我提到弗雷泽的一句话，他说对死亡的恐惧是原始宗教的基础。对我来说，死亡既是一个事实，又是一个秘密。爱因斯坦补充说，‘也是一种解脱。’”

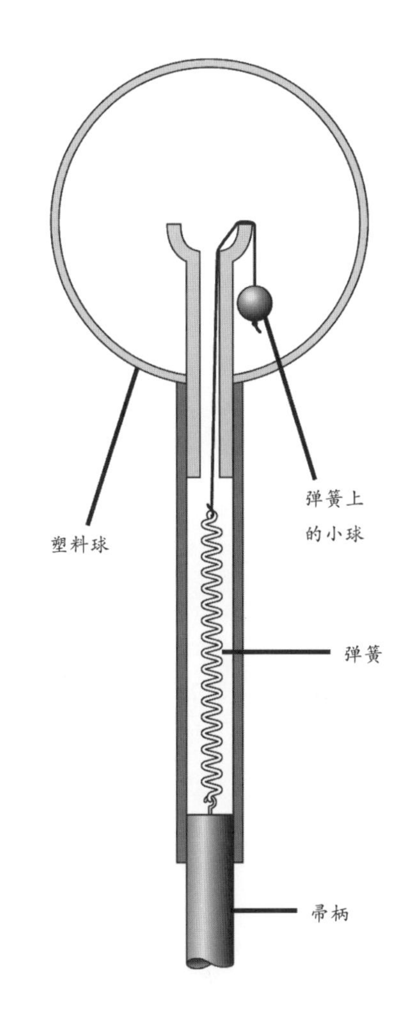

图 8：爱因斯坦的同事埃里克·罗杰斯送给他一件小玩具证明等效原理，这是它的示意图。科恩告诉我们，爱因斯坦在和他谈话时向他展示。罗杰斯后来说，制作玩具的是一个“帚柄”，而不是科恩所想象的窗帘杆。

第十五章　爱因斯坦的永恒魅力

“知识以两种形式存在：一种是存在于书本上的无生命的知识，另一种是存在于人的意识中的活生生的知识。归根结底，第二种存在形式是本质性的，而第一种虽然绝对必要，却占据着低一级的位置。”

——爱因斯坦，《纪念莫里斯·拉斐尔·科恩》，1949年

爱因斯坦从来不想成为偶像或圣徒，他决定死后火化，撒掉骨灰。他还要求不要把他在普林斯顿梅瑟街112号的住所变成一个博物馆，即他所谓的“朝圣之所”。他去世之后，关于他的大脑的传奇故事证明了，他对于人们将其奉若神明的看法是多么正确。

他生前就曾有人提出，能否在他死后取出他的大脑进行研究，他明确表示了反对。但爱因斯坦去世后，进行尸检的病理学家托马斯·哈维并没有遵从爱因斯坦的遗愿。尽管哈维不是一个训练有素的神经系统科学家，但他还是对这个大脑着了迷，把它切成了许多小块，在数十年里一直小心翼翼地保存着，直到八十多岁的晚年，才把它交给普林斯顿的实验室。剑桥大学的神经系统科学家乔·赫伯特最近指出，哈维希望这个大脑能“揭示出天才的秘密，并使自己一举成名。但这一切都没有成为现实。不过，由于这个大脑承载着爱因斯坦本人的超凡魅力，任何人看到它都会激动不已，对财富或荣誉浮想联翩。科学家、新闻记者、企业家、爱因斯坦的遗嘱执行人……所有人都想占一点。”不管爱因斯坦愿意与否，这个器官已经俨然成了圣徒遗物，它不是头发、血液或脚趾甲，而是一块浸泡在溶液中的脑组织。然而迄今为止，对爱因斯坦大脑的研究只得出了一个令人稍感兴趣的结论，那就是与其他大脑相比，这个大脑有关人的数学能力的那个部分要更大一些。

对爱因斯坦大脑的科学迷恋是可以理解的，虽然也许是徒然的。无论是科学家还是一般人，天才都会让人动心。生物学家理查德·道金斯最近说，他“不配给爱因斯坦系鞋带。”要知道，他可不是因思想的谦卑而出名的。

爱因斯坦已经成了智力的代名词。世界上顶尖的两种科学杂志之一《自然》杂志曾经登过一整版广告，上面只写了一句可能出自爱因斯坦的名言：“事情应该尽量简单，而不是比较简单。”大概是支持《自然》杂志对科学最新进展的新闻报道不是太专门化，但也不是哗众取宠；《纽约时报》曾用爱因斯坦的一幅肖像对其在线搜索引擎做宣传。最近新出了一本书，名叫《像爱因斯坦那样思考》(*Thinking Like Einstein*)，作者是一位计算机制图专家，其核心思想是通过更多地借助于爱因斯坦

爱因斯坦74岁生日时在普林斯顿旅馆（Princeton Inn），1953年。

雕塑家吉娜·普伦居安给爱因斯坦制作胸像。当海伦·杜卡斯外出的时候，她也帮忙做爱因斯坦的秘书。

所擅长的图像思维，而不是传统的语词思维来改进计算机制图；还有这样一则广告：有三个一模一样的爱因斯坦并排站着，旁边冒出一个问题，“……如果克隆能够造出几个爱因斯坦，你会赞成克隆吗？”《科学美国人》上曾经刊登过一幅有趣的漫画，说的是你成为一个“出人意料的天才”的机会有多大，画中显示一本名为《爱因斯坦的饮食》的书，旁边有这样一行字：“这位超级天才吃些什么？阅读本书，揭开爱因斯坦的饮食秘密吧。”跳楼价：每本84.99美元。

事实上，这位既古怪又可爱的天才之所以能够给人留下这样一种挥之不去的印象，是与他生前的种种表现分不开的。巴内什·霍夫曼是纽约市立大学的物理学教授，1937年到1938年，他曾与爱因斯坦和英菲尔德一起研究广义相对论，他讲过这样一则关于爱因斯坦思考方式的轶事，这里不妨全文引用：

> 每当问题陷入僵局，我们三人就会展开热烈的讨论。讨论使用的是英语，自然于我有利，因为我的德语说得不好。然而，随着争论愈加复杂难解，爱因斯坦无意间就会说起德语，他用母语思考似乎更为得心应手。英菲尔德也将用德语和他交谈，而我只能在旁边吃力地揣摩他们的意思，几乎搭不上话，直到兴奋感逐渐消失。
>
> 在很多时候，用德语显然也无济于事，这时我们就会暂停讨论。爱因斯坦总是从容地起身，用他那蹩脚的英语说，“让我想想。”然后就会走来走去或者绕着圈子，不停地捻着一绺他那灰白的长发。在这种紧张的时刻，英菲尔德和我都会坐着不动，一声不吭，以免打搅他的思路。英菲尔德和我面面相觑，爱因斯坦则继续踱着步子，捻动着头发。他的脸上浮现出一种梦幻般的、

恍惚而又沉静的神色，没有显出一丝紧张和不安。时间一分分地过去了，终于，爱因斯坦似乎轻松了许多，脸上浮起一丝微笑。他停止了踱步，也不再捻动头发。他似乎又回到了这个世界，重新注意到了我们，给出的问题解答几乎总能奏效。

问题解决了，爱因斯坦成功地施展了他的魔力。有时候问题并不困难，我们不由得连连惋惜，为什么自己没有想出来。但那种魔力是在爱因斯坦的思想深处无声无息地起作用的，具体的过程我们无从知晓。这样想来，这一切都不能不让人灰心丧气。但是从更实用的角度来看，情况恰恰相反，因为它开辟了一条取得更大进步的道路，没有它，我们的研究可能永远也无法圆满完成。

看过了本书前七章对他的思想所做的讨论，爱因斯坦能够引起科学家特别是物理学家的强烈兴趣，也就不足为奇了。(不过他们应当铭记菲利普·安德森的忠告，爱因斯坦的成就绝不只是纯粹思想的结果。) 任何对科学发生兴趣的人必定会对爱因斯坦感兴趣。据《科学美国人》最近一期的爱因斯坦特刊估计，在寄给科学家和科学杂志的“想入非非的信件”中，大约有三分之二与爱因斯坦的理论有关。有些来信者宣称找到了爱因斯坦梦寐以求的统一场论，还有一些则声称证明了爱因斯坦的相对论是错的。(另外三分之一的信件则与永动机有关。)

但爱因斯坦的魅力并不只是由于他那伟大的科学思想。在本书最后一篇文章中，阿瑟·C.克拉克——他的著作和个性不仅深受科幻小说迷和影迷的喜爱，而且也受到一般人的关注——把爱因斯坦的永恒魅力归结为“以一种独特的方式集天才、人道主义者、和平主义者和古怪于一身”。但克拉克承认，这只是他个人的推测，而不是对爱因斯坦现象的完整解释。

毕竟，牛顿也是一个家喻户晓的名字，在科学家中，也许只有爱因斯坦和达尔文能与之媲美。但大概不会有多少广告商会想起用牛顿的画像来为公众推销某种产品，也许苹果除外。除非涉及科学，政治家一般不会在演讲中提到牛顿。在科学之外，牛顿的名字很少会被提及。当然，仍然有人在写新的牛顿传记，但牛顿在报纸标题、漫画和聊天中的出现频率不会很高。关于牛顿，我们只知道屈指可数的几则轶事，而且没有关于他的笑话。我们不可能想象一本名叫《牛顿语录》的书会引起广大读者的兴趣，但《爱因斯坦语录》现在却已出到第三版，而且还在增补。书中收录的某些话出处不明，比如前面提到的《自然》杂志中的那句名言，但听上去的确像爱因斯坦的语气——机智幽默、灵活多变、无法效仿。

至于牛顿和爱因斯坦为什么会在公众中引起如此不同的反响，我们可以试着作一番分析。牛顿主要是因其科学成就而著名，后来的物理学家，特别是爱因斯坦，都会一如既往地崇敬他；爱因斯坦也是如此，即使相对论和量子理论不像力学和光学那样容易被外行理解。但与牛顿不同，爱因斯坦正直而善良，且极富亲和力，正是这一点使他为更多的人所欣赏。

牛顿是一个孤儿，童年时缺少关爱。成年后离群索居，不爱交际。自从爱因斯坦与I.B.科恩在半个世纪前的那次谈话中谈到牛顿，他与胡克、莱布尼茨等科学家发生的激烈争吵，以及对待皇家天文学家约翰·弗拉姆斯蒂德的卑劣手段已经广为人知了。不过，我们可以通过一个具体细节来了解牛顿与爱因斯坦是多么的不同。1696年，牛顿离开剑桥移居伦敦，他在那个生活和工作了35年的地方没有一个朋友。从那时起一直到1727年去世，牛顿没有给剑桥的熟人写过一封信，至少我们还没有发现。接替他担任卢卡逊数学教席的威廉·惠斯顿在回忆录中写到（此时牛顿已经去世很久）：“他是我所知道的最令人畏惧、最谨慎多疑的人。”雅各布·布罗诺夫斯基在其《人之上升》(*The Ascent of Man*) 一书中说得不错：“牛顿是旧约中的上帝，爱因斯坦则是新约中的神明……他充满了人性、悲悯和温情。”

在科学研究中，爱因斯坦与牛顿有许多共同语言，但在做人上，则少有相通之处。虽然爱因斯坦对人与人的关系一直保持着怀疑，生活单调而枯燥，两次婚姻也算不上成功，酿成了家庭悲剧，但他非常喜欢与人交往，常常作公众讲演，与朋友、同事以及陌生人也有许多通信。他曾多次为其科学“对手”和不相识的人提供帮助，比如那位与他素昧平生的印度人玻色。

除了个人性情广受赞誉，爱因斯坦所支持的公众事业差不多也都是令人敬佩和目光远大的。在当时，他的许多做法都需要巨大的勇气。他勇敢地同一切形式的反犹主义作斗争，指责针对美国黑人的种族隔离制度和私刑，抨击麦卡锡主义的政治

爱因斯坦在纽约长岛的海滩上。他在那里有一个度假的别墅。

迫害，反对建构军工复合体，揭露核战争的图谋，这些话题在当时绝非时髦，也不那么“可敬”。爱因斯坦并没有躺在自己的功劳簿上睡大觉，整日欣赏物理，演奏音乐，泛舟游弋，而是尽可能地借助自己的名声来反抗压迫。

难怪爱因斯坦会仰慕甘地。(尽管他不同意甘地的以下主张，即应当力争用公民的不服从来对抗纳粹。）在相当程度上，他和甘地都对物质上的成就漠不关心。1952年，他称甘地为“我们这个时代最伟大的政治天才……他证明了一个人一旦发现了正确的道路，他能做出怎样的牺牲。他为印度解放事业所做的工作有力地证明，只要有不可动摇的信念支持，意志的力量要比似乎不可逾越的物质力量更为强大。”

爱因斯坦对宗教的态度也产生了不小的影响。虽然还没有人曾经基于爱因斯坦的“宇宙宗教”发起一场运动，但他的思想的确在宗教界引起了震动，引发了争论。因无神论观点而著称的道金斯认为，“爱因斯坦是笃信宗教的，但他并不接受超自然主义，也否认一切人格化的神……我非常欣赏他那种无神的宗教。有神论者没有理由在宗教上训斥爱因斯坦。”而斯蒂芬·霍金虽然没有明确提到爱因斯坦的宗教，但他在1984年的一段话中表达了与爱因斯坦相类似的看法：“如果我说，存在着一个对物理学定律负责的存在者，那么这样说是与我们的一切知识完全相符合的。然而，我认为把这种存在者称为‘上帝’容易使人产生误解，因为在通常的理解中，它往往具有人格涵义，而这在物理学定律中是没有的。”(虽然霍金在1988年的《时间简史》中说，人的理性也许最终能够认识“上帝的心智”。）教皇约翰·保罗二世在1979年纪念爱因斯坦百年诞辰的一次教皇科学院会议上说：

> 我们对这位伟大科学家的天才充满赞叹，创造性的精神在他身上得到了印证。教会不会对这些有关伟大宇宙体系的学说进行仲裁，因为这非其能力所能及。不过教会建议神学家思考这些学说，从而发现科学真理与启示真理之间存在的和谐。

那么，爱因斯坦对人文学科的影响怎么样？当他在世的时候，弗朗茨·卡夫卡著作的编者马克斯·布劳德写出了他最著名的小说——《第谷·布拉赫的天路历程》(*Tycho Brahe's Way to God*)(1915年)，在这部作品中，开普勒的性格基本上就是以

爱因斯坦和爱尔莎抵达美国，1930年。

爱因斯坦为原型的。1911~1912年，布劳德在布拉格与爱因斯坦结识，他评论说，“在讨论中，爱因斯坦自如地变换着自己的观点，不时试探性地站在对方的立场，从一个全然不同的角度想问题，每当我注意到这些，我总是大为惊异，心中充满着热情。”还有一些著名人士，比如诗人威廉·卡洛斯·威廉姆斯、E.E.肯明斯以及小说家卡雷尔·恰佩克，也在他们的著作中提到了爱因斯坦。

至于爱因斯坦的思想对后世所产生的更加微妙的影响，人们曾经尝试把他与T.S.艾略特、弗吉尼亚·伍尔芙和劳伦斯·杜瑞尔等采用多元视角的现代派作家联系起来。然而，正如《作为神话与缪斯的爱因斯坦》(*Einstein as Myth and Muse*）这部研究著作所说，这种做法并不令人信服。在谈到杜瑞尔的《亚历山大四重奏》(*Alexandria Quartet*)（1957~1960年）时，艾伦·弗里德曼和卡罗尔·唐利坦率地说：“如果作家们说他们正在应用相对论……那么这既不意味着他们理解这种理论，也不意味着他们对相对论原理的改装在艺术上取得了成功。”为了揭示爱因斯坦的科学与毕加索的画之间的关联，科学史家阿瑟·米勒写了《爱因斯坦与毕加索》(*Einstein*，*Picasso*：*Space*，*Time*，*and the Beauty That Causes Havoc*)一书。该书提出了一个很有趣的观点：尽管爱因斯坦和毕加索都打破了古典主义，采取了多元视点（相对论和立体主义)，但他们都没有完全放弃古典主义——爱因斯坦不满意量子理论的概率基础，毕加索则完全不喜欢抽象艺术。

我们不由得想起爱因斯坦对研究相对论的哲学家们所作的讽刺：“他们对物理学知道得越少，就越能做哲学。”保罗·狄拉克对于把科学与艺术联系起来的警告也有异曲同工之妙：“科学试图以一种人人都能理解的方式告诉我们未知的东西，诗则恰好相反。”

爱因斯坦的艺术口味似乎以古典为主。音乐是最能吸引他的艺术形式，他最喜爱的作曲家无疑是巴赫和莫扎特。幼年时，他曾经拒绝按照音乐教师的规定进行机械的练习，但是当他13岁时，正是莫扎特的奏鸣曲使他学起了小提琴。他曾经说：“莫扎特的音乐如此纯净恬美，在我看来，它映衬出了宇宙的内在之美。”爱因斯坦同样在探索宇宙的内在之美，他的科学必将与莫扎特的音乐一样不朽，他的名字也将与莫扎特一样被人铭记。

DECEMBER 31, 1999 $4.95

www.time.com

PERSON OF THE CENTURY

TIME

ALBERT EINSTEIN

二十世纪最后一期《时代周刊》的封面，爱因斯坦当选“世纪人物”

爱因斯坦：二十世纪的偶像

阿瑟·C.克拉克

我没有见过爱因斯坦，但我对他的理论很着迷。无论是我四十年代在伦敦的国王学院学习物理和数学，还是后来在英国星际学会工作，这种兴趣都始终如一。

我和爱因斯坦也能扯上一点瓜葛。1996年，国际天文协会（IAU）希望用我的名字命名一颗小行星。我当时正在写作一部电影剧本，我就问编号为2001的小行星行不行。IAU查了一下，说：十分抱歉，这颗小行星已经指定给了阿尔伯特·爱因斯坦。但能够成为小行星克拉克（编号为4923）的冠名人，我也一样很高兴。

很难想象，如果没有爱因斯坦的影响，今天的世界会是什么样子。他不仅深刻地改变了人类关于时间本性、宇宙命运和光速等等的看法，而且我们日常生活的方方面面也都得益于这位专利员的思想遗产：从便携式全球定位系统到数码相机，从激光到太阳能，无一不是如此。（他1921年所获的诺贝尔物理学奖主要是由于他关于光电效应的研究工作，太阳能的开发利用便是得益于此。）

爱因斯坦离开我们已经半个世纪了，但他的偶像地位依然岿然不动。这种地位超越了文化和地域的壁垒，无论是在印度的乡村和遥远的西伯利亚，还是在欧洲和美国，人们都知道他。毫不奇怪，他也成了无数电影和科幻作品中古怪天才的典型。

历史上很少有人像爱因斯坦一样配得上超级明星的称号。就像牛顿三百年前所做的那样，爱因斯坦在若干年里改变了我们对物理世界乃至整个宇宙的知觉和理解。牛顿的那次变革促使亚历山大·蒲柏为牛顿撰写了墓志铭：

> 自然和自然律隐没在黑暗中：
> 神说，让牛顿去吧！
> 万物遂成光明。

然而到了二十世纪初，人们发现牛顿定律不再是万能的，越来越多的问题显现出来了。正是爱因斯坦为这些问题的解决提供了希望。但他的理论过于复杂，约翰·斯奎尔爵士不由得紧接着蒲柏的诗句写道：

> 没过多久，
> 魔鬼吼道，“哦，让爱因斯坦去吧！”
> 黑暗遂重新降临。

是什么社会和文化因素造就了这位名满天下的超级科学明星？这个问题还要留待我未来的博士论文去研究。我的看法是，正是由于爱因斯坦是一个古怪的天才，同时又倡导和平主义与人文关怀，才使得成千上万的人对其萌生好感，甚至是趋之若鹜(虽然他们当中有许多人根本不理解他那深奥的科学理论)。他不仅是他那个时代最伟大的科学家，而且也对他的名声善加利用，支持了许多对人类有益的事业。

到了晚年，爱因斯坦更加不遗余力地反对使用热核武器。我仍然记得1955年的那个夏天，爱因斯坦刚刚去世几个星期，罗素–爱因斯坦宣言在伦敦出版，随即引起了全世界的反响。在当时，毫不妥协地反对这种具有巨大杀伤力的新式武器，即使是顶尖的科学家也需要巨大的勇气。爱因斯坦很清楚自己正在做什么。他在1949年曾经说：“我不知道第三次世界大战用的是什么武器，但我知道第四次世界大战肯定是用石头！”

这引起了我强烈的共鸣。就在爱因斯坦说这番话的几年以前，为了尽快结束战争，第一颗原子弹投向了日本。作为英国空军的一名雷达官，我与所有人一起感受了原子弹爆炸所引发的震撼与恐慌。在广岛和长崎遇袭之后的几个星期，我写了《火箭与战争的未来》一文，它的结束语是：

> 我们继承了历史，也肩负着未来，我们身上负有任何一个时代都不曾有过的重任。未来就掌握在我们手中，稍不留神，未来就会惨死在摇篮里。如果我们这一代没有尽到责任，那么当城市的硝烟散尽，瓦砾的辐射渐息，也许就没有后来者可以重建这个世界了。

在本书的开篇，弗里曼·戴森谈到了爱因斯坦的许多悖论中的一个——关于黑洞的悖论。这里，我想以我六十年代提出的一个悖论结束本书。它关乎爱因斯坦和上帝——一个爱因斯坦和我都同样感兴趣的概念。

有一个关于天文学和神学的悖论一直困扰着我。很难想象以前没有人想到过它，但我从未见到有人就此做过讨论。

现代物理学中有一个最为确凿无疑的事实，同时也是爱因斯坦相对论的基础，那就是，光速是宇宙的速度极限。没有物体、信号或作用能够传播得比光速还快。请别问这是为什么，宇宙就是这样创造的，至少到目前为止似乎是如此。

然而，即使是我们用望远镜所能看到的距离，光也要走几十亿年，而不是几百万年。因此，倘若上帝也要遵从他所确立的定律，那么他在任何时间里都只能控制宇宙中极小的一部分。假如地狱中所有的人都逃脱了十光年远，虽然在星际空间中，这只不过是抛出一块石头的距离，但这个糟糕的消息至少要等上十年才能传到上帝那里，而等他及时赶到采取行动的时候，至少还要再等十年……

你也许会说，这种想法真是幼稚之极，上帝当然是“无所不在”的。也许是吧，但这就等于说，他的思维和他的作用能够以无限大的速度传播。如此一来，爱因斯坦的速度极限就不再是绝对的了，它是可以打破的。

其含义无疑是深远的。从人的角度来看，我们希望有一天能够了解宇宙最深处的秘密，这虽然有些自以为是，却已不是天方夜谭。光速那蜗牛般的速度不必是一种永恒不变的限制，也许有那么一天，我们可以到达最遥远的星系。

然而，上帝也许同样会受到电子、质子、恒星和宇宙飞船所服从的那些定律的限制。我们之所以感到困惑，也许就是由于这个原因吧。

他尽可以飞快地赶来，但对于每秒30万千米这个令人恼火的速度，即使是他也无计可施。

他是否能及时赶到，我们就只能猜想了。

爱因斯坦在拍摄也许是他最著名的照片（下页）之前，72 岁生日时，1951 年。他刚刚颁发了奖励自然科学成就的第一届阿尔伯特·爱因斯坦奖，正要离开。

后记：爱因斯坦的遗稿

戴安娜·科默斯·布克沃尔德

1915年底，爱因斯坦完成了四篇关于广义相对论的论文，将其发表在普鲁士科学院院刊上。此前十年，也就是在他的“奇迹年”，他抛弃了狭义相对论的手稿以及关于光和物质的量子理论的革命性提议。然而到了1915年，36岁的爱因斯坦开始意识到其原始手稿的潜在价值。他一直保留着自己的计算草稿、笔记以及关于广义相对论的通信。1925年，时值耶路撒冷的希伯来大学在委托英国统治的巴勒斯坦正式开始启用，爱因斯坦将阐释广义相对论的手稿全部捐赠给了这所大学。

但此时爱因斯坦已经充分认识到，哪怕是他随手记下的简短笔记都有历史价值。他和与之过从甚密的同伴们保留着他的全部文稿，早在纳粹上台之初，便将它们从德国迅速抢救出来，1933年后，他在普林斯顿期间也对其加以精心保存和管理。1923年他立下一份遗嘱，规定他的两个儿子汉斯·阿尔伯特和爱德华继承其研究内容，他们不想要的任何东西都应捐赠给希伯来大学和犹太国家图书馆。1928年，深受爱因斯坦信任的秘书海伦·杜卡斯来到他身边，妥善保管了别人寄给他的信和他给别人回信的复印件：从1929年到1955年有两万多封信被保留下来。1982年杜卡斯去世后，爱因斯坦在家中书房和普林斯顿高等研究院办公室的个人文稿和书籍被转移到耶路撒冷，保存在希伯来大学的阿尔伯特·爱因斯坦档案馆里，构成了爱因斯坦大量遗稿（Nachlass，源于德语“nach”［意为“之后”］和“lassen”［意为“离开”］）的核心。其中包括大约1000份已发表和未发表的文章、草稿、演讲、笔记本、日记、讲义、便条、计算以及他的信件：大约有12500封信是爱因斯坦亲笔写的，大约16500封信是别人写给他的。爱因斯坦的遗稿总共大约有3万份文件，体量上类似于拿破仑的遗稿，是达尔文和莱布尼茨的两倍，更是牛顿和伽利略的数倍。

爱因斯坦一直知道牛顿文稿的命运：20世纪30年代，这些文稿被拍卖，由凯恩斯和亚伯拉罕·亚胡达（Abraham Yahuda）等人购得。在1955年接受的最后一次采访（本书收录了我难忘的恩师I.伯纳德·科恩关于这次采访的生动报导）中，爱因斯坦评论说，应当给科学家手稿的身后出版设定一些界限。另一方面，他认为应当准许后代对信件进行批评，哪怕其中包含“一些不应公布的个人事件”。在他的一生中，我们知道他曾应当事人的要求，销毁了妻子爱尔莎和年轻的临时秘书贝蒂·诺伊曼（1924年时曾与爱因斯坦有过一段短暂的风流韵事）的来信，但从未要求她们隐藏或销毁他本人的信。正如杜卡斯在爱因斯坦逝世后所承认的，他不太关心后世对他私生活的评价。尽管杜卡斯常常被称为爱因斯坦身后名誉和隐私的忠诚卫士，但记录表明她从未销毁任何材料。

杜卡斯（和伊尔莎·爱因斯坦，爱因斯坦的继女和第一任秘书）的确配得上收集和保存爱因斯坦书面遗产的荣誉。她和奥托·内森——两人担当了爱因斯坦文献遗产的共同受托人——曾与为众多个人和机构通信，索取爱因斯坦通信和作品的影印件。幸运的是，几乎所有收信人都保存着爱因斯坦的书信。在20世纪80年代移至耶路撒冷之前，研究爱因斯坦的学者们所说的这些“杜卡斯档案”在普林斯顿被制成了缩微胶片。

在此前的70年代，为了整理出版爱因斯坦文稿的学术版，杜卡斯和内森与普林斯顿大学出版社达成了一项协议。杜卡斯开始按照档案惯例整理文件，并用英文写了简短的说明和概要。因此，她是我们今天所谓《爱因斯坦全集》（*The Collected Papers of Albert Einstein*）的第一位抄写者和编者。

迄今已经出版的十四卷书涵盖了截至1925年爱因斯坦的生活和工作，包括7000多份文件。第一任总编约翰·斯塔契尔（John Stachel）以波士顿为大本营汇集了一小群热衷此事的科学史家和科学哲学家，于1987年出版了第一卷。2000年，该项目从波士顿搬到了帕萨迪纳，由我任总编。我们的编辑团队不仅对爱因斯坦的文件作了出色的注释，而且还写了大量文章和著作，对20世纪物理学的发展细节作了分析，最近则以《剑桥爱因斯坦指南》（The Cambridge Companion to Einstein）为高峰，其中包含由九位前任和现任编者撰写的权威文章。2014年，《爱因斯坦全集》已出版的全部卷册都可以在网上免费阅读，既有原文也有英译。在许多情况下，读者可以在阿尔伯特·爱因斯坦档案馆获得高精度的原稿扫描件。随着版本的推进，新的卷册在印刷版问世一段时间之后也可以从网上看到。

这一宏大的科学和学术编辑事业的总体目标并非为了纪念爱因斯坦，而是为了显示他在60年时间里的思想活动。这些文件本身既有琐碎的也有崇高的，它们共同反映了一个异常多产、训练有素、才华横溢的科学家，展现了他与同事、朋友和家庭的交往以及对20世纪一些最重要的政治、社会、人道主义议题的参与。

对爱因斯坦的兴趣似乎与日俱增。关于爱因斯坦的青年时期，从1900年到1905年——这是他科学成果极多的一段时期，在此期间他写了32篇科学论文和评论——编者们了解到的书信不到100封。在接下来的十年里，手稿、讲义和文章的数量涨到大约115篇，书信则有800封。但在爱因斯坦以其广义相对论论文成为教授和柏林普鲁士科学院院士，特别是1919年其预言被英国日食远征队所证实之后，他的通信开始呈指数增长，仅1922年一年就有850封。并非巧合的是，次年，随着广义相对论引发巨大的好奇和反对，大约有25部关于爱因斯坦的新书出版。1955年他逝世后不久也出现过类似的高峰，1979年他诞辰一百周年以及2005年“奇迹年”一百周年时也是如此。迄今为止图书馆目录中列出的关于他的单本图书就有1700余种。

《爱因斯坦全集》每新出一卷，他的传记就会得到修订和扩充，一些陈词滥调得以消除，还有一些则留存下来。公众仍然欣慰地相信，爱因斯坦做学生时只是成绩中等，尽管全集第一卷已经表明他在学校分数很高。不过，第一次世界大战之后他在柏林写的信的确表明，他在收到当地学生或未考上大学的学生的请求时，很少询问他们分数如何，而是更愿意了解他们的思想追求或专业追求、技能和热情。

他收到过数百份不请自来的建议请求和作公共讲座的邀请，还有人希望他能对各种产品表示支持，其范围从书籍和钢琴到政治集会乃至新的性研究领域，不一而足。他在20世纪30年代的许多信件都与欧洲犹太人的未来有关。在最重要的两年即1938和1939年，爱因斯坦与人通了2500多封信，其中近800封是与新人通的，这表明他很愿意为犹太难民写担保书和提供援助。

然而，他的通信大都是在一个由家人、朋友和科学家组成的小圈子里进行的。写信给科学家时，爱因斯坦行文简洁直接，不用形容词和副词，从不傲慢自大，但也从不讨好别人。爱因斯坦迄今最引人入胜的大量通信是与物理学家保罗·埃伦菲斯特进行的，后者可以说是爱因斯坦的密友。他们的通信总是讨论艰深的科学论题，但也讨论两人都喜爱的音乐和音乐演奏、政治、孩子以及对爱因斯坦多次访问莱顿大学的安排，埃伦菲斯特曾为爱因斯坦在该校安排了一个特殊的教授席位。例如在1922年，爱因斯坦告诉埃伦菲斯特："有这么多干扰让我分心真是件好事，要不然量子问题早把我弄到精神病院去了。沿着完全不同方向发射的光能够发生干涉，据信已经得到不容辩驳的证明。这如何与基本过程的能量引导性（energetic directedness）相调和呢？理论物理学家在自然——及其研究者——面前是多么可怜啊！"与玻恩、劳厄、洛伦茨、普朗克和索末菲通信时，物理学占主导地位。但每一封这样的科学通信都有自己的口气和风格。例如，玻恩和索末菲每当不赞同爱因斯坦的公开声明或公众形象时，就会表现得屈尊俯就甚至咄咄逼人，好为人师和谆谆告诫；爱因斯坦会小心翼翼地应对他们。但与洛伦茨通信时，他则表现得恭敬而坦率，用近乎亲密和告解的口吻在许多场合表达了他对洛伦茨的挚爱和仰慕。

总之，爱因斯坦的信从不无聊，总是切中肯綮，只有很少几次才流露出内心的动荡不安或痛苦。他不太容易产生极端情绪，正如他在1924年写给爱尔莎的信中所说："情感几乎不会成为我的负担。"即使在政治问题上，他也会避开极端主义。尽管在这一时期极右势力对他在德国的生活构成了威胁，美国、英国和意大利也提供了许多学术职位，但爱因斯坦仍然留在柏林，拒绝移民，因为他对普鲁士科学院的同事们怀有一种真诚的责任感，同时也因为爱尔莎不愿离开德国。正如罗伯特·舒尔曼在本书中所说，爱因斯坦从未欠国家人情，他是真正的普世人道主义者，愿意捍卫所有人的人权、言论自由、和平、教育和国际科学合作，反对国家所培养的排外主义和暴力。

不过，爱因斯坦最快乐的显然是有时间从事科学研究时。1925年夏，他在去往南美的一次为期六周的旅行途中给家里写信说道："我忙于科学。事实上，不这样做我会无法忍受……如果我尝试停下来，生活会变得过于空虚。没有什么读物能够代替它，甚至科学读物也不行。"

从这次旅行回来之后不久，爱因斯坦收到了一封来自《大英百科全书》编辑部的信。信中请他分别撰写两篇文章论述"空间和时间"，以及另写一篇较长的文章论述“宇宙”。这些文章将会发表在一个三卷本丛书中，这套丛书是著名的1911年版百科全书的补编，致力于讨论“科学与思想”的近期发展。该丛书的撰稿人包括尼尔斯·玻尔、玛丽·居里、阿瑟·爱丁顿、西格蒙德·弗洛伊德、古列尔莫·马可尼、弗里乔夫·内森（Fritjof Nansen）、伯特兰·罗素、莱昂·托洛茨基以及最多产的阿诺德·汤因比。爱因斯坦同意写一篇文章论述“空间–时间”。《爱因斯坦全集》的最新一卷表明，他在约定期限之前将文章寄了出去，并获得了50镑稿费，这在当时是一笔可观的报酬。该卷还复印了他这篇文章的德文草稿、他与大英百科全书一位编辑的通信以及发表的英译文，该文阐述了广义相对论对我们宇宙观的影响。目前，我们仍然在搜寻决定性的德文和英文手稿。这在科学史上也许仅仅是一个注脚——但这也正是爱因斯坦遗稿的魅力。

爱因斯坦年表

1879年　阿尔伯特·爱因斯坦出生于德国乌尔姆市（3月14日）。

1881年　妹妹玛雅出生。

1884年　父亲给他看一个罗盘。

1885年　开始在慕尼黑上学。

1888年　进入慕尼黑的卢伊特波尔德高级中学学习。

1889~1892年　开始自学数学和科学。没有行受戒礼。

1894年　未等毕业离开卢伊特波尔德高级中学。赴意大利和父母会面。

1895~1896年　在瑞士阿劳州立中学学习。

1896年　放弃德国国籍。

1896~1900年 在苏黎世的瑞士联邦理工学院学习并毕业。

1901年　取得瑞士国籍。申请科研职位无果。发表第一篇科学论文。

1902年　女儿出生。开始在伯尔尼的专利局工作。（6月23日）

1903年　和米列娃·玛里奇结婚。女儿可能被收养。与索洛文和哈比希特创建“奥林匹亚科学院”。

1904年　长子汉斯出生。

1905年　完成五篇科学论文（第二篇是其博士论文），分别关于光量子（3月）、分子大小（4月）、布朗运动（5月）、狭义相对论（6月）和 $E=mc^2$（9月）

1906年　运用量子理论完成固体比热的论文。

1907年　发现对广义相对论至关重要的等效原理。

1908年　闵可夫斯基用时空概念重新表述狭义相对论。

1909年　在萨尔茨堡讲演，提出波粒二象性。离开专利局，到苏黎世任理论物理学教授。

1910年　次子爱德华出生。

1911年　到布拉格任理论物理学教授。在布鲁塞尔出席第一届索尔维会议。

1912年　回苏黎世任理论物理学教授。

1914年　迁居柏林，任普鲁士科学院院士。与米列娃分居，米列娃和儿子回到苏黎世。公开反对德国国家主义者发动战争。

1915年　发表广义相对论（11月）

1916年　完成关于辐射的量子理论的论文，提出自发辐射和受激辐射概念。

1917年　完成关于宇宙结构的论文，引入宇宙学常数。

1918年　完成引力波的论文。欢呼德意志帝国在第一次世界大战中的垮台。

1919年　与米列娃离婚，与表姐爱尔莎结婚。英国天文学家对日食的观测结果（5月29日）证实广义相对论所预言的光线弯曲。

1920年　德国开始攻击相对论和“犹太物理学”。

1921年　初访美国，为耶路撒冷的希伯来大学筹款。

1922年　访问日本。被授予1921年诺贝尔物理学奖。

1923年　访问巴勒斯坦。在希伯来大学首次发表演讲。发表统一引力和电磁力的首次尝试。

1925年　发表关于玻色-爱因斯坦统计和玻色-爱因斯坦凝聚的两篇论文。

1925~1926年　海森堡、薛定谔等人创立量子力学。爱因斯坦表示怀疑。

1927年　出席索尔维会议，开始与玻尔就量子力学展开争论。

1929年　在普朗克70岁生日时获马克斯·普朗克奖章。

1930~1933年　三赴加州理工学院讲学。

1933年　纳粹掌权后宣布不再回德国。从普鲁士科学院辞职。迁居美国，在普林斯顿高等研究院工作。不再访问欧洲。

1935年　发表关于量子力学的“爱因斯坦–波多尔斯基–罗森佯谬”。

1936年　第二个妻子爱尔莎在普林斯顿去世。

1938年　与英菲尔德合作出版《物理学的进化》。长子汉斯及家眷移居美国。

1939年　妹妹玛雅来到普林斯顿。在致罗斯福总统的信上签字，敦促研制原子弹对付德国。

1940年　入美国国籍（保留瑞士国籍）。

1943年　开始为美国海军做战时工作，但未参与原子弹研制工程。

1946年　担任原子科学家紧急事务委员会主席。支持军控，敦促建立世界政府。反对美国的种族主义。

1948年　经诊断患动脉瘤。前妻米列娃在苏黎世去世。

1950年　在遗嘱中指定遗稿存放在耶路撒冷的希伯来大学。反对研制氢弹。美国联邦调查局局长胡佛秘密调查他是否为从事颠覆活动的共产主义分子。

1951年　妹妹玛雅在普林斯顿去世。

1952年　以色列政府邀请担任总统，被拒绝。

1953~1954年　公开反对麦卡锡主义，引发激烈争论。

1955年　在罗素–爱因斯坦宣言上签字，反对核武器扩散。在普林斯顿去世（4月18日），临终时仍在思考统一理论。

引文出处

Preface

10 **The essential result of this investigation** Albert Einstein, "Stationary system with spherical symmetry consisting of many gravitating masses," *Annals of Mathematics*, (Series 2) 40, 1939: 936.

1 *Physics before Einstein*

14 **In one person [Newton] combined** Foreword to Isaac Newton, *Opticks*, London: Bell, 1931: vii.

14 **The whole of science** "Physics and reality" in Einstein, *Ideas and Opinions*: 290.

15 **The moving body…push it** Einstein and Infeld: 7.

15 **All the philosophy of nature** Gleick: 52.

15 **taught man to be modest** "Message on the 410th anniversary of the death of Copernicus" in Einstein, *Ideas and Opinions*: 359.

16 **It seems that the human mind** "Johannes Kepler" in ibid: 266.

16 **Pure logical thinking** "On the method of theoretical physics" in ibid: 271.

17 **Shut yourself up** Giulini: 12～13.

18 **the greatest bodies of the universe** Gleick: 189.

18 **How does the state of motion** "The mechanics of Newton and their influence on the development of theoretical physics" in Einstein, *Ideas and Opinions*: 255.

19 **Every body perseveres** Newton (Cohen and Whitman): 416～417.

19 **A change in motion is proportional** Ibid.

20 **To any action there is always** Ibid.

21 **It is enough that gravity** Ibid: 943.

21 **Absolute, true, and mathematical time** Ibid: 408.

21 **God informed** Gleick: 152.

21 **It may be, that there is no such thing** Newton (Motte): 8.

21 **eminently fruitful** "The fundaments of theoretical physics" in Einstein, *Ideas and Opinions*: 325.

23 **He was justified in sticking** Ibid: 326.

24 **absolutely stationary** Kaku: 11.

25 **Before Maxwell** "Maxwell's influence on the evolution of the idea of physical reality" in Einstein, *Ideas and Opinions*: 269.

2 *The Making of a Physicist*

32 **For the detective** Einstein and Infeld: 78.

32 **entirely irreligious** Schilpp: 3.

32 **Let us return to Nature** Moszkowski: 66.

35 **retire to the sofa** Einstein, *Collected Papers*, 1: 64.

35 **Einstein was more of an artist** Gerald Whitrow in Whitrow: 52.

35 **Einstein expressed over and over** Born and Einstein: 105.

35 **I can still remember** Schilpp: 9.

35 **a second wonder** Ibid.

35 **earth measuring** "Geometry and experience" in Einstein, *Ideas and Opinions*: 234.

36 **suspicion against every kind of authority** Schilpp: 5.

37 **To punish me** Hoffmann: 24.

36 **he would never get anywhere** Einstein, *Collected Papers*, 1: 63.

37 **a personal gift** Ibid: 28.

38 **creating a new theory** Einstein and Infeld: 159.

39 **I'm convinced more and more** Einstein and Maric (10? Aug. 1899):10.

39 **impudence** Ibid (12 Dec. 1901):67.

40 **I will have soon graced** Ibid (4 Apr. 1901):42.

A *Brief History of Relativity* (Hawking)

51 **Politics is for the present** Seelig:71.

3 *The Miraculous Year*, 1905

52 **The eternal mystery of the world** "Physics and reality" in Einstein, *Ideas and Opinions*:292.

52 **It deals with radiation** Fölsing:120.

53 **was intrigued rather than dismayed** Rigden:8.

56 **inventions of the intellect** "Johannes Kepler" in Einstein, *Ideas and Opinions*: 266.

56 **[Einstein] would carefully study** Jürgen Renn and Robert Schulmann in introduction to Einstein and Maric:xxii.

56 **These investigations of Einstein** Schilpp: 166.

59 **three intellectual musketeers** Highfield and Carter:96.

59 **So that was caviar** Ibid:98.

59 **laughed so much** Ibid:102.

59 **far less childish** Ibid:97.

60 **Thank you. I've completely solved** Fölsing: 155.

60 **steadfastness** Ibid:195.

61 **misdeed** Einstein, *Relativity*:10.

61 **The stone traverses** Ibid:11.

61 **I should observe such a beam** Schilpp:53.

62 **We should catch them** Einstein and Infeld:177.

62 **unjustifiable hypotheses** Einstein, *Relativity*:32.

62 **Not only do we have no direct experience** Fölsing:175.

62 **We are accustomed** "Physics and reality" in Einstein, *Ideas and Opinions*:299.

63 **If I pursue a beam** Rigden:21.

64 **According to the assumption** Ibid:19.

65 **I just read a wonderful paper** Einstein and Marić (28? May 1901):54.

4 *General Relativity*

66 **The years of anxious searching** "Notes on the origin of the general theory of relativity" in Einstein, *Ideas and Opinions*: 289～290.

66 **modification** Fölsing:120.

66 **In boldness** Ibid:271.

69 **not compatible with** Bernstein:82.

69 **I am at my wits' end** Fölsing:205.

69 **in my opinion, these [other]** theories Pais, *'Subtle is the Lord'*:159.

70 **Subtle is the Lord** Ibid:113.

70 **I could not believe he could be the father** Miller:213.

70 **The views of space and time** Bernstein: 95.

71 **Since mathematicians** Fölsing:245.

71 **as far as the propositions of mathematics** "Geometry and experience" in Einstein, *Ideas and Opinions*:233.

71 **mysterious shuddering** Einstein, *Relativity*:56.

72 **The two sentences** Einstein and Infeld: 224.

72 **I was sitting on a chair** Fölsing:301.

72 **the happiest thought** Miller:217.

73 **the idea that the physics in an accelerated laboratory** Hey and Walters, *Einstein's Mirror*:270.

73 **You understand, what I need to know** Fölsing:325.

74 **A beam of light carries energy** Einstein and Infeld:234.

75 **When a blind beetle** Quoted in Michael

Grü ning, *Ein Haus für Albert Einstein*, Berlin: Verlag der Nation, 1990: 498.

75 **space was deprived of its rigidity** "The problem of space, ether, and the field in physics" in Einstein, *Ideas and Opinions*: 281.

76 **The examination of the correctness** Einstein, *Relativity*: 76～77.

76 **I knew all the time** Fölsing: 439.

76 **But, you know, [Planck] didn't really understand** French: 31.

77 **had he been left to himself** Chandrasekhar: 112.

5 *Arguing about Quantum Theory*

82 **Quantum mechanics is certainly imposing** Born and Einstein (4 Dec. 1926): 88.

82 **I think I can safely say** Hey and Walters, *The New Quantum Universe*: 1.

83 **services to theoretical physics** Pais, '*Subtle is the Lord*': 386.

83 **it was the law that was accepted** Whitaker: 100.

83 **Einstein's initial conception of the photon** Ibid: 125.

84 **the tremendous practical success** "On the method of theoretical physics" in Einstein, *Ideas and Opinions*: 273.

84 **probably the strangest thing** Fölsing: 154.

85 **That sometimes, as for instance in his hypothesis** Ibid: 147.

85 **wholly untenable** Pais, '*Subtle is the Lord*': 357.

87 **If Planck's theory of radiation** Ibid: 395.

88 **It cannot be denied** Fölsing: 256.

88 **It is my opinion that the next phase** Rigden: 37～38.

88 **one of the landmarks** Schilpp: 154.

89 **revelation** Fölsing: 390.

89 **Such questions plagued the theory** Whitaker: 115.

90 **Einstein was the first to recognize** Townes: 13.

90 **With this, the light quanta** Fölsing: 392.

90 **leaves the time and direction of the elementary process** Ibid: 392.

92 **Were it not for Einstein's challenge** Jammer: 220.

92 **if one abandons the assumption** Born and Einstein: 162.

92 **Einstein's moon really exists** Peat: 166.

93 **It was quite a shock for Bohr** Whitaker: 217～218.

93 **wave, or quantum, mechanics** Pais, '*Subtle is the Lord*': 515.

94 **The conviction prevails** Einstein, *Relativity*: 158.

6 *The Search for a Theory of Everything*

95 **No fairer destiny** Einstein, *Relativity*: 78.

95 **He saw in the quantum mechanics of today** Born and Einstein: 199.

95 **To obtain a formula** Jammer: 57.

96 **Could we not reject** Einstein and Infeld: 257～258.

96 **no good** Fölsing: 563.

96 **Our experience hitherto** "On the method of theoretical physics" in Einstein, *Ideas and Opinions*: 274.

98 **completely cuckoo** Fölsing: 693.

98 **alchemist** Magueijo: 235.

98 **would be undiminished** Pais, *Einstein Lived Here*: 43.

98 **highly esteemed** Fölsing: 692.

98 **One feels as if one were an Ichthyosaurus** Born and Einstein (12 May 1952): 188.

98 **He himself had established his name** Abraham Taub quoted by Christopher Sykes in foreword to Whitrow: xii.

98 **There are two different conceptions** Tagore:

531～532.

100 **we ought to be concerned solely** Heisenberg: 68.

100 **wrong to think** Pais, *Niels Bohr's Times*: 427.

100 **Man defends himself** Tagore: 532.

100 **I have never been able to understand Einstein** Born and Einstein: 151.

Einstein's Search for Unification (*Weinberg*)

107 **all attempts to obtain** "On the generalized theory of gravitation" in Einstein, *Ideas and Opinions*: 352.

7 *Physics since Einstein*

109 **Science is not and never will be** Einstein and Infeld: 308.

111 **to be reformulated** Ed Fomalont and Sergei Kopeikin, "How fast is gravity?," New Scientist, 11 Jan. 2003: 33.

113 **scores of manuscripts** Rigden: 98.

115 **necessary only for the purpose** Singh: 148.

115 **However the possibility of a cosmological constant** Weinberg: 178～179.

117 **It was clear that anything that falls** Thorne: 121.

118 **A hundred years later technologists** *Scientific American*, Sept. 2004: 29.

119 **Imagine an atom in the gas** Hey and Walters, *The New Quantum Universe*: 145.

119 **What would you say to the following situation?** Rigden: 145.

120 **on one supposition we should** Schilpp: 85.

120 **spooky actions at a distance** Born and Einstein (3 Mar. 1947): 155.

120 **Science cannot solve** Kaku: 162.

Einstein's Scientific Legacy (Anderson)

122 **a sound mathematical education** Schilpp: 15.

122 **during my student years** Seelig: 11.

8 *The Most Famous Man in the World*

130 **I never understood why** Preface written in 1942 but not published until 1979 in Philipp Frank, *Einstein: Sein Leben und seine Zeit*, in Fölsing: 457.

131 **like the hermits of old** Letter to Michele Besso (5 Jan. 1929) in Fölsing: 604.

131 **Large crowds gather** Pais, *Einstein Lived Here*: 179.

131 **They cheer me** Fölsing: 457.

131 **The speed with which his fame** Clark: 246.

132 **The whole atmosphere of tense interest** Bernstein: 119.

132 **A very definite result** Fölsing: 443.

132 **this result is not an isolated one** Chandrasekhar: 116.

133 **Professor Eddington, you must be** Ibid: 117.

134 **The supposed astronomical proofs** Brian: 101～102.

134 **the moronic brain child** Ibid: 103.

134 **science riot** Singh: 143.

134 **Einstein must never receive a Nobel prize** Rigden: 100.

134 **Einstein believes his books** Fölsing: 379.

134 **An hour sitting with a pretty girl** Sayen: 130.

136 **We all know that no iron curtain** Moszkowski: 72.

136 **For scientific relations** Fölsing: 445.

136 **The mere thought that a living Copernicus** Moszkowski: 14.

136 **The term 'theory of relativity'** Jammer: 33～34.

137 **It meant the dethronement of time** Ibid:

159.

139 **a kind of great man** Pais, *Einstein Lived Here*:181.

139 **the approximately 3000 participants** Fölsing:527.

139 **Why is it that nobody** understands me *New York Times*, 12 Mar. 1944.

139 **I really cannot understand why** Born and Einstein (12 Apr. 1949):179.

9 *Personal and Family Life*

140 **What I most admired** Letter to Vero and Bice Besso (21 Mar. 1955) in Pais, *Einstein Lived Here*:25.

140 **He left this world** Born and Einstein: 229.

140 **I am truly a 'lone traveller'** "The world as I see it" in Einstein, *Ideas and Opinions*:9.

141 **Nothing tragic really gets to him** Letter to Antonina Vallentin (26 Oct. 1934) in Fölsing:685.

141 **When I'm not with you** Einstein and Maric (6 Aug. 1900):23～24.

141 **You are and will remain a shrine** Ibid (27 Mar. 1901):39.

141 **When you're my dear little wife** Ibid (28 Dec. 1901):72～73.

141 **human happiness** Mileva Maric to Helene Savic (Dec. ? 1901) in Marić:79.

142 **calmly philosophic** Highfield and Carter:130.

142 **He was sitting in his study** Ibid.

142 **the papers he has written** Mileva Maric to Helene Savić (Dec. 1906?) in Marić: 88.

142 **He is now regarded as the best** Mileva Maric to Helene Savić (3 Sept. 1909) in ibid:98.

143 **Very few women are creative** Quoted by Esther Salaman in a BBC radio talk, *Listener*, 8 Sept. 1955.

143 **very intelligent but has the soul of a herring** Highfield and Carter:158.

143 **strength of character and devotion** "Marie Curie in Memoriam" in Einstein, *Ideas and Opinions*:77.

143 **I'm not much with people** Quoted by Esther Salaman in a BBC radio talk, *Listener*, 8 Sept. 1955.

143 **Einstein was a flirt** Highfield and Carter:52.

144 **She might have passed in her prime** Ibid:145.

144 **I think it's a disgusting idea** Michelmore:79.

146 **secretory causes** Letter to Michele Besso (21 Oct. 1932) in Fölsing:673.

146 **He represents virtually the only human problem** Letter to Carl Seelig (20 Apr. 1952) in ibid:731.

147 **There is a block behind it** Letter to Carl Seelig (4 Jan. 1954) in ibid:731.

147 **Strangely enough, her intelligence** Letter to Lina Kocherthaler (27 July 1951) in ibid:731.

Einstein's Love Letters (Schulmann)

151 **jealous of science** Mileva Einstein to Helene Savić. See Marić:102.

151 **strenuous intellectual work** Einstein, *Collected Papers*, 1:55～56.

152 **A passionate interest** Einstein, *Mein Weltbild*:10. See also Einstein, "The world as I see it," *Ideas and Opinions*:9.

Einstein and Music (Glass)

153 **If I were not a physicist** Interview with G. S. Viereck, "What life means to Einstein," Saturday Evening Post, 26 Oct. 1929.

153 **he does not deserve his world fame** Ibid:

330.

10 *Germany, War and Pacifism*

156 **A funny lot** Written on 17 April 1925, in Fölsing:549.

156 **That a man can take pleasure** "The world as I see it" in Einstein, Ideas and Opinions:10～11.

158 **Psychoses** Einstein and Sigmund Freud, *Why War?*, Paris: International Institute of Intellectual Co-operation, 1933:18.

158 **the lies and defamations** Fölsing:345.

158 **create an organic unity** Stern:115.

160 **Why are we hated** Fölsing:366.

160 **He confines himself** Ibid:349.

160 **Most physicists were ... part of the war effort** Ibid:398.

160 **In Haber** L. F. Haber, *The Poisonous Cloud:Chemical Warfare in the First World War*, Oxford:1986:27.

162 **The best minds from all epochs** Fölsing: 367～368.

163 **I am reminded of the period of the witch trials** Ibid:399.

163 **tantamount to a vile breach** Ibid:431.

163 **He invented the difference** Born and Einstein:35.

163 **In contrast to the intractable** Calaprice: 14.

163 **a wholly irreversible accumulation** Born and Einstein (12 Feb. 1921):52.

164 **If even two percent** Fölsing:635.

164 **Turn around** Pais, *Einstein Lived Here*: 190.

164 **But now the war of extermination** Fölsing: 664.

164 **Two ideologies** Ibid.

11 *America*

166 **We are unjust** "Some impressions of the USA" in Einstein, *Ideas and Opinions*:7 (which incorrectly attributes this piece to 1921).

166 **If it is successful, radioactive poisoning** "National security" in ibid:159～160.

168 **derogatory information** Jerome:156.

169 **No one ever accused Hoover** Ibid:xxi.

169 **Making allowances** Ibid:35.

170 **Naturally, I am needed** Fölsing:495.

170 **because of the large percentage** Cassidy: 121.

170 **Concern for man himself** Fölsing:640.

171 **It is an illegal fight** Jerome:23.

171 **My hope is that your visit** Fölsing:642.

172 **Not even Stalin himself** Jerome:7.

172 **But are they not perfectly right** Ibid:9.

173 **nearly opposites in temperament** Cassidy:346.

174 **I can only say I have the greatest respect** Pais, *Einstein Lived Here*:241.

174 **The reactionary politicians** "Modern inquisitional methods" in Einstein, *Ideas and Opinions*, 33～34.

175 **anyone who gives advice like Einstein's** Pais, *Einstein Lived Here*:238.

175 **That's the same advice** Jerome:240

175 **a disloyal American** Ibid.

175 **Americans are proud** Ibid:218.

175 **No other man contributed so much** *New York Times*, 19 Apr. 1955.

12 *Zionism, the Holocaust and Israel*

176 **I am neither a German citizen** Clark: 379.

177 **About God, I cannot accept** Jammer: 122.

177 **There is nothing divine about morality** "The religious spirit of science" in Einstein, *Ideas and Opinions*:40.

177 **There is only one fault** Clark:426.

177 **Edgar, I'm used to pomp** Jerome:223.

178 **In the philosophical sense** "Is there a Jewish point of view?" in Einstein, *Ideas and Opinions*: 185～186.

179 **It goes against the grain** Fölsing: 489.

179 **you know that my darling** Letter to Helene Savic (Dec. ? 1901) in Marić: 79.

179 **Herr Dr Einstein** Fölsing: 250.

179 **Why are these fellows** Ibid: 489～490.

179 **I am delighted to know** Ibid: 668.

179 **was Jewish, but wished he weren't** Isidor Rabi quoted in Cassidy: 32.

179 **unjustified humiliations** Born and Einstein: 17.

179 **not to be got rid of** "Addresses on *Reconstruction* in Palestine" (V) in Einstein, *Ideas and Opinions*: 182.

180 **History has shown that Einstein** Born and Einstein: 17.

181 **a complete liar** Fölsing: 671.

181 **acquiring the psychology** Ibid: 671.

181 **dull-minded tribal companions** Ibid: 529.

181 **My heart says yes** Ibid: 532.

181 **a nasty mess** Born and Einstein (30 May 1933): 111.

182 **ambitious and weak person** Fölsing: 594.

182 **If the Nazis claimed** Jerome: 26.

182 **The Germans as an entire people** "To the heroes of the battle of the Warsaw Ghetto" in Einstein, *Ideas and Opinions*: 212～213.

182 **The attitude of the** German intellectuals Fölsing: 728.

182 **migrating back** Born and Einstein (12 Oct. 1953): 195.

182 **The hours which I was permitted** Fölsing: 729.

184 **the essential nature of Judaism** "Our debt to Zionism" in Einstein, *Ideas and Opinions*: 190.

184 **I am deeply moved** Fölsing: 733.

184 **Tell me what to do** Ibid: 734.

Einstein on Religion, Judaism and Zionism (Jammer)

185 **disguised theologian** Dürrenmatt: 12.

185 **deeply religious nonbeliever** Letter to Hans Mühsam (30 Mar. 1954) in Albert Einstein Archives: 38: 434.

185 **religious paradise of youth … lies** Schilpp: 5.

186 **Everyone who is seriously involved** Letter to Phyllis Wright (24 Jan. 1936) in Albert Einstein Archives: 42: 601.

186 **cosmic religious feeling … scientific research** "Religion and science" in Einstein, *Ideas and Opinions*: 39.

186 **science without religion is lame** "Science and religion" in ibid: 46.

186 **Einstein did not think that religious faith** Born and Einstein: 199.

186 **in view of such a harmony** Hubertus zu Löwenstein, *Towards the Further Shore: An Autobiography*, London: Victor Gollancz, 1968: 156.

186 **Now I know there is a God** Brian: 193.

188 **By an application of the theory of relativity** *The Times*, 28 Nov. 1919.

188 **What has this to do with Zionism?** Clark: 378.

188 **I am neither a German citizen** Ibid: 379.

188 **I thank you** Letter to Blumenfeld (25 Mar. 1955) in Albert Einstein Archives: 59: 274.

188 **It was in America** *Jüdische Rundschau*, 1 July 1921. See "On a Jewish Palestine" in Einstein, *Collected Papers*, 7.

189 **Mount the platform** Clark: 394.

189 **I have already had the privilege** Ibid: 394.

189 **I know a little about nature** Ibid: 618.

189 **The greatest thing in Palestine** Ibid:388.
189 **never cease to regard the fate** Fölsing:595.
189 **a great spiritual centre** Message on the opening of the Hebrew University in 1925 reprinted in Rosenkranz:97.
189 **Should we be unable to find** Letter to Chaim Weizmann (25 Nov. 1929) in Albert Einstein Archives:33:411.
190 **welfare of the whole population** "Letter to an Arab" (15 Mar. 1930) in Einstein, *Ideas and Opinions*:173.
190 **One who, like myself** Letter to Falastin (Dec. 1929), published on 28? Jan. 1930.
190 **When appraising the achievement** "The Jews of Israel" in Einstein, *Ideas and Opinions*:201.

13 *Nuclear Saint and Demon*

191 **The feeling for what ought** (7 Sept. 1944):145.
192 **It is possible that all heavy matter** Friedman and Donley:164.
192 **The nation which can transmute** Frederick Soddy, *The Interpretation of Radium*, London: John Murray, 1909:244.
193 **At present there is not the slightest indication** Moszkowski:24.
193 **talking moonshine** Hey and Walters, *The New Quantum Universe*: 288.
193 **in a neighbourhood that has few birds** Fölsing:709.
193 **The results gained thus far** Pais, *Einstein Lived Here*:216.
195 **I never thought of that!** Rhodes:305.
195 **This new phenomenon** Rosenkranz:74.
195 **Oj weh** Pais, *Einstein Lived Here*:219.
196 **It is consistent with what we know** Dyson:98.
196 **The war is won, but the peace is not** Einstein, *Ideas and Opinions*:115~117.
196 **commingled and distributed** "Atomic war or peace" in ibid:130.
196 **Do I fear the tyranny** Ibid:120.
200 **the authority of the General Assembly** Pais, *Einstein Lived Here*:234.
200 **By an irony of fate, Einstein** "Exchange of letters with members of the Russian Academy" in Einstein, *Ideas and Opinions*: 139.
200 **If we hold fast to the concept** Ibid:146.
200 **tough, lucid** Bernstein:182.
200 **If Einstein's ideas** *Time*, 31 Dec. 1999:37.
200 **We really should not be surprised** Born and Einstein (7 Sept. 1944):145.

Einstein's Quest for Global Peace (Rotblat)

202 **My pacifism… hatred** Nathan and Norden:98.
202 **To me the killing** Ibid:93.
203 **War constitutes** Ibid:54.
203 **Were it not for German militarism** Ibid:3.
205 **Had I known that the Germans** Fölsing:725.
205 **Thank you for your letter of April 5** Nathan and Norden:631.
206 **There lies before us** Ibid:635.

14 *The End of an Era*

207 **Is there not a certain satisfaction** Albert Einstein Archives:5:150.
207 **Now he has departed** Letter to Vero and Bice Besso (21 Mar. 1955) in ibid:73.
207 **The great scientist of our age** Ibid:315.
207 **A powerful searchlight** Ibid:322.
207 **the brightest jewel** Ibid:326.
207 **He was one of the greats of all ages** Ibid:

316.

207 **Of all the public figures** Ibid:320～21.

208 **Through Albert Einstein's work** Pais, *Einstein Lived Here*:255～256.

208 **played major roles** Ibid:256.

209 **I loved him and admired him** Einstein, *The New Quotable Einstein*:324.

210 **hero worshippers and cranks H.** Fleming quoted in Highfield and Carter: 260.

210 **Probably the only project** Pais, *Einstein Lived Here*:199.

210 **I want go when I want** Pais, '*Subtle is the Lord*':477.

210 **as in Haydn's Farewell Symphony** Letter to Boris Schwarz (1945) in Albert Einstein Archives:79:678.

210 **completely in command** Born and Einstein:229.

210 **worshipped** Quoted by Abraham Pais in *Manchester Guardian*, 17 Dec. 1994.

Einstein's Last Interview (Cohen)

213 **Newton, forgive me** Schilpp:31.

218 **it alone can afford us** Foreword to Isaac Newton, *Opticks*, London:Bell, 1931: viii.

220 **Newton, … you found** Schilpp:31.

15 *Einstein's Enduring Magic*

226 **Knowledge exists in two forms** "Message in honour of Morris Raphael Cohen" in Einstein, *Ideas and Opinions*: 80.

226 **a place of pilgrimage** Ibid:62.

226 **reveal the secrets of genius** Review of Carolyn Abraham's *Possessing Genius*: *The Bizarre Odyssey of Einstein's Brain* in *Times Higher Education Supplement*, 1 Oct. 2004.

226 **unworthy to lace** *Times Higher Education Supplement*, 29 Oct. 2004.

226 **Things should be made as simple** Various slightly different versions of this quotation are attributed to Einstein but there is no definitive source. See the discussion in Einstein, *The New Quotable Einstein*:290～291.

228 **… If cloning** Friedman and Donley: 188.

228 **What did this mega-genius eat?** *Scientific American*, Mar. 2003:84.

228 **Whenever we came to an impasse** Whitrow: 75.

229 **crackpot missives** *Scientific American*, Sept. 2004:80.

230 **He was of the most fearful** Gleick:228.

230 **Newton is the Old Testament god** Rigden:149～150.

230 **Blush, Born, Blush!** Born and Einstein: 161.

231 **the greatest political genius** Nathan and Norden:584.

231 **Einstein was profoundly spiritual** *Times Higher Education Supplement*, 29 Oct. 2004.

231 **It would be perfectly consistent** Jammer: 264.

231 **the mind of God** Stephen Hawking, *A Brief History of Time*, London:Bantam, 1988:174.

231 **Filled with admiration** Jammer:253.

231 **time and again filled me** Fölsing:283.

232 **Einstein of the new theatrical form** Friedman and Donley: 176.

232 **Simply because writers say** Ibid:87.

232 **the less they know** Quoted by Esther Salaman in a BBC radio talk, *Listener*, 8 Sept. 1955.

232 **In science one tries to tell people** Attributed to Dirac, possibly said to Robert Oppenheimer in 1927.

232 **Mozart's music** Quoted in Armin Hermann, *Albert Einstein*, Munich: Piper, 1994:158.

Einstein: Twentieth-Century Icon (Clarke)

236 **I do not know how the Third World War** Interview with Alfred Werner, *Liberal Judaism*, Apr.-May 1949:12.

参考书目

Abraham, Carolyn, *Possessing Genius: The Bizarre Odyssey of Einstein's Brain*, Cambridge UK: Icon, 2004

Bernstein, Jeremy, *Einstein*, London: Fontana Modern Masters, 2nd edn, 1991

Bodanis, David, *$E=mc^2$: A Biography of the World's Most Famous Equation*, London: Macmillan, 2000

Born, Max and Albert Einstein, *The Born-Einstein Letters*, London: Macmillan, 2nd edn, 2005

Brian, Denis, *Einstein: A Life*, New York: Wiley, 1996

Calaprice, Alice, *The Einstein Almanac*, Baltimore: Johns Hopkins University Press, 2005

Cassidy, David C., *J. Robert Oppenheimer and the American Century*, New York: Pi Press, 2004

Chandrasekhar, Subrahmanyan, *Truth and Beauty: Aesthetics and Motivations in Science*, Chicago: Chicago University Press, 1987

Clark, Ronald W., *Einstein: The Life and Times*, New York: World, 1971

Collins, Harry, *Gravity's Shadow: The Search for Gravitational Waves*, Chicago: Chicago University Press, 2004

Dürrenmatt, Friedrich, *Albert Einstein: Ein Vortrag*, Zurich: Diogenes Verlag, 1979

Dyson, Freeman, *Imagined Worlds*, Cambridge MA: Harvard University Press, 1997

Einstein, Albert:

The Collected Papers of Albert Einstein, Vols 1～9, various editors, Princeton: Princeton University Press, 1987～

Ideas and Opinions, Carl Seelig, ed., New York: Three Rivers Press, 1982

Mein Weltbild, Amsterdam: Querido Verlag, 1934

The New Quotable Einstein, Alice Calaprice, ed., Princeton: Princeton University Press, 2005

Relativity: The Special and the General Theory, London: Routledge Classics, 2001

Einstein, Albert and Leopold Infeld, *The Evolution of Physics: The Growth of Ideas from the Early Concepts to Relativity and Quanta*, Cambridge UK: Cambridge University Press, 1938

Einstein, Albert and Mileva Maric, *Albert Einstein/Mileva Marić: The Love Letters*, Jürgen Renn and Robert Schulmann, eds, Princeton: Princeton University Press, 1992

Fölsing, Albrecht, *Albert Einstein: A Biography*, London: Viking, 1997

French, A. P., ed., *Einstein: A Centenary Volume*, London: Heinemann, 1979

Friedman, Alan J. and Carol C. Donley, *Einstein as Myth and Muse*, Cambridge UK: Cambridge University Press, 1985

Giulini, Domenico, *Special Relativity: A First Encounter*, Oxford: Oxford University Press, 2005

Gleick, James, *Isaac Newton*, London: Fourth Estate, 2003

Hawking, Stephen, *The Universe in a Nutshell*, London: Bantam, 2001

Heisenberg, Werner, *Physics and Beyond: Encounters and Conversations*, London: Allen and Unwin, 1971

Hey, Tony and Patrick Walters:

Einstein's Mirror, Cambridge UK: Cambridge University Press, 1997

The New Quantum Universe, Cambridge UK: Cambridge University Press, 2003

Highfield, Roger and Paul Carter, *The Private Lives of Albert Einstein*, London: Faber and Faber, 1993

Hoffmann, Banesh, *Albert Einstein: Creator and Rebel*, New York: Viking, 1972

Jammer, Max, *Einstein and Religion: Physics and Theology*, Princeton: Princeton University Press, 1999

Jerome, Fred, *The Einstein File: J. Edgar Hoover's Secret War Against the World's Most Famous Scientist*, New York: St Martin's Press, 2002

Kaku, Michio, *Einstein's Cosmos: How Albert Einstein's Vision Transformed Our Understanding of Space and Time*, London: Weidenfeld and Nicolson, 2004

Magueijo, João, *Faster Than the Speed of Light: The Story of a Scientific Speculation*, London: Arrow, pbk edn, 2004

Maric, Mileva, *The Life and Letters of Mileva Maric, Einstein's First Wife*, Milan Popovic, ed., Baltimore: Johns Hopkins University Press, 2003

Michelmore, Peter, *Einstein: Profile of the Man*, New York: Dodd, Mead, 1962

Miller, Arthur I., *Einstein, Picasso: Space, Time and the Beauty That Causes Havoc*, New York: Basic Books, 2001

Moszkowski, Alexander, *Conversations with Einstein*, London: Sidgwick and Jackson, 1972

Nathan, Otto and Heinz Norden, eds, *Einstein on Peace*, New York: Schocken, 1960

Newton, Isaac:

The Principia: Mathematical Principles of Natural Philosophy, I. Bernard Cohen and Anne Whitman, trans, Berkeley: University of California Press, 1999

Sir Isaac Newton's Mathematical Principles of Natural Philosophy and His System of the World, Andrew Motte, trans. (1729), revised by Florian Cajori, Berkeley: University of California Press, 1947

Pais, Abraham:

Einstein Lived Here, New York: Oxford University Press, 1994

Niels Bohr's Times in Physics, Philosophy, and Polity, New York: Oxford University Press, 1991

'Subtle is the Lord': The Science and Life of Albert Einstein, New York: Oxford University Press, pbk edn, 1983

Peat, F. David, *Einstein's Moon: Bell's Theorem and the Curious Quest for Quantum Reality*, Chicago: Contemporary, 1990

Rhodes, Richard, *The Making of the Atomic Bomb*, New York: Simon and Schuster, 1986

Rigden, John S., *Einstein 1905: The Standard of Greatness*, Cambridge MA: Harvard University Press, 2005

Rosenkranz, Ze'ev, *The Einstein Scrapbook*, Baltimore: Johns Hopkins University Press, 2002

Rosenkranz, Ze'ev, ed., *Albert through the Looking Glass*, Jerusalem: Jewish National and University Library, 1998

Sayen, Jamie, *Einstein in America: The Scientist's Conscience in the Age of Hitler and Hiroshima*, New York: Crown, 1985

Schilpp, Paul Arthur, ed., *Albert Einstein: Philosopher-Scientist*, Evanston: The Library of Living Philosophers, 1949

Scientific American, "Beyond Einstein" (special issue on Einstein), September 2004

Seelig, Carl, ed., *Helle Zeit, Dunkle Zeit: In Memoriam Albert Einstein*, Zurich: Europa Verlag, 1956

Singh, Simon, *Big Bang*, London: Fourth Estate, 2004

Stern, Fritz, *Einstein's German World*, London: Penguin, pbk edn, 2001

Tagore, Rabindranath, *Selected Letters of Rabindranath Tagore*, Krishna Dutta and Andrew Robinson, eds, Cambridge UK: Cambridge University Press, 1997

Thorne, Kip S., *Black Holes and Time Warps: Einstein's Outrageous Legacy*, London: Macmillan, pbk edn, 1995

Townes, Charles H., *How the Laser Happened: Adventures of a Scientist*, New York: Oxford University Press, 1999

Weinberg, Steven, *Dreams of a Final Theory: The Search for the Fundamental Laws of Nature*, London: Hutchinson Radius, 1993

Whitaker, Andrew, *Einstein, Bohr and the Quantum Dilemma*, Cambridge UK: Cambridge University Press, 1996

Whitrow, G. J., ed., *Einstein: The Man and His Achievement*, New York: Dover, 1967

撰稿人简介

安德鲁·罗宾逊（Andrew Robinson）：本书的编者，伊顿公学的国王学者，在牛津大学和伦敦大学东方与非洲研究院获得学位。出版过十几本著作，既有通俗读物，也有专著。其中包括《世界的形状》（*The Shape of the World*）、《地震》（*Earthshock*）、《写作的故事》（*The Story of Writing*）和《失落的语言》（*Lost Languages*），以及讲述印度文化的关于萨蒂亚吉特·雷伊（Satyajit Ray）和泰戈尔的权威传记，前者名为《内心的眼睛》（*The Inner Eye*），后者名为《万心人》（*The Myriad-Minded Man*）（与克利须那·杜塔［Krishna Dutta］合作完成），该书受到了诺贝尔文学奖获得者奈波尔（V. S.Naipaul）和物理学家钱德拉塞卡（Subrahmanyan Chandrasekhar）的称赞。1994年任伦敦《泰晤士高等教育增刊》的文学编辑。

弗里曼·戴森（Freeman Dyson）：物理学家，1953年起在普林斯顿高等研究院做研究，爱因斯坦曾于1933~1955年在那里工作。写过多部科普著作，包括《激荡宇宙》（*Disturbing the Universe*）、《全方位的无限》（*Infinite in All Directions*）和《想象的世界》（*Imagined Worlds*）等。曾为《爱因斯坦语录》作序。

史蒂芬·霍金（Stephen Hawking）：剑桥大学卢卡逊数学教授，牛顿曾任此教席。科普著作有《时间简史》（*A Brief History of Time*）、《黑洞、婴儿宇宙及其他》（*Black Holes and Baby Universes and Other Essays*）、《果壳中的宇宙》（*The Universe in a Nutshell*）等。

乔奥·马古悠（Joäo Magueijo）：帝国理工学院理论物理高级讲师。《比光速还快》（*Faster Than the Speed of Light*：*The Story of a Scientific Speculation*）一书的作者。

史蒂芬·温伯格（Steven Weinberg）：得克萨斯大学奥斯汀分校Josey Regental科学教授。因粒子物理方面的工作而获得了1979年诺贝尔奖和美国国家科学奖章。科普著作有《最初三分钟》（*The First Three Minutes*）、《亚原子粒子的发现》（*The Discovery of Subatomic Particles*）和《终极理论之梦》（*Dreams of a Final Theory*）等。

菲利普·安德森（Philip Anderson）：普林斯顿大学Joseph Henry物理学荣休教授。因在固体物理方面的工作而获得了1977年诺贝尔奖。

罗伯特·舒尔曼（Robert Schulmann）：《爱因斯坦全集》前任主编，《爱因斯坦选集》（普林斯顿大学出版社）顾问。和于尔根·雷恩合编了《阿尔伯特·爱因斯坦和米列娃·马里奇情书集》（*Albert Einstein/Mileva Maric：The Love Letters*）。

菲利普·格拉斯（Philip Glass）：作曲家、演员。曾为许多戏剧、电影和舞蹈配乐，共完成二十一部歌剧，其中包括《爱因斯坦在海滨》（*Einstein on the Beach*）。

马克斯·雅默（Max Jammer）：以色列巴伊兰大学物理学荣休教授，前任校长。著作有《空间的概念》（*Concepts of Space*）（爱因斯坦作序）、《量子力学的哲学》（*The Philosophy of Quantum Mechanics*）、《爱因斯坦与宗教》（Einstein and Religion）等。

约瑟夫·罗特布拉特（Sir Joseph Rotblat）：基于伦理考虑从制造原子弹的曼哈顿工程中退出的唯一一名物理学家。为控制核武器，后来组织发起了帕格沃什运动。1992获爱因斯坦和平奖，1995年和帕格沃什共获诺贝尔和平奖。出生于波兰，1939年离境，1946年加入英国籍，1998年被授予爵士头衔。

I.B.科恩（I.Bernard Cohen）：哈佛大学Victor S.Thomas科学史荣休教授，2003年去世。他是最后一个采访爱因斯坦的人，也是美国科学史研究的倡导者。1999年出版了牛顿《自然哲学的数学原理》1729年以后的第一个英译本。

阿瑟·C.克拉克（Sir Arthur C.Clarke）：科幻作家，写过70多部文学作品。他和斯坦利·库布里克（*Stanley Kubrick*）合写了《2001太空漫游》（2001：*A Space Odyssey*）的电影剧本。做过科学研究，1945年曾有通信卫星的设想。1998年被授予爵士头衔。

译后记

1905年，年仅26岁的爱因斯坦先后发表了五篇具有划时代意义的论文，为相对论的建立奠定了基础，为量子理论的发展做出了重要贡献。为了纪念物理学上的这一“奇迹年”，联合国将2005年定为“世界物理年”。世界各地出版了许多有关爱因斯坦的书，本书就是其中之一。它图文并茂，深入浅出，涵盖了爱因斯坦的方方面面，且颇具权威性，是同类书中的佼佼者。

其实是不是一百年并不重要，重要的是我们能从中获得什么。对于许多人来说，爱因斯坦是一个既熟悉又陌生的名字。说它熟悉，是因为几乎每个人都听说过他，知道他是一个大科学家；说它陌生，是因为很少有人真正了解他到底是怎样的一个人，他为什么那样出名。很少有人会问，爱因斯坦与自己有何关系。然而提起他，我们多少会有一种复杂的感觉，那种感觉既亲切又遥远，既令人兴奋，又让人孤独。

“一个人可以在丰富自己时代的同时并不属于这个时代；他可以向所有时代述说，因为他不属于任何特定的时代。”这是钢琴家格伦·古尔德在《为施特劳斯辩护》一文中的灵魂告白。在我看来，这句话也可用来形容爱因斯坦。正如爱因斯坦所说：“一个人的真正价值首先决定于他在什么程度和什么意义上从自我解放出来。”爱因斯坦相信，不管时代潮流和社会风气怎样，人总可以凭借自己高贵的品质，超越于时代和社会，走自己认为正确的道路。

我没有资格评价爱因斯坦的科学贡献。关于这些以及他在科学之外的贡献，本书已经有了生动的介绍。这里我只想谈一下爱因斯坦给我的最重要的启示。在我看来，爱因斯坦当数二十世纪思想最透彻的科学家，他对什么是基本问题有着异常敏锐的直觉。他能够很自然地把握事物的根本，而把其他一切统统抛掉。他可以用非常平实的语言把一个复杂的问题分析得清清楚楚，这不仅体现在他对科学的理解上，而且体现在他对人生和社会的看法上。从这个角度讲，爱因斯坦具有永恒的意义。他启示我们，不论海面上如何翻腾起伏，海洋深处总是静谧如常，我们只有把握住问题的根本，才有可能独立思考，而不致随波逐流。

最后，我愿和读者一起分享爱因斯坦《自画像》中的一段话：

“对于一个人自身的存在，何者是有意义的，他自己并不知晓，而且，这一点肯定也不应该打扰别人。一条鱼对它终生畅游其中的水能知道什么呢？

苦难也罢，甜蜜也罢，都来自外界，而坚毅却来自内心，来自一个人自身的努力。在很大程度上，我都是受本性的驱使做事情，为此而获得太多的尊敬和热爱，让人感到羞愧。仇恨之箭也曾射向我，但从未伤害我，因为它们在某种意义上属于另一个世界，和我没有什么关联。

我孤寂地生活着，年轻时痛苦万分，在成熟之年里却甘之如饴。"

本书收录的《自述》一文以及《爱因斯坦的最后谈话》中的部分内容，在许良英、范岱年、赵中立等先生编的《爱因斯坦文集》（第一卷）中已有译文，我在个别地方作了调整。其他某些段落也参考了《爱因斯坦文集》等著作。在本书的翻译过程中，白彤东教授热情回答了译者提出的一些问题，岳珍珠和黎明等朋友认真阅读了部分译稿，提出了很好的改进意见，在此表示衷心的感谢！

译　者

2005年8月于北大

图书在版编目（CIP）数据

爱因斯坦　相对论100年 / （英）罗宾逊编著 ; 张卜天译.
-- 长沙 : 湖南科学技术出版社, 2016.1
书名原文: Einstein: A Hundred Years of Relativity
ISBN 978-7-5357-8835-1
Ⅰ. ①爱… Ⅱ. ①罗… ②张… Ⅲ. ①相对论－普及读物
Ⅳ. ①O412.1-49
中国版本图书馆CIP数据核字(2015)第226985号

著作权合同登记号 18-2015-133

爱因斯坦 相对论100年
编　　著：[英] 安德鲁·罗宾逊
译　　者：张卜天
责任编辑：吴　炜　何　苗
出版发行：湖南科学技术出版社
社　　址：长沙市湘雅路276号
　　　　　http://www.hnstp.com
湖南科学技术出版社天猫旗舰店网址：
　　　　　http://hnkjcbs.tmall.com
邮购联系：本社直销科 0731-84375808
印　　刷：长沙市雅高彩印有限公司
　　　　　（印装质量问题请直接与本厂联系）
厂　　址：长沙市开福区德雅路1246号
邮　　编：410008
出版日期：2016年3月第1版第2次
开　　本：710mm×1020mm　1/16
印　　张：16.5
书　　号：ISBN 978-7-5357-8835-1
定　　价：68.00元